中国工程院重大咨询项目

"十三五"国家重点出版物出版规划项目

中国旱涝事件集合应对战略研究

主编 王 浩

汾渭平原旱涝集合应对研究

刘家宏　毛晓敏　朱记伟　邵薇薇　栾清华 等 著

科学出版社

北京

内 容 简 介

本书系统梳理汾渭平原历史旱涝事件，绘制旱涝事件图谱；采用趋势分析、突变分析、趋势相关分析等方法，分析汾渭平原的旱涝特征及演变规律，归纳旱涝事件的成因，阐释旱涝事件对汾渭平原国民经济和生态系统的影响；从宏观战略层面提出汾渭平原旱涝事件集合应对方略。

本书可作为大专院校和科研单位的专家学者、研究生的参考书，也可为从事水资源管理、防洪抗旱规划及水生态环境保护的技术人员提供参考借鉴。

图书在版编目（CIP）数据

汾渭平原旱涝集合应对研究／刘家宏等著 . —北京：科学出版社，2017.2

中国旱涝事件集合应对战略研究

ISBN 978-7-03-042806-6

Ⅰ. 汾… Ⅱ. 刘… Ⅲ. ①干旱–研究–山西省②水灾–研究–山西省 Ⅳ. P426.616

中国版本图书馆 CIP 数据核字（2014）第 300368 号

责任编辑：李　敏　吕彩霞／责任校对：邹慧卿
责任印制：张　伟／封面设计：黄华斌

科学出版社 出版

北京东黄城根北街 16 号
邮政编码：100717
http://www.sciencep.com

北京京华虎彩印刷有限公司 印刷
科学出版社发行　各地新华书店经销

＊

2017 年 2 月第 一 版　　开本：787×1092 1/16
2017 年 2 月第一次印刷　　印张：15 1/4
字数：360 000

定价：108.00 元
（如有印装质量问题，我社负责调换）

序

汾渭平原是我国重要的能源重化工基地和粮食生产基地，蕴藏着丰富的煤气、煤炭和焦炭，煤化工和电力行业的发展在国家能源安全战略中占有重要地位；在国家"十二五"规划纲要构建的"七区二十三带"农业战略格局中，该区域又被列为优质专用小麦和专用玉米产业带，是国家粮食安全的重要保障基地。

汾渭平原属于北方缺水和水旱灾害频发地区：汾河平原自古以来就是"十年九旱"的地方，历史上发生的特大旱灾和连年干旱曾造成"赤地千里、饿殍遍野"的悲惨景象；渭河平原虽然水资源稍比汾河平原丰富，但降水年际变化大，旱涝事件交替发生，旱涝急转现象凸显，历史上洪旱灾害也曾给局部地区农业生产和社会生活带来严重或毁灭性的损失。水旱灾害不仅严重影响了汾渭平原社会经济的可持续发展，而且破坏了良性的生态系统，甚至危及到国家的能源安全和粮食安全，成为区域发展的瓶颈。

目前汾渭平原正面临着山西省国家资源型经济转型综合配套改革、太原城市群和关中城市群建设、关中——天水经济区建设和西咸国家级新区建设等一系列国家和区域重大发展机遇，对新时期的治水方略提出了更高的要求。因此，亟须从战略层面提出汾渭平原旱涝事件集合应对措施，为山西、陕西等省乃至中国北方地区的最严格水资源管理和水生态文明建设提供理论支撑和技术支持。全面、系统地进行区域旱涝特征和影响分析，并提出集合应对策略，在国内外尚不多见，加之研究区域——汾渭平原地形地貌、水资源系统、人类活动及气候变化等因素复杂多变，使研究的问题更为艰深。本项研究，调研工作量之大、内容之广泛、难度之高，在国内外同类研究中是少有的，研究成果对推动学科发展和指导工作实践具有重要意义。

该书汇集上述研究成果，在研究中遵循"基线调查、影响评估、典型分析、应对方略"的总体思路，在实地踏勘、文献调研、旱涝资料整编的基础上，编制了汾渭平原旱涝事件图谱，形成了对该区域长系列旱涝过程的整体性认识。基于 1961～2012 年的降水数据，采用降水距平百分率、相对湿润度指数、标准化降水指标三项指标分析了汾渭平原的旱涝特征和演变规律，为科学识别和应对当前的旱涝事件提供了科学依据。作者就汾渭平原发生的典型旱涝事件，在具体分析其灾害范围、灾害损失、致灾因子的基础上，确定了汾渭平原旱涝事件集合应对的战略需求。基于汾渭平原旱涝特征、演变规律、归因分析等成果，制定了旱涝集合应对的综合方案，为变化环境下的区域旱涝事件应对提供了科技支撑。研究中突出"汾渭"、"旱涝"、"集合"、"战略"四个关键词：研究区域上集中在

"汾渭"平原，分析其战略定位和基本特点；内容上关注"旱涝"，揭示其演变规律和影响因子；应对措施方面体现"集合"，即在时间序列上，重视"旱年（季）"和"涝年（季）"的集合特征，通过"涝年（季）"蓄水弥补"旱年（季）"缺水，增强年际（或年内干湿季）调节能力，在空间上，充分利用汾河平原和渭河平原的"旱涝异步"特征，通过在两大平原结合点兴建骨干水源工程，增强区域水资源的空间配置能力，实现多源互补，丰枯相济；目标方面体现"战略"性，瞄准 30 年以上的国家和区域长远发展需求，重点破解该区域水资源领域的重大问题和关键障碍，支撑经济社会可持续发展和生态文明建设。

该书理论性强、技术先进、适用性高，其内容阐述了适用于汾渭平原旱涝事件综合应对的方法及相应的理论，为汾渭平原及中国北方地区水旱灾害综合管理提供了技术支撑，为践行科学发展观、构筑生态文明、实施最严格水资源管理提供了重要的理论基础和实践依据。

中国工程院院士 蒋 智

于湖北武汉珞珈山

2014 年 11 月

前　言

汾渭平原是我国重要的能源重化工基地和粮食生产基地，为保障京津唐地区的电力供应和国家的能源、粮食安全做出了重大贡献。然而，汾渭平原旱涝事件频发，并且随着气候变化和人类活动影响的加剧，旱涝事件发生的概率显著增加，灾害程度和损失也呈加大趋势。研究制定汾渭平原旱涝事件的集合应对战略，成为破解该区域经济社会发展"瓶颈"的关键。

本书以王浩院士负责的中国工程院重大咨询项目"我国旱涝事件集合应对战略研究"为依托，凝聚了中国工程院和中国科学院的水文水资源、气象、农业工程及相关领域的16位院士在该区域的战略思考以及一些学者大家的指导意见。本书响应了国家在汾渭平原保障主产区粮食安全、保障晋陕能源重化工基地战略用水、促进山西国家资源型经济转型综合配套改革试验区建设和水生态系统修复以及保障国家西部大开发的桥头堡——"关中—天水经济区"建设的水资源安全等一系列国家战略需求，是该项目第七课题"汾渭平原旱涝集合应对研究"的战略总结。

本书系统汇聚了"汾渭平原旱涝事件集合应对研究"课题研究和实践中取得的主要成果，共分7章，按照内容划分主要包括5个部分：第1部分即第1章，概述研究背景与总体思路、技术路线与研究过程，并介绍主要研究成果；第2部分包括第2~3章，梳理汾河平原概况及历史典型旱涝事件，并对汾河平原旱涝特征及影响进行分析；第3部分包括第4~5章，梳理渭河平原概况及历史典型旱涝事件，并对渭河平原旱涝特征及影响进行分析；第4部分即第6章，在分析旱涝集合特征和集合应对战略需求的基础上，提出汾渭平原旱涝集合应对战略；第5部分即第7章，对研究成果进行总结，并提出推进南水北调西线工程和古贤水库工程、开展节水型社会建设以及地下水战略储备等措施建议。

本书是在中国工程院重大咨询项目"我国旱涝事件集合应对战略研究"（2012–ZD–13）、国家自然科学基金优秀青年科学基金项目（51522907）国家自然科学基金面上项目（51279207）、国家自然科学青年基金（51109222和51209170）以及国家国际科技合作专项（2013DFG70990）的共同资助下，由中国水利水电科学研究院、中国农业大学、西安理工大学以及河北工程大学等单位的研究人员共同编写完成，具体人员如下：第1章，刘家宏，栾清华，朱记伟；第2章，邵薇薇，刘家宏，黄昊，张君；第3章，毛晓敏，白亮亮，邵薇薇，黄昊，陈根发，刘家宏；第4章，朱记伟，孙文娟，姜仁贵，徐小钰，陈根发，杨柳，肖瑜；第5章，朱记伟，白亮亮，毛晓敏，朱婷，杨柳，王海潮，陈根发；

第 6 章，栾清华，刘家宏，汪妮，孙文娟，李悦，朱婷；第 7 章，刘家宏，毛晓敏，王海潮；附图，付潇然，徐小钰，张海行。

特别指出，中国工程院王浩院士、山仑院士、康绍忠院士、李佩成院士以及西安理工大学解建仓教授在本书编著和课题研究过程中，多次亲临现场并给予耐心指导；负责其他分课题的各位院士以及参加专家咨询会的学术泰斗们为本书成稿提供了许多宝贵意见和建议。同时，编著成员在进行实地调研和踏勘时，得到了山西省水利厅、山西省万家寨引黄工程管理局、陕西省水利厅等部门及其下属有关单位的领导、专家和工作人员的指导和帮助，在此一并感谢。

由于作者水平有限，书中难免存在不足之处，敬请广大读者不吝批评赐教。

作 者

2014 年 12 月

目　　录

|第1章| 绪 论

1.1 研究背景与总体思路

1.1.1 背景及意义

汾渭平原是汾河中下游包括太原盆地、临汾盆地、运城盆地在内的汾河平原和包括渭河流域关中盆地及其连带的黄土阶地在内的渭河平原的总称，因平原是由汾渭地堑经汾、渭二河冲积而成，因此延伸方向与汾渭地堑走向一致，形成由北向南再折向西的拐弯形狭、长地带，并与通过汾河、渭河注入黄河的谷地连接为一体，故称为汾渭平原（图1-1）。整个平原北起山西太原、南抵永济，长约760km、宽40~100km，跨黄河小北干流进入陕西，延伸至宝鸡市陇山塬下，土地总面积6.7万 km²。汾渭平原自古都是晋陕两省的"粮仓"，灌溉耕地面积占两省总灌溉面积的50%，粮食产量超过60%。国家"十二五"规划纲要里提出构建"七区二十三带"农业战略格局，汾渭平原被列为优质专用小麦和专用玉米的产业带，是国家粮食安全和食物安全的坚实后盾。改革开放以来，特别是实施西部大开发以来，区内机械、电子、能源重化工产业等迅猛发展，汇集了近3500万人口和众多的工业企业，GDP占两省GDP总量的50%以上。无论从农业发展、粮食安全还是新兴工业化方面来看，汾渭平原都具有重要的战略地位，是连接东西的重要桥梁和纽带。

汾渭平原水资源禀赋较差，"水"成为制约国民经济发展的瓶颈。位于山西省中南部的汾河，自古以来就是"十年九旱"的地方，历史上发生在汾河平原的特大旱灾和连年干旱曾造成"赤地千里、饿殍遍野"的悲惨景象。例如，清光绪初年（1875~1878年）的"丁戊奇荒"，一直蔓延北方9省，而受灾中心山西省则亲人相食，白骨遍野，惨绝人寰，其人口骤减500万，占当时总人口的1/3以上，给山西人民带来极其深重的灾难。近半个世纪，山西全省性的干旱越发频繁。20世纪末到21世纪初，在1997年、1998年、1999年、2000年、2001年、2002年、2005年、2009年出现了全省大旱和局部大旱，其中吕梁地区1997~2000年连年的严重干旱使得大部分的农田几乎颗粒无收，人均粮食占有量每月不足5kg，大旱还造成全省农村大面积的饮水困难。同时山西作为我国最重要的煤炭能源基地，由采煤引起的供水短缺和生态恶化凸显，也因采空区影响和补给条件的破坏，一些地区的供水水源出现衰竭甚至干涸，并且山西的能源重化工产业也使得山西的水质污染十分严重，不仅灌溉受到影响，也造成人畜饮水不达标。

渭河平原水资源相对丰富，但降水年际变化大，旱涝交替发生，旱涝急转现象凸显。位于渭河平原东部、三门峡水库回水末端的"二华夹槽"地区，因其南靠秦岭，源短流

图 1-1　汾渭平原地理位置图

急，在台风低压影响下的暴雨往往会致使山洪暴发，河流暴涨，加之渭河干流洪水顶托作用，经常出现河堤溃决、农田内涝情况，造成严重的经济损失，是全国重点防汛地段之一。2003 年的渭河洪涝灾害致使房屋倒塌 27.5 万间，淹没耕地 6.8 万 hm^2，受灾人口高达 56 万人，洪涝导致 13 万人无家可归，交通、通信、电力等基础设施严重损毁，直接经济损失 22.8 亿元。

汾渭平原的旱涝事件对人民的生产、生活造成了严重的威胁和影响，如何能高效利用水资源，应对汾渭平原常态化干旱，以及由极端气候引起的洪涝灾害，对于保障汾渭平原的粮食安全、经济发展和生态系统健康都具有十分重要的意义。国家"十二五"规划指出要加强农田水利建设，搞好抗旱水源工程，加强农村饮水安全工程建设等也对汾渭平原旱涝事件应对提出了具体要求。不仅如此，中央在城市化工作会议中提出"两横三纵"城市化战略格局，其中位于汾渭平原的太原城市群和"关中—天水"经济区是重点提升的西部城市群，其建设和发展也对水资源和旱涝事件应对提出更高要求。这些国家规划和区域战略无不说明汾渭平原在国家发展中的战略支撑地位。

随着气候变化和人类活动影响的深入，汾渭平原旱涝事件将进一步呈现出广发和频发态势，灾害程度和损失也呈增加趋势，研究和制定汾渭平原旱涝事件的集合应对战略已成为破解该区域经济社会发展"瓶颈"的关键。为此，2012 年 6 月，中国工程院王浩等 16 位水资源、气象、农业工程等领域的院士联合发起，申报了"我国旱涝事件集合应对战略研究"重大咨询项目，组织十一个课题组开展相关研究。"汾渭平原旱涝事件集合应对研究"属于该重大咨询项目的第七课题，在区域层面支撑项目总体成果。具体来说，本书研究主要响应如下四方面的国家需求：一是保障汾渭平原主产区粮食安全；二是保障黄河中游晋陕能源重化工基地发展的战略用水需求；三是促进山西省国家资源型经济转型综合配套改革试验区建设和水生态系统修复；四是保障国家西部大开发的桥头堡——"关中—天水经济区"建设的水资源安全。

1.1.2　目标与内容

本书紧密围绕汾渭平原旱涝事件应对的战略需求，通过对旱涝事件特征、成因、影响、应对现状和存在问题分析，提出适合汾渭平原特点的区域应对战略，支撑国家旱涝集合应对总体战略。具体体现在如下三方面：一是在工程措施方面，提出应对水资源丰枯变化的水库蓄泄和水网联合调控战略，新建跨区域的骨干调节水库或引调水工程，实现水资源丰枯调剂、多源互补、地表地下等量置换；二是在管理措施方面，提出应对特殊干旱年的地下水源储备战略及节水型社会建设战略，推进地下水关井压采、保护，调整区域农业种植结构、国民经济产业结构，发展适水经济；三是在决策服务方面，编制干旱风险图、洪水风险图，制定抗旱及排涝预案，加强预警预报能力建设，做到超前预防，增强旱涝事件应对能力。

本书主要研究内容包括三大部分。

（1）汾河平原典型旱涝事件、特征和影响分析

该部分主要对汾河平原的历史旱涝事件进行统计分析，并阐述汾河平原的旱涝现状，从而对汾河平原旱涝事件发生的特点和成因进行分析；重点评价汾河平原的干旱缺水对国民经济造成的影响，并研究汾河平原的干旱缺水对区域水生态系统的影响。

（2）渭河平原典型旱涝事件、特征和影响分析

该部分主要对渭河平原的历史旱涝事件进行统计分析，并阐述渭河平原的旱涝现状，从而对渭河平原旱涝事件发生的特点和成因进行分析；重点评价渭河平原的旱涝交替、旱涝急转等事件对国民经济造成的影响，并研究"潼关高程"对"二华夹槽"地区暴雨内涝的影响。

（3）汾渭平原旱涝集合特征及其综合应对战略

该部分在开源挖潜、调整产业结构和经济布局、优化用水结构的基础上，提出汾渭平原旱涝事件的集合应对战略，包括工程措施、管理措施和决策服务等。

1.1.3 总体思路

本书遵循"基线调查、影响评估、典型分析、应对方略"的总体思路（图1-2）。在实地踏勘、文献调研、旱涝资料整编的基础上，编制汾渭平原旱涝事件图谱；基于1961～2012年的降水数据，分析汾渭平原的旱涝特征和演变规律，评估旱涝事件对国民经济各产业和生态环境的影响；针对汾渭平原近期的典型旱涝事件，分析其灾害范围、灾害损失、致灾因子等；最后在影响评估、归因分析、典型事件应对经验总结的基础上，确定汾渭平原旱涝事件集合应对的战略需求，制定旱涝集合应对的综合方案。

图1-2　研究总体思路

研究思路突出"汾渭"、"旱涝"、"集合"、"战略"四个关键词。①通过基线调查和典型分析，准确把握"汾渭"平原的战略定位和基本特点；②通过影响评估，解析"旱涝"特征、演变规律和发展趋势；③在应对方略方面体现"集合"思想，即在时间序列上，重视"旱年（季）"和"涝年（季）"的集合特征，通过"涝年（季）"蓄水弥补"旱年（季）"缺水，增强年际（或年内干湿季）调节能力，在空间上，充分利用汾河平原和渭河平原的"旱涝异步"特征，通过在两大平原结合点兴建骨干水源工程，增强区域水资源的空间配置能力，实现多源互补，丰枯相济；④在响应国家目标方面体现"战略"性，目光瞄准30年以上的国家和区域长远发展需求，立足破解该区域水资源领域的重大问题和关键障碍，支撑经济社会可持续发展和生态文明建设。

1.2　技术路线

首先，通过对汾渭平原地区相关部门的走访调研，搜集气象、水文以及有关旱涝灾害方面的数据、信息资料，阐述汾渭平原概况及历史典型旱涝事件，应用统计方法对各地区降水进行时序分析（趋势分析、突变分析及持续性分析），定量描述汾渭平原各地区降水演变规律，应用降水距平百分率指标、相对湿润度指数和标准化降水指标对汾渭平原旱涝时序特征进行分析，总结旱涝事件发生的特征、规律和成因。然后，针对汾河平原的干旱缺水对国民经济发展的影响及对干旱缺水所产生的问题进行分析，研究汾河平原的干旱缺水对区域水生态系统的影响；针对渭河平原未来经济社会的发展定位，如关中城市圈的发展规划等，研究旱涝事件对渭河平原国民经济和生态环境的影响。最后，研究汾渭平原旱涝集合特征和集合应对的战略需求，在总结分析旱涝应对现状和问题的基础上，最终提出汾渭平原旱涝事件集合应对的战略。技术路线如图1-3所示。

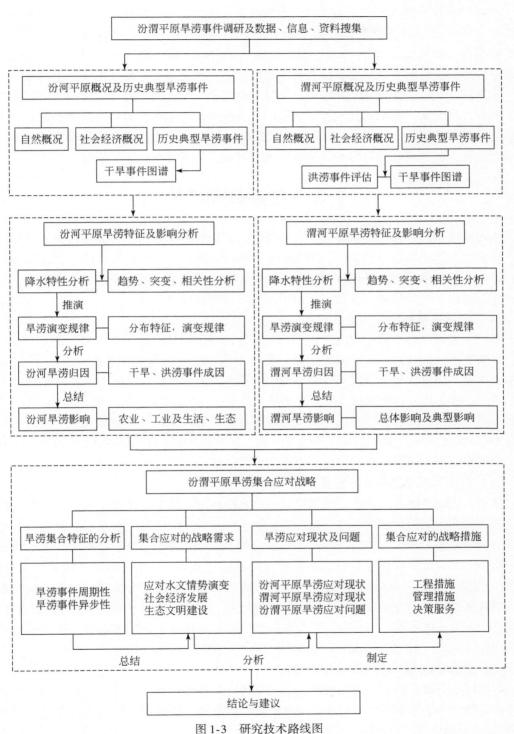

图 1-3　研究技术路线图

按照研究技术路线图，本书从四个方面着手，进行了专门研究，分别是"汾渭平原旱涝演变分析"、"汾河平原干旱缺水的影响"、"渭河平原旱涝事件的影响"、"汾渭平原旱涝事件集合应对战略"，由中国农业大学、中国水利水电科学研究院和西安理工大学三家科研单位承担。汾渭平原旱涝事件集合应对研究是一个复杂的系统性工作，涉及水文水资源、宏观经济、灾害评估、工程应对、决策支持等多个方面的体系内容，需要学科理论交叉、研究方法交叉，本书研究过程中就应用了数理统计分析法、归纳演绎分析法、突变检验法、主成分分析法、哈罗德–多马经济增长模型等诸多方法，研究分析汾渭平原旱涝事件演变特征及其影响，为汾渭平原旱涝集成应对提供切实可行的实施策略。

1.3   主要研究成果

通过本项研究取得三项主要成果：一是完成了汾渭平原旱涝事件基线调查，系统梳理了该区发生的历史典型旱涝事件，编制了旱涝事件图谱；二是解析了汾渭平原旱涝事件特征，评估了旱涝事件对国民经济和生态系统的影响；三是制定了汾渭平原旱涝事件集合应对方略，提出了工程措施、管理措施和决策服务方面的战略建议。

（1）汾渭平原旱涝事件基线调查

本书作者通过对汾渭平原地区相关部门的走访调研和文献检索，搜集整理了气象、水文、旱涝灾害以及社会经济方面的信息。获得了研究区主要代表站 1961～2012 年的降水数据，汾河平原有历史记载以来（近 3000 年）的重大干旱事件 407 次，渭河流域公元前 841～公元 2012 年渭河平原共发生严重干旱灾害 1068 次，其中超级严重干旱 106 次、特别严重干旱 344 次，以及近年来的社会经济数据等。对汾渭平原"丁戊奇荒"、"33·8"洪水等 10 余场次典型旱涝事件进行了细致分析。在资料收集与典型分析的基础上，分别编制了汾河平原干旱事件图谱和渭河平原旱涝事件图谱。

（2）汾渭平原旱涝事件特征及影响

基于基线调查数据，阐明了汾渭平原历史水循环演变趋势、供水用水变化趋势，以及在气候变化和人类活动影响下各水循环要素的演变趋势，应用统计方法对各地区降水进行时序分析（趋势分析、突变分析以及持续性分析），定量描述汾渭平原各地区降水演变规律，利用三种常用旱涝指标对汾渭平原旱涝特征进行分析，总结了旱涝事件发生的特征、规律和成因。建立指标体系定量评估了洪涝灾害的影响程度，结合汾渭平原及其旱涝事件的典型特征，重点研究了汾河平原干旱事件的影响、渭河平原旱涝事件的影响，主要包括旱涝事件对农业的影响、对社会经济发展的制约、对区域水生态的影响等。作为汾渭平原的洪涝易发区域，对"二华夹槽"和"潼关高程"进行了典型分析。

（3）汾渭平原旱涝事件集合应对战略

本书详细调研了汾渭平原的水利工程和旱涝应对设施现状，识别了现状水利工程和抗旱排涝设施条件下汾渭平原旱涝事件应对的现实需求和关键问题，提出了汾渭平原旱涝事件集合应对战略——在汾渭平原的结合点上建设"古贤水库"，"一点"挑"两边"，充分运用汾渭平原旱涝异步的特征，互补供水，在空间上实现旱涝事件的集合应对；在汾河平原通过山西大水网、渭河平原通过引汉济渭工程实现区域性的丰枯调剂，多源互补；在渭河下游二华夹槽地区利用洼地蓄积涝水，供旱年（季）使用，完成时间序列上的旱涝集合应对任务；与此同时加强水资源的宏观管理，开展节水型社会建设，落实"三条红线"，实施地下水储备战略；在决策服务上提升旱涝事件预警预报和预案处置能力，尽量减少灾害损失，做到有备无患。

|第 2 章| 汾河平原概况及历史典型旱涝事件

2.1 自然概况

2.1.1 地理位置

汾河平原位于山西省中部和南部，北接忻定盆地（忻县、定襄），南接渭河平原，走向为北东—南西向再转东西向，是因汾河冲积而成的河套平原（图 2-1）。它大体分成南、北两部分，北部是在石岭关与灵石间的太原盆地，海拔 700~800m，是汾渭平原中最广阔的部分；南部为霍县与稷山县之间的临汾盆地，海拔 400~500m。汾河平原土壤肥沃，灌溉发达，是山西省重要粮、棉产区，在 3000 多年前，已有劳动人民在汾河平原建立了农业据点。

太原盆地也叫晋中盆地，位于山西省中部，北起黄寨的石岭关，南至灵石的韩侯岭，东西两侧为吕梁山脉和太行山脉，盆地呈北东—南西向分布。长约 150km，宽 30~40km，包括整个汾河中游，面积达 5000km²。太原以南汾河两岸，有潇河、文峪河等较大支流，灌溉方便，为农业发展提供了有利条件。汾河贯穿盆地中部，沿岸广泛发育二级阶地，由于河流较小，泥沙含量多，河床宽浅，易受洪水威胁，历史上曾发生多次改道。省会太原市，位居盆地北缘，是省内政治、经济、文化、交通中心，也是华北地区重要的重工业基地。

临汾盆地北起韩侯岭，向南至侯马折而向西直至黄河岸，盆地东西两侧分别以霍山大断层、罗云山大断层与山地相接，南部与峨嵋台地相接。盆地长约 200km，宽 20~25km，面积约 5000km²，包括整个汾河下游地区。沿山前地带有大型岩溶泉水出露，如郭庄泉、广胜寺泉、龙子祠泉，水源丰富，是当地工农业用水的主要来源。这里气候温暖，土壤肥沃，水源丰富，农业发达。

2.1.2 地形地貌

汾河流域的地势大致是南低北高，东西两侧高，中间低，山区至盆地地形呈阶梯下降，或呈簸箕状倾斜，干流由北至南纵贯山西省中部，支流水系发育在两大山系之间。流域的山川在燕山期造山运动后基本形成，喜马拉雅期的运动断裂极为发育，地质构造在古构造运动的基础上继续发生和发展，从而形成现今的流域地形地貌。流域地貌可划分为黄土丘陵沟壑区、土石山区和河川阶地区三大类型区。俯瞰汾河流域地形地貌，南北长，东

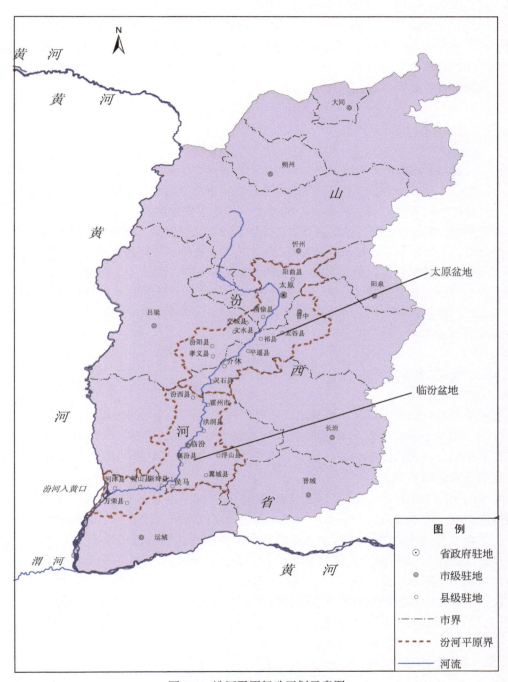

图 2-1 汾河平原行政区划示意图

西窄，南北长约 413km，东西宽约 188km，汾河干流穿行于晋陕地堑断陷盆地范围之内，流域内东西两侧分水岭地带为地势较高的土石山区，东部属太行山系，西部为吕梁山系，平均海拔均在 1500m 以上。由于早期的构造运动使流域的盆地持续下降，而东西两侧山脉不断上升，致使现在的流域形成悬殊的地面高差。地势较低的河谷盆地与东西两侧地势山区之间广阔的过渡地带被厚度不均的大面积第四纪黄土所覆盖，丘陵起伏，地势较为平缓，平均海拔在 750～810m，为黄土丘陵区。

2.1.3　土壤植被

褐土为汾河平原的主要土壤之一，分布于临汾、运城等地的低平地，属耕作层；石灰性褐土分布范围非常广，恒山以南、吕梁山以东的各河流二级阶地、山间盆地均有分布，全部为耕地，是典型地带性土壤中分布最广的亚类；红黄土质淋溶褐土，分布于运城、太原等地；砂泥质中性粗骨土，除运城地区外，各地均有分布，以临汾、晋中地区分布最多。硅质中性粗骨土，主要分布于运城和吕梁地区；钙质粗骨土在汾河平原各区域均有分布。

汾河平原的植被群落主要有蒿类、芦苇、赖草、怪柳、沙棘、小香蒲、沼泽等。蒿类群落、芦苇群落、赖草群落等主要分布在一、二级阶地上；怪柳群落等分布于汾河中游河漫滩和淤积河岸；沙棘群落、小香蒲群落分布于上游山地河谷河岸；沼泽草甸主要分布在沿河较高的河漫滩上。

2.1.4　气象水文

汾河平原地处东亚季风区，受极地大陆气团和副热带海洋气团的影响，属温带大陆性季风气候，为半干旱、半湿润型气候过渡，四季变化明显。受季风影响春季多风，干燥；夏季多雨，炎热；秋季少晴，早凉；冬季少雪，寒冷。雨热同期，光热资源较为丰富，有利于农业的发展。

降水的年际变化较大，年内分配不均，全年 70% 的降水量集中在 6～9 月，并且多以暴雨形式出现。降水量总体分布趋势为南北两端和东西两侧山区高，中部盆地低，全流域多年平均降水量为 504.8mm，近十几年降水呈减少趋势。汾河流域水面蒸发量在 1000～1200mm，高值区在太原盆地，纬度分布差异是汾河北部连年干旱的一个主要原因。降水量最大与最小年降水比值可达 3～4，且存在连续枯水年情况。由于降水量不足，时空分布不均使干旱成为山西省最主要的灾害性天气，出现频次高，受灾范围大，持续时间长，有"十年九旱"之说。

2.1.5　河流水系

汾河是黄河第二大支流，也是山西省最大的河流，被称作山西省的"母亲河"。汾河流域地处黄河中游，东以云中山、太行山为界与海河水系相邻，西以芦芽山、吕梁山为界与黄河北干流相邻，东南隔太岳山与沁河毗邻，南隔紫金山、稷王山与涑水河毗邻。流域涵盖太原盆地、临汾盆地，分为上游、中游和下游，流域面积 39 471km²。流域多年平均水资源总量 33.6 亿 m³，占山西省水资源总量的 27.1%，地表水开发利用率 72.1%，属于高度开发利用区。汾河以太原兰村、洪洞县石滩为界可以分为上游、中游、下游。太原兰村以上为上游，河道长 217.6km，流域面积为 7705km²，此段为山区性河流。太原兰村至洪洞县石滩为中游，河长 266.9 km，流域面积为 20 509 km²，河道宽一般 150～300m，属平原性河流，河流两岸抗冲能力低，在水流长期堆积作用下，两岸形成了较宽阔的河漫滩，河型蜿蜒曲折，是全河防洪的重点河段。洪洞石滩至黄河口为下游段，河长 210.5km，流域面积为 11 276km²，该河段是汾河干流最为平缓的一段，平均纵坡为 1.3‰。入黄口处，河道纵坡缓，流速小，常受黄河倒流之顶托，致大量泥沙淤积在下游河段中。

2.2　社会经济概况

2.2.1　人口

汾河发源于宁武县东寨镇管涔山，流经忻州市的宁武、静乐，太原市的娄烦、古交、阳曲、尖草坪、万柏林、迎泽、小店、晋源、清徐等，晋中市的祁县、平遥、介休、灵石等，吕梁市的文水、孝义等，临汾市的霍州、洪洞、尧都、襄汾、曲沃、侯马等，运城市的新绛、稷山、河津、万荣等，共 6 个市、43 个县（市、区），见表 2-1。人类的生存离不开河流的哺育。从某种意义上说，是汾河孕育了三晋大地的古代文明。早在距今 10 万年前的旧石器时代，汾河流域就有古人类活动，创造了灿烂的"丁村文化"，此后的"仰韶文化"、"龙山文化"延续和发展，证明了汾河流域在远古时代就是人类的重要栖息、活动场所。距今 5000 年前，我们的先人——华族、夏族就在这河流纵横、黄土丰厚的地区发轫凝聚，从原始走向文明，书写了中华民族的发祥史。汾河平原土壤肥沃、灌溉发达，是山西省重要粮、棉产区，在 3000 多年前，已有劳动人民在黄河、汾河平原建立了农业据点。春秋末期，汾河平原就因农业发达、人口聚集而兴起了著名的城市绛州（今新绛）。因此，汾河平原是黄河中游中华民族发祥地的重要组成部分。

表 2-1　汾河平原行政区划表

地区	县市名称
忻州市	宁武*、静乐
吕梁市	岚县、交城、文水、汾阳、孝义、交口
太原市	太原市区（尖草坪、万柏林、迎泽、杏花岭、小店、晋源6区）、娄烦、古交、阳曲*、清徐
晋中市	榆次、太谷、和顺*、沁源、祁县、寿阳*、平遥、介休、灵石
临汾市	汾西、霍州、洪洞、古县、尧都区、乡宁*、浮山*、襄汾、翼城、侯马、曲沃
运城市	河津、新绛、绛县*、稷山、万荣*

*表示部分覆盖

汾河平原是山西省人口稠密，城市化程度高的区域，2012 年汾河平原内共有人口约 1480.2 万人，占到山西全省总人口（3610.83 万人）的 41%。其中汾河平原内农业人口约 707 万人，农业人口人均占有耕地约 0.15hm²；非农业人口约 773.2 万人，非农业人口所占比例为 52.3%。汾河平原人口密度约为 321 人/km²，比山西全省人口密度 208 人/km² 略高（杨金龙，2012）。

2.2.2 国民经济

汾河平原是山西省国民经济发展的重点区域：省会太原市位于汾河平原中部，是全省政治、经济、文化、交通中心和枢纽，山西省有相当一部分大中型工矿企业，集中分布于汾河下游大中城市，同时，汾河平原也是山西省粮棉经济作物的主要产区。汾河平原大部分地区，尤其是中下游盆地，交通比较发达，有同蒲铁路、大运高速公路等，对外交通较为便利。

总的来说，汾河流域经济发展水平高于山西省平均水平，且近年来经济发展比较迅速，汾河平原各城市 2012 年社会经济发展情况见表 2-2。2012 年汾河流域 GDP 为 2468 亿元（按 2000 年不变价格计算），约占山西省 GDP 的 44.4%。汾河流域第一、第二、第三产业所占比例分别为 4.4%、42.9%、52.7%，第三产业比重最大；流域人均 GDP 为 33 256 元，约低于全省人均 GDP33 544 元，其中流域内的太原市人均 GDP 约为 54 440 元，为汾河平原人均 GDP 的 1.6 倍。2012 年汾河流域农业产值为 84.792 亿元，约占山西全省农业总产值的 38.8%，但工业总产值已达到 626.08 亿元，约占山西全省工业总产值的 51.5%，足以说明汾河平原内工业较其他流域工业要发达得多。2012 年汾河平原城镇人均可支配收入为 20 921 元，农村人均纯收入为 8015 元，分别为山西全省水平的 102.5% 和 126.1%。但是汾河平原内城镇居民人均可支配收入最高的地区约是最低地区的 2 倍，农村人均纯收入最高的地区约是最低地区的 5 倍，可见，虽然整个汾河平原经济发展水平较高，但流域内各地区发展差距仍然较大（苏慧慧，2010；杨金龙，2012）。

表 2-2　汾河平原各城市 2012 年社会经济发展情况

地区	农田有效灌溉面积（万亩）	节水灌溉面积（万亩）	粮食产量（万 t）	GDP（亿元）	工业增加值（亿元）	三次产业增加值（亿元）	三次产业比重
太原市	72.60	38.91	32.16	2080.10	708.50	1097.10	2 : 45 : 53
忻州市	194.73	106.27	147.90	554.50	262.50	213.70	10 : 52 : 38
吕梁市	177.89	113.07	104.27	1130.70	813.10	249.10	4 : 74 : 22
晋中市	215.90	148.51	161.68	890.20	440.80	328.30	8 : 55 : 37
临汾市	208.64	159.39	207.39	1136.10	661.40	345.10	7 : 63 : 30
运城市	538.62	336.36	266.65	1016.80	434.30	358.10	16 : 49 : 35

2.2.2.1 第一产业

就农业发展而言，汾河平原是山西省灌溉程度最高的区域之一。汾河平原耕地面积129.6万hm²，占山西省耕地面积（434.2万hm²）的30%。汾河流域内有效灌溉面积778万亩，约占流域内耕地面积的40%。汾河流域耕地面积虽占山西全省耕地面积的不足1/3，但流域内灌溉面积即占全省灌溉面积的43.1%，说明汾河流域的自然水利条件十分优越。流域内现有2万hm²以上大型自流灌区4处，分别为汾河灌区、汾西灌区、文峪河灌区和潇河灌区，其中汾河灌区覆盖晋中、太原、吕梁三地区，设计灌溉面积10万hm²，有效灌溉面积8.49万hm²；汾西灌区地处临汾市，设计灌溉面积4.68万hm²，有效灌溉面积3.33万hm²；文峪河灌区地处吕梁市，设计灌溉面积3.42万hm²，有效灌溉面积3.31万hm²；潇河灌区覆盖晋中、太原两地区，设计灌溉面积2.22万hm²，有效灌溉面积2.22万hm²；另外，汾河流域有万亩以上自流灌区25处。2012年汾河平原第一产业总产值为84.792亿元，农业、林业、畜牧业、渔业及农林牧渔服务业所占比例分别为61.3%、6.5%、27.6%、0.5%、4.3%，种植业的比例最大，畜牧业次之，林业、渔业所占比例较小；汾河平原第一产业的内部结构与地区的自然条件基本相吻合，主要种植小麦、玉米等粮食作物以及谷子、大豆等杂粮，畜牧业主要为猪、牛、羊养殖业和禽蛋业等。改革开放以来，汾河流域农业有了长足发展，但农业的基础地位仍然薄弱，农业现代化依然处于起步阶段，农民收入低且增长速度缓慢，"三农"的发展仍然任重道远。

2.2.2.2 第二、第三产业

山西省是我国重要的能源重化工基地，以资源密集型产业为主。2012年山西省煤炭外调量已经由2005年的4.26亿t增长至5.80亿t，外运煤炭占全省原煤产量的63.7%，供应全国约26个省（市），占全国实际调配量的70%，其中电煤约占全国电厂供应量的2/3。2012年山西省电力外调量已经由2005年的369.26亿kW·h增长至799.64亿kW·h，外输电量占全省发电量的30.3%。北京20%的电力和40%的用煤供应都来自于山西省。2012年山西省焦炭外调量为5557.8万t，外运焦炭占全省焦炭产量的64.5%。可见，山西省在国家能源安全战略中占据十分重要的地位。

汾河平原是山西省工业集中的主要地区，蕴藏着丰富的煤层，以及煤炭深加工和冶金工业产生的大量煤气。汾河平原的第二产业以太原市为中心，主要有煤炭工业、钢铁工业、有色金属工业、机械制造业等。改革开放以来，汾河平原的工业生产迅速发展，围绕能源采集、加工、综合利用，相关产业已发展成熟到一定程度（关存先，1998），逐步发展了以太原为中心的重工业为主体的综合基地，以榆次和介休为中心的煤炭和纺织工业基地，以霍州和洪洞为中心的煤炭、电力、冶金、煤化工为主导产业的工业基地，以河津和侯马等为中心的铜工业、铝工业、盐化工业、轻纺工业为主导的工业基地等。2012年汾河平原第二产业产值约为1060亿元，约占山西全省的46%。

就第三产业发展而言，汾河平原的第三产业以太原为中心，主要发展了交通运输、邮电、房地产、餐饮娱乐等产业。2012年汾河平原第三产业产值为1300亿元。总的来说，汾河平原的第三产业发展速度也较快，产业结构正在逐步趋于优化。

但是总体而言，汾河平原的产业结构相对单一，主要还是靠煤（煤炭）、焦（焦炭）、冶（冶金）、电（电力），这四个产业占整个工业产值的80%；第二、第三产业结构与发达地区相比仍处于较低水平，而且近年来的发展过程也暴露了一些环境污染和生态破坏的问题，如何实现人口、经济、环境的和谐可持续发展，已经成为一个亟待解决的全局性问题。

2.2.3　发展规划

依据《全国主体功能区规划》《中共中央、国务院关于促进中部地区崛起的若干意见》《国务院发布关于西部大开发若干政策措施的实施意见》《黄河流域综合规划（2012～2030年)》等有关国家和区域发展战略，结合汾河平原的资源禀赋，未来汾河平原经济社会发展，将形成以下战略格局：①在产业建设方面，建设国家重要能源、战略资源接续地和产业集聚区，如晋中炼焦煤基地等煤炭、电力、天然气能源重化工基地，大力发展原材料工业，形成吕梁、忻州等铝土资源开发基地，满足国家和区域对能源和原材料的需求，为国家能源安全提供强有力的保障。②在农业发展方面，发展高效节水农业，将汾河平原粮食主产区建设成为全国重要的农业生产基地，保障国家粮食安全。③在城镇化建设方面，重点推进太原城市群和以临汾、侯马、运城为核心的晋南城镇群的发展，加快百里汾河经济带建设。参考《山西省国民经济"十二五"规划》，"十二五"期间山西省委、省政府提出了GDP总量、财政总收入、城乡居民收入三个翻番的宏伟目标。预计在"十三五"和未来一段时期内，汾河流域发展进程将进一步加快，经济社会将会以高于全国平均水平的速度持续发展。山西省汾河平原国民经济发展相关的若干重要战略如下。

2.2.3.1　资源型经济转型

汾河平原以及整个山西省作为全国重要的能源和原材料供应基地，为全国经济社会的可持续发展做出了突出贡献。但长期高强度的资源开发，导致支柱产业单一粗放、生态环境破坏严重、资源利用水平偏低、安全生产事故多发、资源枯竭问题逐渐暴露，资源型经济发展的深层次矛盾和问题日益突出，严重地制约着经济社会的可持续发展。党的十八大又把生态文明建设放在突出地位，这就需要山西省进行转型跨越发展。近几年来国家对促进山西省资源型经济转型已经推出了一系列相关政策：一是国务院确定山西省为煤炭工业可持续发展政策措施试点省；二是国家把山西省确定为全国的循环经济试点省；三是国家把山西省作为生态建设试点省。2010年12月13日国家发展和改革委员会（简称国家发改委）正式批复设立了"山西省国家资源型经济转型综合配套改革试验区"，这是我国第一个全省域、全方位、系统性的国家级综合配套改革试验区。山西省的资源型经济转型需要进一步淘汰落后产能、加强污染治理、进行生态修复、加强安全生产，通过转型发展促进山西省社会经济的跨越发展。

2.2.3.2 创新驱动发展战略

2014 年山西省启动国家创新驱动发展战略山西行动计划（2014～2020 年）和山西省低碳创新行动计划，促进以煤为基础的多元发展。主要包括：①加快转变经济发展方式，积极推进国家综合能源基地建设，推动电力工业高效清洁发展，推进煤电一体化发展，加快煤层气产业发展，积极发展风能、太阳能、生物质能等新能源产业。②大力改造提升传统产业。按照尊重规律、分业施策、多管齐下、标本兼治的原则，全面清理、分类处置违规项目，严禁上马新增产能过剩项目，提高并严格执行能耗、环保、安全等行业准入标准，有效化解钢铁、焦化、水泥、电解铝等行业产能过剩矛盾。积极应用信息技术和先进适用技术，提升装备水平，促进集群发展。③加快发展新兴产业和服务业。做大做强煤炭机械、重型机械等优势装备制造业，培育壮大煤化工装备、煤层气装备、铁路装备等潜力装备制造业。围绕资源循环利用、节能环保服务及装备制造等重点领域，加快发展节能环保产业。加快发展物联网、云计算等新一代信息技术。大力发展新型材料、特色食品、现代医药等新兴产业。④实施创新驱动发展战略。高起点推进山西省科技创新城建设，以产业链配置创新链，以创新链配置资金链，引进和培育一流的研发机构、科研项目和科技企业，努力打造国家煤基科技及产业创新高地。

2.2.3.3 太原城市群建设

太原城市群规划，是大力发展以太原为中心，以太原盆地城镇密集区为主体构成的城市群，该区域位于山西省中部和全国"两横三纵"城市化战略格局中京哈京广通道纵轴的中部。构建以太原为中心，以太原盆地城镇密集区为主体，以主要交通干线为轴线，以汾阳、忻州、长治、临汾等主要节点城市为支撑的空间开发格局。强化太原的科技、教育、金融、商贸物流等功能，提升太原中心城市地位，推进太原—晋中同城化发展。增强主要节点城市集聚经济和人口的能力，强化城市间经济联系和功能分工，承接环渤海地区产业转移，促进资源型城市转型。依托中心城镇发展劳动密集型城郊农业、生态农业和特色农产品加工业。实施汾河清水复流工程和太原西山综合整治工程，加强采煤沉陷区的生态恢复，构建以山地、水库等为基础，以汾河水系为骨架的生态格局。

2.2.3.4 山西大水网建设

水利是经济社会发展的重要基础设施，是生态文明建设、改善和保障民生的重要支撑。近年来，山西省水利基础设施的建设也面临前所未有的机遇和挑战。山西省正在加快构筑"两纵十横、六河连通、纵贯南北、横跨东西、多源互补、保障供应、丰枯调剂、结构合理、稳定可靠、配置高效"的大水网，使得河、库连接，提高特大干旱年份的供水保证率（薛金平，2012）。从国家和汾河平原经济社会持续快速发展与生态文明建设的需求分析，也必须进一步加强汾河治理开发保护与管理，实现水资源的可持续利用，保障流域防洪安全、供水安全、饮水安全、生态安全乃至全国的能源安全和粮食安全，支撑汾河平原经济社会又好又快发展。

2.3 历史典型旱涝事件

2.3.1 历史旱涝事件总体分析

2.3.1.1 干旱情况总体分析

汾河流域素有"十年九旱"之称。根据历史资料统计分析，汾河平原公元前有记载的干旱和特大干旱主要有 23 次，公元后以来至 2000 年有记载的干旱和特大干旱共发生了 378 次，21 世纪以来至 2012 年区域和局部干旱共发生了 7 次，见表 2-3。从公元前至今，随着时间的推移，汾河流域发生干旱的频次有越来越高的倾向。从公元前 155 ~ 公元 618 年的 773 年，平均每 55 年发生一次干旱，而 1949 ~ 2012 年的 64 年中，除 1954 年、1956 年、1964 年等基本无旱情外，其余几乎年年都有大小不等的旱情，平均每 1.4 年就发生一次干旱年，出现的频率呈逐渐增高趋势。就干旱的严重程度而言，汾河平原的干旱中重旱和极端干旱的情形所占比例也较高。汾河流域从 1505 ~ 2012 年的 508 年中，共有重旱、极端干旱年 46 年，其中有连续干旱年 11 次、29 年（山西省水利厅水旱灾害委会，1995；苏慧慧，2010）。"十年九旱"和连续干旱的特点，必然将给汾河平原的社会经济和生态环境带来很大危害。

表 2-3 汾河平原历史干旱灾害统计

公元前	世纪	1	2	3	4	5	6	7	8	9	10	11	12	13	14	15	16	17	18	19	20	21
	次数	1	11	1	—	4	2	1	1	1	—	—	—	—	—	—	—	1	—	—	—
公元后	世纪	1	2	3	4	5	6	7	8	9	10	11	12	13	14	15	16	17	18	19	20	21
	次数	2	5	2	8	6	12	17	4	7	19	15	10	25	21	37	38	43	23	38	39	7

2.3.1.2 洪涝情况总体分析

根据汾河平原历史洪涝情况的调查，可知汾河平原的洪涝灾害相对旱灾而言，发生次数相对较少，灾害的严重程度也相对较轻，而且发生范围相对局限。据历史记载统计，汾河平原的洪涝灾害主要发生在新绛、稷山、河津区域（山西省水利厅水旱灾害委会，1995）。

明代时期汾河流域自洪武元年（1368 年）到崇祯十七年（1644 年）的 277 年，汾河流域共发生洪涝灾害 75 次，平均每 3.68 年就有一次洪涝灾害发生，其中明代早期涝灾发生很少，中、晚期涝灾发生较多。清代时期汾河流域自清世祖顺治元年（1644 年）到清宣统三年（1911 年）的 268 年，汾河流域共发生洪涝灾害 136 次，平均每 1.97 年就有一次洪涝灾害发生，说明清代时期汾河流域洪涝灾害较明代时期频繁，如清光绪十二年涝灾和清顺治九年洪涝灾等。汾河流域在 1911 ~ 2012 年的 102 年，共发生洪涝灾害 83

次，平均每 1.2 年就有一次全局或局部洪涝灾害发生，说明这段时期汾河流域洪涝灾害很频繁。

2.3.2 典型旱涝事件分析

2.3.2.1 典型干旱事件

下面依据时间顺序简要介绍汾河平原历史中的典型干旱灾害。

(1) 战国时期之前的旱灾

春秋以前，即公元前 770 年以前，黄河流域曾发生过 3 次大范围的特大灾害，汾河平原大部分地区在受灾范围之内。第一次是公元前 1765～前 1759 年，连续 5 年大旱，百姓没有粮食，殷朝成汤铸金币救旱。第二次是公元前 858～前 854 年，连续 5 年大旱，由于过度干旱，部分房屋甚至遭到焚毁。第三次是公元前 782～前 780 年，连续 3 年干旱，河流、湖泊、泉域均枯竭。

春秋时期发生过一次特大旱灾，在公元前 661 年，此次旱灾正逢战争，人民生活非常艰苦。战国时期发生过两次大旱灾。第一次是公元前 436 年，汾河断流。第二次是公元前 423 年，由于过于干旱，太原附近土壤中水分蒸发，盐析于表面。

(2) 公元前 250～公元 1400 年的旱灾

从公元前 250～公元 1400 年，汾河平原共发生特大旱灾 10 次，每次特大旱灾都延续 3 年左右。第一次在公元前 205 年，粮食每斛万钱，出现人相食的惨剧。第二次在公元 109～111 年，太原由于旱灾和蝗灾导致饥荒，人相食。第三次在公元 194 年，数月无降雨，粮食价格飙升，人相食。第四次在 335～336 年，粮食价格飙升，人相食。第五次在 487 年，粮食紧缺，人民生活艰苦。第六次在 537 年，汾河流域多个地方发生严重旱灾，造成严重的饥荒。第七次在 1210～1213 年，旱灾历时 4 年，造成严重的饥荒，粮食价格飙升，导致众多饥民饿死。第八次在 1330 年，长期无降雨造成土地无收成，从而导致饥荒。第九次在 1342 年，从春季到秋季无降雨，土地无收成，造成严重的饥荒。第十次在 1347 年，土地无收成，造成严重的饥荒。

(3) 1400～1900 年的旱灾

在 1400～1900 年的 500 年中，山西省共发生了 25 次特大旱灾，平均每 20 年就有一次。1500～1600 年旱灾最频繁，有 14 次特大旱灾，是历史上旱灾最频繁的时期。1700～1850 年旱灾较少，只有 5 次特大灾害。这段时期较典型的特大灾害包括 7 次。第一次在 1427～1428 年，两年旱灾，山西省遭遇严重饥荒，大量灾民迁徙到河南省境内。第二次为 1483～1486 年，4 年特大旱灾，造成粮食大量减产，山西省境内大面积饥荒，30 多个县出现饿死现象。第三次为 1531～1534 年，粮食减产，人相食。第四次为 1609～1612 年，连年大旱，粮食减产，大面积饥荒，死亡人数众多，一些地区连续 13 个月无降雨。第五次为 1720～1723 年，粮食减产，大面积饥荒，死亡人数众多，一些地区连续 15 个月无降雨。还有两次特大灾害由于灾害影响巨大而重点介绍。

1）明崇祯年间（1627～1644年）特大旱灾。1627～1644年，这场大旱持续了17年，其中1627～1634年为局部干旱，从1635年开始全流域持续大旱，1627～1629年，大旱使粮食减产，造成饥荒；1631～1637年，降雨连年减少，由于粮食连年减产，饥荒越来越严重，出现严重的饿死现象；1638～1640年旱情最为严重，汾河断流，粮食大量减产，草根树皮都被剥食殆尽，人相食；从1641年开始，局部地区降雨增多，旱情逐步缓解，但由于之前干旱严重，饥荒现象依然很严重；1642年小麦丰收，但由于人口大量减少，无人收割；1644年旱情彻底解除。这次旱灾遍及大半个中国，持续17年之久，直接导致了明朝的灭亡。核心旱区出现人相食的惨剧，大多州县伴随旱灾出现蝗灾、疫灾，死亡率达80%以上。大量灾民弃耕逃亡，很多村庄变成无人村。自然灾害导致了经济的全面崩溃，并激化了社会动荡。

2）清光绪年间（1875～1879年）特大旱灾。1872～1879年，这次旱灾持续了5年，其中1876～1878年这3年旱情最为严重。清光绪二年（1876年丙子），北方九省大部分地区遭到严重的旱灾，很多地方又发生蝗、雹、疫等灾，这次大灾荒延续到光绪四年（1878年戊寅），山西汾河平原等一部分地区延续到了1879年。以光绪三年（1877年丁丑）最严重，被史书称为"丁戊奇荒"。北方九省赤地千里，灾民多达2亿人，直接饿死及无力掩埋人畜尸体引致的大瘟疫夺去的人命达1300万人，逃亡2000万人。山西全省平均年降雨量只有126mm，河川径流量29.3亿 m^3，相当于千年一遇的特枯年。1877年各地连续无雨日短则50～60天，长则3个月以上。洪洞县连续349天无雨，年降雨量仅5.2mm。此次灾情极其严重，位于旱灾中心地带的山西省赤地千里，亲人相食，白骨遍野，使山西省人口减少500多万人，占当时总人口的1/3以上，灾区最严重的太原府灾前人口100万人，灾后仅余5万人（山西省水利厅水旱灾害委会，1995）。

（4）1900～1949年的旱灾

1900～1949年共发生大旱灾5次，平均每8、9年一次。这5次旱灾分别为：1900～1901年的特大旱灾，1920年、1928～1929年、1934～1936年、1942～1943年的大旱灾。1920年的大旱灾中，春夏连旱。据记载，"陕、豫、冀、鲁、晋五省大旱，灾民2000万人，占全国灾民总数的2/5，死亡50万人"。1934～1936年的大旱灾，3年旱灾，部分县由于无降雨气候酷热，有热死者，粮食也大量减产。民国期间两次特大旱灾的情景如下。

1）1928～1929年特大旱灾。本次旱灾从1928年春天开始，降水稀少，到1929年冬天灾情逐步缓解。旱灾中许多河道断流，汾河平原南部地区受灾较北部地区更加严重。南部地区1928年的降水量只有200～300mm，不足多年平均值的一半。降雨减少导致粮食歉收，造成大面积的饥荒。

2）1942年特大旱灾。本次旱灾在山西省的东南部较为严重，汾河流域中受灾较重的是绛州（今新绛）。绛州夏季还遭遇了蝗灾，当年粮食歉收严重，造成饥荒。

（5）新中国成立以后的旱灾

1949年以后，汾河平原降雨量与之前至1920年的相比，大部分地区稍偏多。1950～1990年共发生各种类型的旱灾38次，其中重灾14次，分别是1955年、1957年、1960年、1961年、1962年、1965年、1968年、1970年、1972年、1978年、1980年、1981

年、1986 年、1987 年。从灾情来说，1960~1962 年的灾情最重，3 年干旱造成农作物产量大大减少，1960 年粮食产量比 1958 年减产 27%，平均每人占有原粮 196kg，棉花产量比 1958 年减产 60.2%。由于国家粮食储备严重不足，人民靠政府定量配供粮食维持生活，但仍显不足，造成大面积的饥荒。1958~1960 年，汾河平原人口增长率从原来的 29.9%降为 0.4%。1965 年、1972 年降水量最低，主要发生在西部地区，降水大量偏少，当年粮食大量减产，但由于前一年雨水较丰，未造成严重灾情。1980 年大旱是 1949 年以来造成粮食减产最多的一年，由于降雨较少，冬小麦有 33.3 万 hm² 的小麦死苗，占总面积的 13.8%；成熟的小麦也由于水分的减少而造成产量大量减少；秋季作物也有大量的死亡。1990 年以后，汾河平原也经历了多次旱灾，尤其是 20 世纪 90 年代，除 1996 年没有发生干旱外，几乎年年受旱，特别是 1997 年以来连续 5 年干旱，给社会经济发展造成了一定程度的影响。21 世纪以来，汾河平原也发生了数次干旱，如 2005 年太原地区发生了中旱，2008 年太原、介休、临汾等地区发生了大范围的轻旱。新中国成立后几次典型旱灾情形重点介绍如下。

1）1965 年旱灾。汾河平原降水量 302.5mm，是新中国成立以来最旱的年份。6~9 月降水量为 179.1mm，相当于多年平均的 47.5%，相当于 166 年一遇的干旱。该年秋粮减产严重，比 1964 年减产 64 万 t，引起了较重荒灾。太原市南郊春、夏连旱。晋中部分地区 4 月、5 月雨量奇缺，有 40 万 hm² 农田受到干旱威胁，占耕地总面积的 50%，进入 7 月旱情加重，全区受灾面积达 28.53 万 hm²，占全区秋作物面积的 50%，到 8 月上旬，全区平均降水仅 150mm，比历年同期偏少 50%，全区大部分河流干枯或断流，地下水位下降。榆次县 6~7 月，出现严重干旱，2.53 万 hm² 秋作物受旱成灾，占秋田总面积的 73%，灾害严重的有 0.93 万 hm²，占总面积的 27%。此后旱象继续发展，至 9 月中旬全县抗旱播种小麦。太谷县 4~7 月基本无雨，受旱面积达 2 万 hm²，其中严重干旱的有 0.66 万 hm²。祁县 4~10 月累计降水量仅 142.1mm，比历年同期均偏少 60%，出现新中国成立以来最严重的春、夏、秋连旱。全县成灾面积 0.92 万 hm²，占秋田总面积的 57%。入秋后持续大旱，小麦播种延期，苗情很差。介休地区降水量 5~6 月近 38.8mm，比历年同期偏少 56.4%，7 月之后又伏、秋连续大旱，大部分河水干涸断流，各地土壤表层干土达 10~20cm，粮食大幅减产。灵石县 6~7 月基本无雨，各地干土层达 10cm 以上，全县 1.69 万 hm² 秋作物受灾。平遥县 6~7 月下旬旱象严重发展，晚秋不能播种，气候干旱更为严重，出现夏伏无雨，秋又大旱，小麦播种面积未完成计划。河津县伏旱，秋歉收，受灾面积达 0.67 万 hm²；万荣县 5~6 月旱象发生，8~10 月伏秋连旱；稷山县小麦无法播种。1965 年的大旱引起了 1966 年夏粮作物的大幅减产，冬小麦因墒情太低不能下种，产粮锐减，汾河平原夏粮比 1965 年减产 53%，是 1953 年以来夏粮产粮最低的年份。

2）1972 年旱灾。汾河平原降水量 347.5mm，汾河上中游降水量比 1965 年还少，该年春、夏、秋连旱。太原全年降水量 215.5mm，相当于 110 年一遇的降水量，是新中国成立以来最旱的；晋中地区及其他部分县市 3~5 月无一场中雨以上降水，7~8 月雨水仍偏少，不及常年一半。由于严重少雨，造成地下水位下降，河道断流，水库缺水等现象，特别是往年流量较大的汾河下游季节性断流竟达 2 个月之久。太原春季大旱，南郊区

1.53 万 hm²粮田死青苗 0.14 万 hm²，缺苗 0.27 万 hm²，无苗 93.33 万 hm²。夏季，南郊、北郊、清徐、阳曲等农业县大旱，灌溉面积仅 2.67 万 hm²。晋中地区大旱，平均年雨量近298.8mm，旱象十分严重，榆次县受旱面积达 0.73 万 hm²，入夏后，有连秋旱，出现罕见的全年大旱。祁县春、夏大旱，伏期干旱严重，诱发高粱蚜虫和棉蚜虫，0.41 万 hm² 高粱严重受旱。介休春、夏、秋大旱，尤以 2~7 月干旱最烈，小麦受旱灾情严重，大秋作物春播困难。灵石全县大旱，旱灾程度为近几十年来最严重的一年。襄汾县春、秋大旱，粮食总产量较 1971 年减产 24%。侯马、沃曲旱情严重，汾、浍两河一度中断，粮食大面积减产。由于降水量少，耕地墒情严重不足。临汾盆地土壤相对湿度 8%～12%，40cm 土壤内，除水地和湿地外，均普遍受旱，使 1973 年夏粮作物减产。

3）1986 年旱灾。汾河平原降水量 325.6mm，比大旱的 1972 年还少；尤其是严重的春、夏两个农事关键季节，旱情严重，7~8 月降水量只有 131mm，相当于多年平均降水量的 53.2%，伏旱相当于 83 年一遇。干旱时间之长、受旱面积之大、干旱程度之重，为新中国成立以来仅次于 1972 年的第二个严重旱灾年。晋中地区出现新中国成立以来最严重的大旱灾，全区农作物受旱成灾面积达 22.53 万 hm²，全区粮食总产比 1985 年减产22.57%，并有太谷、灵石等县出现吃水困难。清徐县全年降水量只有正常年的 53%，夏秋连旱，伏旱严重。7~9 月，降水量仅有常年的 31%，秋粮减产 113 万 kg。平遥县春、夏、秋连旱，24 个乡镇全部受旱，大秋作物减产七成。榆次县 1~7 月降水比历年同期均值减少 42%，出现严重旱灾，减产粮食 4.2 万 t。太谷县 1~8 月降水量仅 92mm，比历年同期减少 72%，形成罕见的大旱灾，秋作物枯死现象普遍发生。介休地区严重干旱，31.2 万亩大秋作物和 0.51 万 hm² 复播晚秋作物大幅减产。灵石县年降水量仅 273.5mm，比历年同期偏少 47%，出现全年大旱，全县小麦死苗率达 15%～20%，秋作物因严重干旱而减产。临汾市在春雨偏少情况下，夏季雨量偏少 136.7mm，秋季雨量偏少 20mm，连续无降水日达 119 天，导致农作物大面积减产，秋作物减产三成。洪洞县农作物生长季节缺雨，较常年少七成，伏旱较严重。曲沃县降水不足历年的 1/3，天气酷热无雨，严重"卡脖旱"使秋作物遭受较重损失。

2.3.2.2 典型洪涝事件

汾河平原洪涝事件与干旱事件相比，总体而言相对较少。其中太原盆地历史上洪涝灾害相对较多，自明代以来的 490 年间，太原市就曾发生较大洪水和大洪水 42 次，灾情严重。1949 年以后，汾河平原也有洪涝灾害发生，下面为区域几场重大暴雨洪水灾害事件。

（1）清朝典型涝灾

汾河平原在清顺治九年（1652 年）曾出现十分严重的涝灾，降雨持续时间很长，强度很大，几乎波及整个汾河地区，对百姓生命财产造成了严重危害。有记载清顺治九年"太谷大水。夏，祁县淫雨四旬余，水溢，漂没田庐。平遥大水泛滥，沿河禾稼漂没殆尽。六月十六日，介休大雨，至七月初乃止。六月，寿阳阴雨四十余日，水溢，民居倾毁殆尽。六月，洪洞等县淫雨四十余日，水溢民居，倾毁殆尽。"

清光绪十二年（1886 年）也曾出现过较为严重的洪灾，"六月下旬，太原大雨如注, 昼夜不停, 汾水暴涨, 冲决沙河之金刚堰和护城堤, 将水西门、旱西门、大南门先后冲开, 淹没官房民舍一万余间, 冲塌城墙八处, 淹毙未逃出者三十余人, 无家可归者四千余人, 原金刚堰、护城堤已荡然无存。" 这次洪灾还涉及榆次、太谷、祁县、文水等县。

(2) 1954 年 8 月底连续暴雨

1954 年 8 月底至 9 月初, 汾河上游普遍出现大到暴雨, 且沿河自上至下灾情严重。8 月 28 日全河流域开始降小到中雨, 雨量较大的有岚县、交城、文水、孝义等县, 29 日全流域雨势加剧, 30 日、31 日上游小雨, 下游降雨暂停。9 月 1~3 日降雨量增加, 全流域普遍出现中雨, 宁武、静乐、岚县、娄烦、榆次、寿阳、文水等地为暴雨。汾河主要支流岚河、潇河、昌源河、文峪河等地发生较大洪水。由于降水和洪水的历时较长, 河道堤防工程薄弱, 汾河、文峪河、潇河等出现了决口, 一部分地区造成内涝洪渍, 灾情最为严重的地区为汾河西岸清徐、交城、文水、汾阳、孝义一线。汾河洪水的下泄也波及临汾地区, 霍县、洪洞、临汾、襄汾、曲沃等县受到灾害。

(3) "77·8" 平遥特大暴雨

1977 年 8 月, 汾河中游以平遥为中心发生特大暴雨, 总雨量 376.0mm, 接近万年一遇的特大暴雨。由于降水集中, 强度大, 造成平遥县城地面积水, 一些河川洪水暴涨汇入汾河干流, 形成较大洪水, 使晋中、吕梁部分县遭受严重的灾害, 损失巨大。这次洪涝受灾区间包括山西中部的平遥、汾阳、孝义等 15 个县, 洪涝面积达 8 万 hm^2, 死亡 70 多人, 冲垮小型水库 16 座, 3 座桥梁冲断。汾河大洪水向下游泄流的过程中造成沿河两岸堤坝决口, 使得汾河下游临汾、运城两个地区也遭受洪水灾害, 灾情也十分严重。

(4) 1988 年 8 月 6 日汾阳特大暴雨

1988 年 8 月, 位于太原盆地西缘、吕梁山东麓的汾阳地区发生一次特大暴雨, 最大降雨强度在 1~2h 内, 降雨量 70mm。1~4h 降雨量为 110mm, 暴雨中心 3h 内降雨量为 200mm, 汾阳县 20 余条河沟发生洪水, 造成部分河道溢决。全县遭受历史罕见的暴雨洪灾, 18 个乡镇、318 个村庄受灾, 遭受洪水冲淹农田 2.57 万 hm^2, 房屋倒塌 3600 间, 全县水利工程损失 40%, 12 条排灌渠道被冲毁, 水电站 1 处、小型水利工程 29 处以及多种建筑物遭受损坏, 洪灾中工业企业损失也极为严重, 180 所学校受灾。此次暴雨洪灾是 1950 年以来一个县范围内损失最为严重的灾害。

2.3.3 干旱事件图谱

由上述汾河历史典型旱涝事情分析可知, 汾河平原的水旱灾害中干旱灾害更为常见, 引发后果也更为严重。因此, 基于上述汾河流域历史干旱资料统计, 依据其旱情影响的严重程度, 参考《气象干旱等级》国家标准, 将汾河平原的干旱划分为若干等级, 其不同等级的干旱对农业和生态环境的影响程度如下: 1—正常或湿涝, 特点为降水正常或较常年偏多, 地表湿润, 无旱象; 2—轻旱, 特点为降水较常年偏少, 地表空气干燥, 土壤出现水分轻度不足, 对农作物有轻微影响; 3—中旱, 特点为降水持续较常年偏少, 土壤表面干燥，土壤出现水分不足，地表植物叶片白天有萎蔫现象，对农作物和生态环境造成一定影响；4—重旱，特点为土壤出现水分持续严重不足，土壤出现较厚的干土层，植物萎蔫、叶片干枯，果实脱落，对农作物和生态环境造成较严重影响，对工业生产、人畜饮水产生一定影响；5—特旱，特点为土壤出现水分长时间严重不足，地表植物干枯、死亡，对农作物和生态环境造成严重影响，工业生产、人畜饮水产生较大影响。根据史料记载和实际情况，在某些特殊干旱年份，汾河流域曾出现过大量饥民饿死和人相食情形，因此在特旱等级之上再补充更高一级的干旱等级，设为 6 级超旱。依据历史干旱资料，制作汾河流域干旱图谱如图 2-2 所示。

由所绘制的汾河流域历史干旱图谱可知，如果不考虑资料缺失情况，由现有记载可知汾河流域发生干旱的频次越来越密集，5 级特旱和 6 级超旱的情景也越来越频繁。

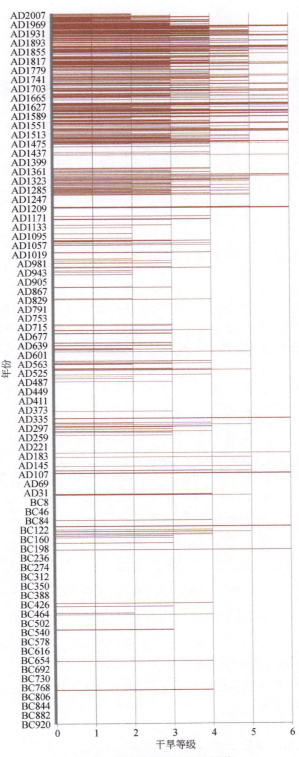

图 2-2　汾河流域历史干旱图谱

第 3 章 | 汾河平原旱涝特征及影响分析

3.1 降水特性分析

3.1.1 趋势分析

3.1.1.1 线性倾向估计和滑动平均趋势分析

（1）太原地区

图 3-1 为 1951～2011 年太原地区历年降水量分布曲线，从 5 年滑动平均过程线可以看出：从 20 世纪 50 年代到 60 年代中期，降水呈缓慢上升趋势，70 年代到 90 年代后期呈平稳状态，自 2000 年以后呈上升趋势。从总体上来看，太原地区的年降水量有逐渐减小的趋势。

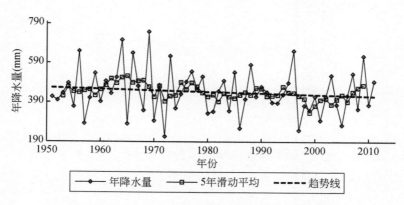

图 3-1　1951～2011 年太原地区历年降水量分布曲线

（2）介休地区

图 3-2 为 1954～2011 年介休地区历年降水量分布曲线，由图可看出：20 世纪 50 年代中期到 60 年代中期降水先呈上升趋势后又呈下降趋势，之后到 70 年代中期降水呈平稳状态，从 70 年代后期到 90 年代后期降水呈下降趋势，90 年代之后呈上升趋势。整体上看，介休地区年降水呈减小趋势。

（3）临汾地区

图 3-3 为 1954～2011 年临汾地区历年降水量分布曲线，由 5 年滑动平均过程线可以看

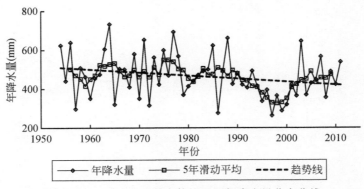

图 3-2　1954～2011 年介休地区历年降水量分布曲线

出，临汾地区降水量 20 世纪 50 年代以来波动比较平稳，呈逐渐减小的趋势。降水整体水平同样呈逐渐减小的趋势。

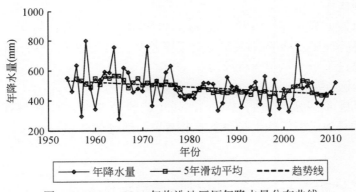

图 3-3　1954～2011 年临汾地区历年降水量分布曲线

（4）侯马地区

图 3-4 为 1991～2011 年侯马地区历年降水量分布曲线，由 5 年滑动平均过程线可知：20 世纪 90 年代初期到后期降水变化趋势趋于平缓，从 90 年代后期到 2005 年左右，降水呈缓慢上升变化趋势，2005 年之后则呈下降趋势。从整体水平上看，侯马地区年降水量呈上升变化趋势。

3.1.1.2　Mann-Kendall 趋势分析

（1）太原地区

在对太原地区年降水量进行 Mann-Kendall 趋势分析时，计算得到降水量 Z 值为 $-0.746\,75$，表示太原地区历年降水量呈显著下降趋势，与线性倾向估计结果一致，但下降趋势不显著。

（2）介休地区

在对介休地区年降水量进行 Mann-Kendall 趋势分析时，计算得到降水量 Z 值为

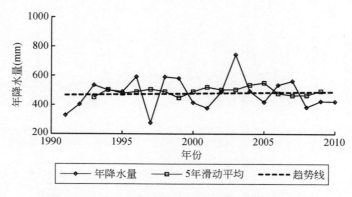

图 3-4   1991～2011 年侯马地区历年降水量分布曲线

−1.7172，表示介休地区历年降水量呈显著下降趋势，与线性倾向估计结果一致，其绝对值大于 1.64，通过了 95% 的显著性检验。

（3）临汾地区

在对临汾地区年降水量进行 Mann-Kendall 趋势分析时，计算得到降水量 Z 值为 −1.8514，表示临汾地区历年降水量呈显著下降趋势，与线性倾向估计结果一致，其绝对值大于 1.64，通过了 95% 的显著性检验。

（4）侯马地区

在对侯马地区年降水量进行 Mann-Kendall 趋势分析时，计算得到降水量 Z 值为 0.694 53,表示侯马地区历年降水量呈上升趋势，与线性倾向估计结果一致，但上升趋势不显著。

3.1.2　突变分析

3.1.2.1　Mann-Kendall 突变分析

（1）太原地区

利用 Mann-Kendall 突变检验法，绘制了太原地区年降水量时间序列的 UF 和 UB 两个统计量序列曲线（图 3-5）。取显著性水平 $\alpha = 5\%$，查表得 $U_{1-\alpha/2} = 1.96$，并绘制 $\pm U_{1-\alpha/2} = 1.96$ 两条临界直线。

由图可知，太原地区年降水量变化从 20 世纪 70 年代开始呈持续减小趋势，均在临界值之内，没有发生明显减小或上升趋势，没有出现突变现象。

（2）介休地区

利用 Mann-Kendall 突变检验法，绘制了介休地区年降水量时间序列的 UF 和 UB 两个统计量序列曲线（图 3-6）。取显著性水平 $\alpha = 5\%$，查表得 $U_{1-\alpha/2} = 1.96$，并绘制 $\pm U_{1-\alpha/2} = 1.96$ 两条临界直线。

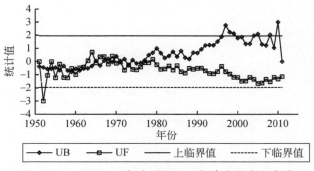

图 3-5 1951～2011 年太原地区历年降水量突变曲线

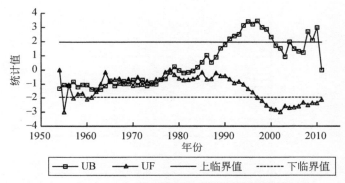

图 3-6 1954～2011 年介休地区历年降水量突变曲线

由图可知，介休地区年降水量变化从 20 世纪 50 年代到 90 年代中期呈持续减小趋势，90 年代后期降水呈明显减小趋势，突变发生时间在 90 年代中期前后几年，90 年代后期降雨显著减小。

（3）临汾地区

利用 Mann-Kendall 突变检验法，绘制了临汾地区年降水量时间序列的 UF 和 UB 两个统计量序列曲线（图 3-7）。取显著性水平 $\alpha = 5\%$，查表得 $U_{1-\alpha/2} = 1.96$，并绘制 $\pm U_{1-\alpha/2} = 1.96$ 两条临界直线。

由图可知，临汾地区年降水量变化从 20 世纪 50 年代开始呈持续减小趋势，没有发生明显减小或上升趋势，没有出现突变现象。

（4）侯马地区

利用 Mann-Kendall 突变检验法，绘制了侯马地区年降水量时间序列的 UF 和 UB 两个统计量序列曲线（图 3-8）。取显著性水平 $\alpha = 5\%$，查表得 $U_{1-\alpha/2} = 1.96$，并绘制 $\pm U_{1-\alpha/2} = 1.96$ 两条临界直线。

由图可知，侯马地区年降水量近 20 年的变化呈持续减小趋势，没有发生明显减小或上升趋势，没有出现突变现象。

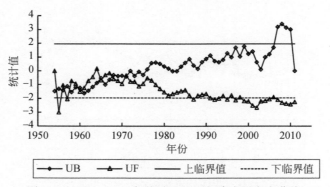

图 3-7　1954～2011 年临汾地区历年降水量突变曲线

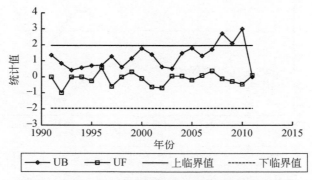

图 3-8　1991～2011 年侯马地区历年降水量突变曲线

3.1.2.2　滑动 t-检验突变分析

（1）太原地区

根据 t-检验，取滑动长度分别为 5 年（图 3-9）和 8 年（图 3-10），计算并绘制降水时间序列滑动 t 统计量序列曲线，取显著性水平 $\alpha=5\%$，查表得自由度为 8 时临界值为 $t_{1-\alpha/2}=2.31$，自由度为 14 时临界值为 $t_{1-\alpha/2}=2.1$。

从图 3-9 和图 3-10 可以看出，统计量均在临界线之内，说明降水量系列没有发生减小突变。从 Mann-Kendall 突变检验法和 t-检验分析中可以看出：太原地区降水量时间序列没有发生显著减小或上升的突变现象。两种方法互相验证，结论比较可靠。

（2）介休地区

根据 t-检验，取滑动长度分别为 5 年（图 3-11）和 8 年（图 3-12），计算并绘制降水时间序列滑动 t 统计量序列曲线，取显著性水平 $\alpha=5\%$，查表得自由度为 8 时临界值为 $t_{1-\alpha/2}=2.31$，自由度为 14 时临界值为 $t_{1-\alpha/2}=2.1$。

由图可看出，t 统计量在 1993 年和 1994 年超出了临界值，说明介休地区降水量系列在 1993 年或 1994 年出现了减小突变。

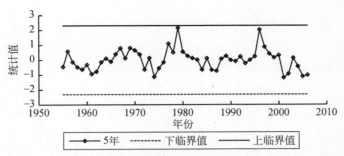

图 3-9   1955~2006 年太原地区历年降水量 8 年滑动 t-检验曲线

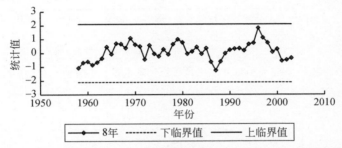

图 3-10   1958~2003 年太原地区历年降水量 8 年滑动 t-检验曲线

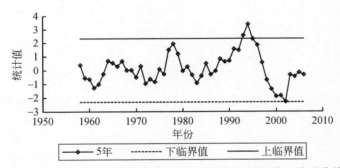

图 3-11   1958~2006 年介休地区历年降水量 5 年滑动 t-检验曲线

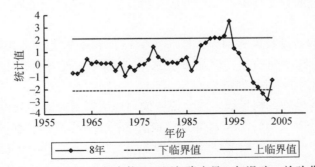

图 3-12   1961~2003 年介休地区历年降水量 8 年滑动 t-检验曲线

（3）临汾地区

根据 t-检验，取滑动长度分别为 5 年（图 3-13）和 8 年（图 3-14），计算并绘制降水时间序列滑动 t 统计量序列曲线，取显著性水平 $\alpha=5\%$，查表得自由度为 8 时临界值为 $t_{1-\alpha/2}=2.31$，自由度为 14 时临界值为 $t_{1-\alpha/2}=2.1$。

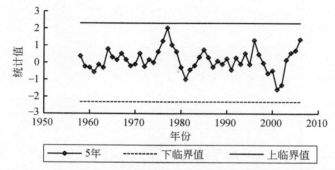

图 3-13　1958～2006 年临汾地区历年降水量 5 年滑动 t-检验曲线

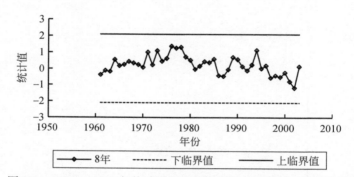

图 3-14　1961～2003 年临汾地区历年降水量 8 年滑动 t-检验曲线

从图可看出，统计量均在临界线之内，说明临汾地区降水时间序列没有发生减小突变现象。

从 Mann-Kendall 突变检验法和 t-检验分析中可以看出：临汾地区降水量时间序列没有发生显著减小或上升的突变现象。两种方法互相验证，结论比较可靠。

（4）侯马地区

根据 t-检验，取滑动长度分别为 5 年（图 3-15）和 8 年（图 3-16），计算并绘制降水时间序列滑动 t 统计量序列曲线，取显著性水平 $\alpha=5\%$，查表得自由度为 8 时临界值为 $t_{1-\alpha/2}=2.31$，自由度为 14 时临界值为 $t_{1-\alpha/2}=2.1$。

从图可知，统计量均在临界线之内，说明侯马地区降水时间序列没有发生减小突变现象。从 Mann-Kendall 突变检验法和 t-突变检验法分析中可以看出：侯马地区降水量时间序列没有发生显著减小或上升的突变现象。两种方法互相验证，结论比较可靠。

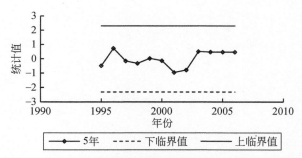

图 3-15 1995～2006 年侯马地区历年降水量 5 年滑动 t-检验曲线

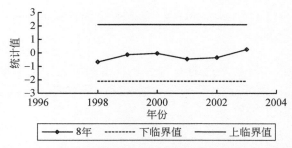

图 3-16 1998～2003 年侯马地区历年降水量 8 年滑动 t-检验曲线

3.1.3 趋势相关性分析

（1）太原地区

图 3-17 为太原地区年降水序列的 R/S 分析，由图可知，年降水序列 H 值为 0.4183，H 值接近 0.5，说明太原地区近 60 年来降水量变化趋势并不明显，目前的趋势在未来可能发生改变或者趋向稳定。

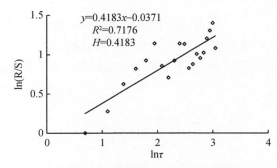

图 3-17 1951～2011 年太原地区历年降水量 R/S 分析

（2）介休地区

图 3-18 为介休地区年降水序列的 R/S 分析，由图可知，年降水序列 H 值为 0.5976，H 值大于 0.5，说明介休地区近 60 年来降水量变化趋势有明显的 Hurst 现象，年降水未来的变化趋势与现有趋势相一致，即呈下降趋势。

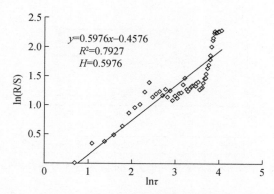

图 3-18　1954～2011 年介休地区历年降水量 R/S 分析

（3）临汾地区

图 3-19 为临汾地区年降水序列的 R/S 分析，由图可知，年降水序列 H 值为 0.7638，H 值大于 0.5，说明临汾地区近 60 年来降水量变化趋势有明显的 Hurst 现象，年降水未来的变化趋势与现有趋势相一致。

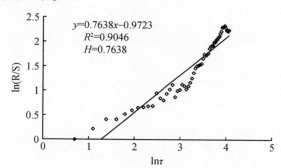

图 3-19　1951～2011 年临汾地区历年降水量 R/S 分析

（4）侯马地区

图 3-20 为侯马地区年降水序列的 R/S 分析，由图可知，年降水序列 H 值为 0.4183，H 值接近 0.5，说明侯马地区近 60 年来降水量变化趋势并不明显，目前的趋势在未来可能发生改变或者趋向稳定。

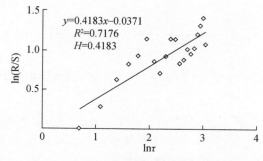

图 3-20　1991～2011 年侯马地区历年降水量 R/S 分析

3.2 旱涝演变趋势

3.2.1 时序特征

(1) 太原地区

由表3-1和图3-21可看出，当降水量显著增加或减小时，降水距平百分率、相对湿润度指数、标准化降水指标3种旱涝评价指标对同一旱涝情况响应的快慢程度是不同的。在对太原地区旱涝进行分析的结果中可以看出。

对于涝灾，在1951～2011年，标准化降水指标反映出的重涝以上级别年份有10年，中涝年份有15年；降水距平百分率所反映出的重涝以上级别的年份有7年，中涝年份有1年，其中中涝级别和重涝级别在标准化降水指标中分别以重涝和特涝体现；而相对湿润度指数对涝灾响应较弱，没有发生涝灾现象。由此可看出，对于旱涝程度中涝灾的敏感度标准化降水指标最强，降水距平百分率次之，相对湿润度指数最弱。

表 3-1　太原地区 3 种指标对应旱涝发生年份统计

旱涝等级		指标类型		
		降水距平百分率	相对湿润度指数	标准化降水指标
4	特涝	1956、1964、1969、1996		1956、1964、1966、1969、1973、1996、2009
3	重涝	1966、1973、2009		1959、1977、1988
2	中涝	1988		1954、1961、1963、1967、1971、1976、1978、1979、1983、1985、1990、1995、2003、2007、2011
1	轻涝	1959、1963、1977、1979、1985、2003、2007		1982、1991
0	正常	1951、1952、1953、1954、1958、1960、1961、1962、1967、1971、1975、1976、1978、1982、1983、1987、1989、1990、1991、1992、1993、1994、1995、2000、2002、2004、2006、2010、2011	1951、1952、1953、1954、1955、1956、1958、1959、1960、1961、1962、1963、1964、1965、1966、1967、1968、1969、1971、1973、1974、1975、1976、1977、1978、1979、1982、1983、1984、1985、1987、1988、1989、1990、1991、1992、1993、1994、1995、1996、2000、2002、2003、2004、2006、2007、2009、2011	1957、1965、1970、1972、1986、1997、2001、2005

旱涝等级		指标类型		
		降水距平百分率	相对湿润度指数	标准化降水指标
-1	轻旱	1955、1968、1974、1980、1981、1984、1998、1999、2008	1957、1965、1970、1972、1980、1981、1986、1997、1998、1999、2001、2005、2008、2010	1951、1952、1953、1955、1958、1960、1962、1968、1974、1975、1980、1981、1984、1987、1989、1992、1993、1994、1998、1999、2000、2002、2004、2006、2008、2010
-2	中旱	1957、1965、1970、2001、2005		
-3	重旱	1986、1997		
-4	特旱	1972		

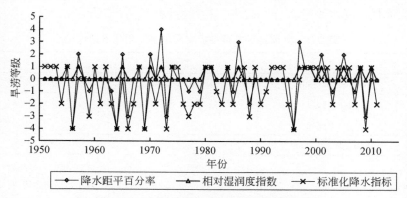

图 3-21　太原地区 3 种指标的旱涝等级图

　　对于干旱，降水距平百分率反映出的特旱年份为 1972 年，重旱年份为 1986 年和 1997 年，而在相对湿润度指数中以轻旱级别体现，在标准化降水指标中以正常级别体现；相对湿润度指数和标准化降水指标对于干旱的响应较弱，中旱以上级别的旱灾没有发生。由此可知，降水距平百分率对于干旱响应快，相对湿润度指数和标准化降水指标次之。

　　（2）介休地区

　　在对介休地区 1954～2011 年旱涝进行分析的结果由图 3-22 和表 3-2 可以看出。

　　对于涝灾，在 1954～2011 年，标准化降水指标反映出的重涝以上级别年份有 14 年，中涝年份有 10 年；降水距平百分率所反映出的重涝以上级别的年份有 4 年，中涝年份有 5 年，其中中涝级别和重涝级别在标准化降水指标中分别以重涝和特涝体现，中涝年份 1956 年和 2003 年在标准化降水指标中以特涝级别体现；而相对湿润度指数对涝灾响应较弱，没有发生涝灾现象；由此可看出，对于旱涝程度中涝灾的敏感度标准化降水指标最强，降水距平百分率次之，相对湿润度指数最弱。

对于干旱，降水距平百分率反映出重旱年份为 1986 年和 1997 年，中旱年份为 1957 年、1965 年、1972 年、1999 年和 2000 年，而在相对湿润度指数中以轻旱级别体现，在标准化降水指标中以正常级别体现；相对湿润度指数和标准化降水指标对于干旱的响应较弱，中旱以上级别的旱灾没有发生。由此可知，降水距平百分率对于干旱响应快，相对湿润度指数和标准化降水指标次之。

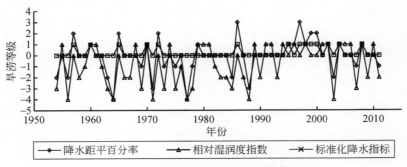

图 3-22　介休地区 3 种指标的旱涝等级图

表 3-2　介休地区 3 种指标对应旱涝发生年份统计

旱涝等级		指标类型		
		降水距平百分率	相对湿润度指数	标准化降水指标
4	特涝	1964、1977		1956、1964、1971、1977、1988、2003
3	重涝	1971、1988		1954、1963、1969、1973、1975、1978、1985、2007
2	中涝	1954、1956、1963、1985、2003		1958、1966、1967、1983、1984、1987、1990、1993、2009、2011
1	轻涝	1969、1973、1975、1978、2007、2011		1959、1962、1976、1982
0	正常	1955、1958、1959、1961、1962、1966、1967、1968、1974、1976、1980、1981、1982、1983、1984、1987、1989、1990、1991、1992、1993、1994、2001、2005、2006、2009、2010	1954、1955、1956、1958、1959、1961、1962、1963、1964、1966、1967、1968、1969、1971、1973、1974、1975、1976、1977、1978、1979、1980、1981、1982、1983、1984、1985、1987、1988、1989、1990、1991、1992、1993、1994、1996、2001、2003、2005、2006、2007、2009、2010、2011	1957、1965、1972、1986、1995、1997、1999、2000

续表

旱涝等级		指标类型		
		降水距平百分率	相对湿润度指数	标准化降水指标
-1	轻旱	1960、1970、1979、1995、1996、1998、2002、2004、2008	1957、1960、1965、1970、1972、1986、1995、1997、1998、1999、2000、2002、2004、2008	1955、1960、1961、1968、1970、1974、1979、1981、1989、1991、1992、1994、1996、1998、2001、2002、2004、2005、2006、2008、2010
-2	中旱	1957、1965、1972、1999、2000		
-3	重旱	1986、1997		
-4	特旱			

（3）临汾地区

在对临汾地区1954～2011年旱涝进行分析的结果（图3-23和表3-3）可以得到以下结论。

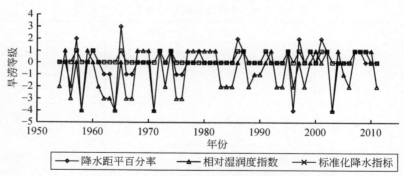

图3-23 临汾地区3种指标的旱涝等级图

表3-3 临汾地区3种指标对应旱涝发生年份统计

旱涝等级		指标类型		
		降水距平百分率	相对湿润度指数	标准化降水指标
4	特涝	1958、1964、1971、2003		1958、1964、1971、2003
3	重涝			1956、1962、1963、1966、1967、1975、1976
2	中涝	1956		1954、1961、1973、1983、1984、1985、1988、1993、1994、1996、1998、2006、2011
1	轻涝	1962、1963、1966、1967、1975、1976、1996		1989、1990、2005

旱涝等级		指标类型		
		降水距平百分率	相对湿润度指数	标准化降水指标
0	正常	1954、1955、1959、1961、1968、1969、1970、1973、1977、1978、1980、1981、1982、1983、1984、1985、1988、1989、1990、1992、1993、1994、1998、2000、2004、2005、2006、2009、2010、2011	1954、1955、1956、1958、1959、1961、1962、1963、1964、1966、1967、1968、1969、1970、1971、1973、1975、1976、1977、1978、1979、1980、1981、1982、1983、1984、1985、1988、1989、1990、1992、1993、1994、1996、1998、2000、2003、2004、2005、2006、2010、2011	1957、1960、1965、1986、1991、1997、1999、2001
-1	轻旱	1960、1972、1974、1979、1987、1991、1995、1999、2002、2007、2008	1957、1960、1965、1972、1974、1986、1987、1991、1995、1997、1999、2001、2002、2007、2008、2009	1955、1959、1968、1969、1970、1972、1974、1977、1978、1979、1980、1981、1982、1987、1992、1995、2000、2002、2004、2007、2008、2009、2010
-2	中旱	1957、1986、1997、2001		
-3	重旱	1965		
-4	特旱			

对于涝灾，1954～2011年，标准化降水指标反映出的重涝以上级别年份有11年，中涝年份有13年；降水距平百分率所反映出的重涝以上级别的年份有4年，中涝年份有1年，其中轻涝级别和中涝级别在标准化降水指标中以重涝体现；而相对湿润度指数对涝灾响应较弱，没有发生涝灾现象；由此可看出，对于旱涝程度中涝灾的敏感度标准化降水指标最强，降水距平百分率次之，相对湿润度指数最弱。

对于干旱，降水距平百分率反映出重旱年份为1965年，中旱年份为1957年、1986年、1997年和2001年，而在相对湿润度指数中以轻旱级别体现，在标准化降水指标中以正常级别体现；相对湿润度指数和标准化降水指标对于干旱的响应较弱，中旱以上级别的旱灾没有发生。由此可知，降水距平百分率对于干旱响应快，相对湿润度指数和标准化降水指标次之。

（4）侯马地区

在对侯马地区1991～2011年旱涝进行分析的结果（图3-24和表3-4）可以得到以下结论。

对于涝灾，1991～2011年，标准化降水指标反映出的重涝以上级别年份有5年，中涝年份有4年；降水距平百分率所反映出的重涝以上级别的年份有1年，中涝年份有1年，其中中涝级别和轻涝级别在标准化降水指标中以特涝和重涝体现；而相对湿润度指数对涝灾响应较弱，没有发生涝灾现象；由此可看出，对于旱涝程度中涝灾的敏感度标准化降水指标最强，降水距平百分率次之，相对湿润度指数最弱。

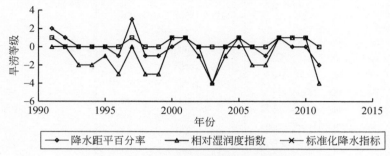

图 3-24　侯马地区 3 种指标的旱涝等级图

表 3-4　侯马地区 3 种指标对应旱涝发生年份统计

旱涝等级		指标类型		
		降水距平百分率	相对湿润度指数	标准化降水指标
4	特涝	2003		2003、2011
3	重涝			1996、1998、1999
2	中涝	2011		1993、1994、2006、2007
1	轻涝	1996、1998、1999、2007		1995、2002、2004
0	正常	1993、1994、1995、2000、2002、2004、2006、2009、2010	1992、1993、1994、1995、1996、1998、1999、2002、2003、2004、2006、2007、2011	1991、1992、1997
−1	轻旱	1992、2001、2008	1991、1997、2000、2001、2005、2008、2009、2010	2000、2001、2005、2008、2009、2010
−2	中旱	1991		
−3	重旱	1997		
−4	特旱			

　　对于干旱，降水距平百分率反映出的重旱年份为 1997 年，中旱年份为 1991 年，而在相对湿润度指数中以轻旱级别体现，在标准化降水指标中以正常级别体现；相对湿润度指数和标准化降水指标对于干旱的响应较弱，中旱以上级别的旱灾没有发生。由此可知，降水距平百分率对于干旱响应快，相对湿润度指数和标准化降水指标次之。

　　（5）比较结果

　　根据汾河平原各地区典型旱涝事件和 3 种旱涝评价指标的对比分析可知，相对湿润度指数和标准化降水指标对旱涝灾害的评价结果与真实情况偏差较大，而降水距平百分率的计算结果较为接近实际情况，且计算较为简单，意义明确。

3.2.2 空间分布特征

根据资料数据，选取了汾河平原 3 个地区 1955～2011 年年降水和蒸发资料，在降水距平百分率划分旱涝等级的基础上统计了近 60 年不同旱涝等级出现的频数和频率，见表 3-5。从表中可看出，太原地区出现重涝以上年份最多，为 7 次，频率为 12.3%，介休地区和临汾地区出现重涝以上年份为 4 次，频率为 7%；介休地区出现中涝年份最多，为 5 次，频率为 7%，太原地区和临汾地区最少，各 1 次，频率为 1.8%；轻涝年份出现最多的是太原地区和临汾地区，各 7 次，频率为 12.3%，最少的年份为介休地区，为 6 次，频率为 10.5%。汾河平原中，太原地区出现重旱以上年份最多，3 次，频率为 5.3%；介休地区次之，为 2 次，频率为 3.5%；临汾地区最少，为 1 次，频率为 1.8%。中旱出现年份最多的是太原和介休地区，分别为 5 次，频率为 8.8%；临汾地区为 4 次，频率为 7%。出现轻旱年份最多的是临汾地区，为 11 次，频率为 19.3%；太原地区和介休地区最少，各 9 次，频率为 15.8%。

表 3-5 汾河平原各地区旱涝发生年份统计

旱涝等级		汾河平原 1955～2011 年旱涝等级发生年份			频率（%）
		太原地区	介休地区	临汾地区	
4	特涝	1956、1964、1969、1996	1964、1977	1958、1964、1971、2003	5.8
3	重涝	1966、1973、2009	1971、1988		2.9
2	中涝	1988	1954、1956、1963、1985、2003	1956	3.5
1	轻涝	1959、1963、1977、1979、1985、2003、2007	1969、1973、1975、1978、2007、2011	1962、1963、1966、1967、1975、1976、1996	11.7
0	正常	1951、1952、1953、1954、1958、1960、1961、1962、1967、1971、1975、1976、1978、1982、1983、1987、1989、1990、1991、1992、1993、1994、1995、2000、2002、2004、2006、2010、2011	1955、1958、1959、1961、1962、1966、1967、1968、1974、1976、1980、1981、1982、1983、1984、1987、1989、1990、1991、1992、1993、1994、2001、2005、2006、2009、2010	1954、1955、1959、1961、1968、1969、1970、1973、1977、1978、1980、1981、1982、1983、1984、1985、1988、1989、1990、1992、1993、1994、1998、2000、2004、2005、2006、2009、2010、2011	47.4
−1	轻旱	1955、1968、1974、1980、1981、1984、1998、1999、2008	1960、1970、1979、1995、1996、1998、2002、2004、2008	1960、1972、1974、1979、1987、1991、1995、1999、2002、2007、2008	17.0
−2	中旱	1957、1965、1970、2001、2005	1957、1965、1972、1999、2000	1957、1986、1997、2001	8.2
−3	重旱	1986、1997	1986、1997	1965	2.9
−4	特旱	1972			0.6

从整个区域上看，发生重涝以上频次为15，占总年份的8.7%，中涝发生频次为7，占总年份的3.5%，轻涝发生频次为20，占总年份的11.7%；发生重旱以上频次为6，占总年份的3.5%，中旱发生频次为14，占总年份的8.2%，轻旱发生频次为29，占总年份的17.0%；正常年份频率为47.4%。

3.2.3 演变趋势

3.2.3.1 水资源量

1956～2000年系列山西省多年平均年水资源量123.80亿 m^3，其中河川径流量86.76亿 m^3，地下水不重复量37.04亿 m^3。1980～2000年系列山西省多年平均年水资源量109.30亿 m^3，其中河川径流量72.90亿 m^3，地下水不重复量36.37亿 m^3。水资源总量及其变化情况见表3-6和表3-7。

表3-6　汾河平原行政分区水资源量统计表（1956～2000年）

地区	面积 （万 km^2）	降水量 （亿 m^3）	河川径流 （亿 m^3）	地下水资源 量（亿 m^3）	重复量 （亿 m^3）	水资源总 量（亿 m^3）
太原市	0.69	32.09	1.83	4.30	0.75	5.38
忻州市	2.51	119.66	12.45	13.67	6.60	19.52
吕梁市	2.10	104.46	9.12	8.48	4.60	13.00
晋中市	1.63	82.82	8.13	6.86	2.89	12.10
临汾市	2.02	108.66	13.66	10.04	8.26	15.44
运城市	1.42	81.64	6.97	9.43	2.67	13.73
阳泉市	0.45	23.76	5.21	2.82	3.67	4.36
朔州市	1.07	43.27	3.57	6.35	2.79	7.13
长治市	1.39	80.32	9.63	7.63	4.99	12.27
大同市	1.41	59.65	5.47	6.27	3.23	8.51
晋城市	0.93	58.78	10.72	8.19	6.55	12.36
合计	15.62	795.13	86.76	84.04	47.00	123.80

表3-7　不同系列山西省水资源量变化统计表

水文系列	年降水量 （mm）	河川径流量 （亿 m^3）	地下水资源量 （亿 m^3）	重复量 （亿 m^3）	水资源总量 （亿 m^3）
1956～1979 年	534.00	114.00	93.30	65.30	142.00
1956～2000 年	508.80	86.76	84.04	47.00	123.80
1980～2000 年	483.20	72.90	79.50	43.13	109.30

水文系列	年降水量 (mm)	河川径流量 (亿 m³)	地下水资源量 (亿 m³)	重复量 (亿 m³)	水资源总量 (亿 m³)
1980～2000 年系列比 1956～1979 年系列减少量	50.8	34.5	13.80	—	32.70
1956～2000 年系列比 1956～1979 年系列减少量	25.2	27.23	9.26	—	18.20

3.2.3.2 水资源开发利用形式

(1) 水资源供需矛盾尖锐

山西省人均占有水量很低,仅为全国平均值的 17%,随着能源工业的迅速发展,煤炭、电力、化工、钢铁等行业需水量大幅增加,同时,生活和生态用水迅速增加,水源供需矛盾日益突出。

(2) 地表水利用率低下

由于调蓄工程的后滞,加上山西省地形山高坡陡,汛期不能有效蓄水,使地表径流白白流失,遇到干旱季节缺乏水源。

山西省 1956～2000 年平均出省地表水量 73.3 亿 m³,占河川径流量的 84.4%,利用率只有 15.6% 左右;在枯水期,出境地表水量 48.3 亿 m³,占河川径流量的 66.2%,利用率只有 33.8%。

3.2.3.3 盆地地区地下水超采

山西盆地地区超采区总面积为 6903km² (太原盆地和临汾盆地占 3585km²),超采区主要集中在大同、太原、临汾和运城盆地,其开采量占全省的 90% (其中太原盆地和临汾盆地占 46%)。太原盆地、临汾盆地地下水开采量见表 3-8。

表 3-8 太原盆地、临汾盆地地下水超采区统计表

盆地	所在地区	分布范围	面积 (km²)	可开采量 (万 m³/a)	现状年开采量 (万 m³/a)	超采量 (万 m³/a)	开采系数
太原盆地	太原	太原城区、清徐边山	851	9 000	22 993	13 993	2.55
	晋中	榆次、太谷、祁县	804	15 303	18 692	3 389	1.22
		介休城区	130	2 606	3 832	1 226	1.47
	吕梁	交城边山	76	1 787	2 828	1 041	1.58
		汶水、汾阳边山	262	3 280	3 765	485	1.15
		孝义边山	169	1 687	3 661	1 974	2.17
		合计	2 292	33 663	55 771	22 108	1.66

盆地	所在地区	分布范围	面积 （km²）	可开采量 （万 m³/a）	现状年开采量（万 m³/a）	超采量 （万 m³/a）	开采系数
临汾盆地	临汾	临汾城区	123	1 844	1 844		1.00
		侯马城郊	117	1 433	2 978	1 545	2.08
	运城	汾河谷地	1 053	11 912	16 867	4 955	1.42
	合计		1 293	15 189	21 689	6 500	1.43

3.3 旱涝归因分析

旱涝事件是由多种复杂的因子共同作用的结果，包括降雨量的多少、降雨的空间分布、气温、土壤性质、地形地貌、水利设施以及人类社会的发展状况等。大致可概括为四个方面：地理位置和自然条件、社会和人类活动、工程和非工程措施的缺失以及全球变化的不确定性。

3.3.1 干旱事件成因

（1）地形条件

汾河平原东西两侧主要山脉有太行山、吕梁山、太岳山等，与华北平原和盆地的界限分明，使山西省整体大致分为东部山区、西部高原山地区及中部盆地区。山西省地貌类型复杂多样，各类型区受地理位置、海拔高程、地表覆盖等不同条件影响相差较大，这些因素直接影响到干旱灾害发生的地域特性。

太行山是山西省与河北、河南两省的交界区，是华北平原和山西高原的天然屏障，直接阻挡了太平洋和印度洋暖湿气流的北上，减少了与大陆基地冷气团交接的机会。

吕梁山地处山西省西部高原，整个山体纵贯南北呈北高南低，东高西低，形成山西省西、北两面的天然屏障，它直接影响大陆极地和蒙古冷气团南下，由于周边山脉对气流的阻滞，境内常年处于单一气候的控制，很难形成降雨天气过程。

（2）气候条件

降水的空间分布变化不均匀，由于受气候、地形和环境因素的综合影响，东南部地区降水偏多，西北部地区降水偏少，且变率较大。同时，高度的垂直变化对降水的影响也非常大，由高到低呈减小趋势，即高山降水较多，盆地降水相对较少；而气温和蒸发量则由高山到盆地呈逐渐增大趋势。

降水在时间上分配不均匀，降水年内季节分配不均，冬春季节较春夏季节降水偏少，且变化较大，使得冬春季节较夏秋季节更容易受旱；年际降水变化大，有些年份降水较大，但主要作物需水量与同期的降水量不同步使作物生育期降水量不能满足作物需水，往往造成一定程度的干旱灾害，特别是春、夏、秋连旱所造成的灾害更为严重。

（3）水资源条件

地表水资源分布不均，东部山区水量丰富，占山西全省河川径流量的38%，西部山区偏少，占22%，中部盆地占40%。汾河中上游地区面积占全省总面积的18%，河川径流量却占15%。水资源供需矛盾大，如太原、古交等地水资源供需矛盾非常突出，属资源型缺水地区。

地下水资源分布同样不均，大部分分布在西部的黄河流域，占全省地下水总资源量的61%。其中汾河流域中上游地区占地下水总资源量的18%；晋西入黄支流区，占地下水总资源量的10%。地下水资源为工农业、城镇生活用水的主要水源，供需矛盾更大。例如，太原、介休等城市地下水严重超采，造成大面积地下水漏斗区，不能满足工农业用水需求。

（4）水利配套设施

现有水利工程存在着质量差、老化失修现象严重、供水与防洪能力达不到要求等问题。工程性缺水问题比较突出，供水工程不足。晋中地区9座中型水库，出现严重渗漏现象的水库有6座，同时存在着明显裂缝，病险水库多，不能正常运作。

水土流失严重，致使水库库容减小，大大降低了调蓄能力，遇到丰水期不敢过多蓄水，造成水源白白流失，则资源型缺水现象得不到有效解决，对抗旱防旱工作带来严重影响。

灌区配套工程落后，工程综合管理水平低，造成水源调度能力大大降低，渗水、漏水现象严重，灌区水利用系数仅为0.41，造成水资源浪费的严重后果。

蓄水设施和供水设施滞后，供水能力和调水能力的降低，势必给缺水地区工农等行业带来严重影响，对抗旱防灾工作带来不利。

（5）人类社会活动

由于历史原因，汾河平原森林遭到乱砍滥伐、过量拓垦，森林和草原植被遭到严重破坏，汾河流域大规模的垦荒种植、大面积滥伐森林、潴湖为田等，加剧了当地水土流失和生态环境的恶化，年复一年的水土流失淤积了河道，侵占水库库容，引起河流改道，境内众多湖泊被淤平，河湖水系的调节功能降低甚至丧失。

随着社会经济发展，工业、农业和生活用水需求量大幅度增长。钢铁、煤炭、电力和化工四大行业用水量占工业总用水量的74%；需水压力的增加造成水资源越来越紧缺，使地方供需矛盾加剧，地域性缺水问题突出。

3.3.2 洪涝事件成因

（1）地理地貌

汾河平原地处黄土高原中部，北与内蒙古相连，西、南部与陕、豫两省隔河相望，东越太行山与河北为邻。地属暖温带和中温带，呈明显的温带大陆性季风气候。地势大致由北东斜向南西，北高南低。由于境内山区面积广大、地形破碎、河道坡度较大、具有季节性很强的山地型河流特征。

由于地质结构的演变，加之古气候及自然环境的变迁，形成多种地貌类型，局地性天气变化受下垫面地形的影响十分显著，夏季暴雨的发生与当地的地形地貌有密切关系。

（2）气候条件

汾河平原属我国东部季风气候区，受极地大陆气团和副热带海洋气团的影响，对气候的变化较敏感。年内降水分布不均，夏季，蒙古高压成为低压中心，太平洋高压逼近我国海岸，成为东南风的来源。副热带海洋气团带来大量水汽与极地大陆气团接触或因对流、低压区气流辐合所引起的气流抬升，形成大量降水。山西省暴雨、大暴雨绝大多数出现在汛期，且集中在 7 月中旬至 8 月中旬。

暴雨是常见的一种自然灾害之一，汾河平原也不例外。一些强度高、雨量大的特大暴雨，往往造成山洪暴发，冲刷土壤，破坏水库及河流堤坝，淹没农田，引起山体滑坡等重大灾害，给当地经济和生命财产带来巨大损失。例如，1954 年 8 月全省性暴雨、"77·8"平遥特大暴雨和 1988 年 8 月 6 日汾阳特大暴雨等引起的洪涝灾害。

（3）河道淤积，河床抬高

近年来洪水偏少，河道水流缓慢，泥沙下沉，河床普遍抬高；多数道路沿河而建，炸石、倾倒废土、废石等，大量土石堆积河道，造成人为水土流失；工矿企业排放污水、固体废物，使得河道泥沙大幅增加，这些都给洪水灾害的防治带来不利影响。

近 20 年来，汾河入黄口河床淤高 2m，导致汾河上游排洪不畅。"93·8"洪水流量为六七年一遇，但由于河道淤积使得洪水位高程达到百年一遇，其引起的洪涝灾害十分严重。

（4）人类活动

随着人口的不断增加和工农业生产的发展，人口的增长造成耕地不足，人们不断开发河滩地区使河床逐年缩窄，遇到较大洪水不能顺利宣泄。各项经济活动和基本建设逐年增加，多数道路沿河而建，由于爆破、炸石，倾倒废土、废石，时常引发两岸山体发生滑塌、泄溜等灾害，大量土石源源泄入河道，造成人为的水土流失。这些都给洪水灾害的防治带来不利的影响。

随着经济建设突飞猛进，城镇数目不断增加，范围日益扩大，城镇防洪问题随着城镇的不断扩大越来越突出。规划不健全，城区盲目扩建，对当地防洪缺乏周密考虑或重视不足。

城市河道缺乏有效管理，河道的泄洪能力大大降低，一些排洪沟往往被占用，乱引滥伐，随处倾倒垃圾非常普遍，河道满目疮痍，丧失有效的排洪功能。

众多病险水库增加了新的隐患，由于多年运行淤积严重，防洪库容普遍达不到设计标准。1989 年以前共有 229 座小型水库被洪水冲垮并造成了一定灾害，尤其是"77·8"平遥特大暴雨冲毁了 4 座小型水库，给下游带来了较为严重的损失。

3.4 旱涝影响分析

3.4.1 对农业的影响

汾河流域是山西省农业发达的重要地区，农业产值约占全省的64%。汾河平原实际灌溉面积为总耕地面积的40%，其他的耕地无水源灌溉而是雨养农业，导致粮食产量很不稳定。据统计，有水源灌溉农田的平均粮食产量约占总产量的2/3。由此可以看出，干旱缺水对粮食生产有较大的影响。随着经济的发展，城镇生活和工业用水大量挤占农业用水，导致农业用水大量减少。因此，汾河流域的农业抗旱能力十分脆弱，极易受到干旱的影响。有研究指出，在山西省粮食生产中，传统的化肥投入、播种面积是提高粮食产量的关键因素，普通旱灾相对于这几个因素对粮食产量的影响相对弱些，但是由于汾河流域旱灾发生频率高，几乎每年都有不同程度的干旱，且波动性强，尤其是当影响粮食产量的其他因素，如播种面积、劳动力、化肥用量等已达到饱和时，这时旱灾对粮食产量的影响就显得至关重要（宋雨河和李军，2011）。

据统计，新中国成立以来，汾河平原累计发生干旱受灾面积29 709万亩，累计减产粮食1956.7万t，直接经济损失764.0亿元。20世纪90年代以来，连续干旱或特大干旱，给汾河平原的农业生产造成极大困难，灾害损失严重。据不完全统计，仅"九五"期间汾河流域就累计发生旱灾面积6202.8万亩，减产粮食586万t，农业直接经济损失183亿元（王俊梅，2006）。干旱造成粮食减产，严重时甚至导致部分区县的人口发生转移。据统计，21世纪以来，受全国粮食价格持续走低的影响，加上特大旱灾的侵袭，2001年汾河平原粮食种植面积降至1294.7万亩，比2000年还减少139.3万亩，减幅达9.7%，粮食生产总量降至27.7亿kg，比2000年减产6.4亿kg，减幅达18.9%。为了对抗旱灾和稳定粮食生产，党和政府在出台、实施粮食收购保护价政策的同时，也在引导农业结构调整、优化种植结构，发展特色农业、推动农业产业化经营，从而迅速扭转了粮食生产的下滑势头。从2002年起，汾河平原的粮食生产恢复增长。

3.4.1.1 旱涝对粮食产量的影响

(1) 不同丰枯水平对作物产量的影响

1950～1990年，汾河平原的农业由于干旱导致粮食累计减产约达387.3万t，累计受灾面积约达5517万亩，对粮食安全造成了严重影响。参考《山西省水旱灾害》的统计，对于冬小麦的生长，太原、晋中、临汾和运城等地区在多年平均降雨情况下冬小麦属于严重干旱等级；在降水频率为10%的年份中，冬小麦属于中等干旱等级；在降水频率为50%的年份中，冬小麦属于严重干旱等级；在降水频率为75%的年份中，太原地区和晋中地区属于极重干旱等级，临汾地区和运城地区属于严重干旱等级。对于玉米的生长，太原地区、晋中地区、临汾地区和运城地区在多年平均降雨情况下玉米属于中等干旱等级；在降水频率为 10% 的年份中，玉米属于轻微干旱等级；在降水频率为 50% 的年份中，玉米属于中等干旱等级；在降水频率为 75% 的年份中，太原地区、临汾地区和运城地区属于严重干旱等级，晋中地区属于中等干旱等级。对于棉花的生长，太原地区在多年平均降雨情况下棉花属于轻微干旱等级，晋中地区、临汾地区和运城地区在多年平均降雨情况下棉花属于中等干旱等级；在降水频率为 10% 的年份中，太原地区、临汾地区和运城地区不旱，晋中地区轻微干旱；在降水频率为 50% 的年份中，4 个区域棉花属于中等干旱等级；在降水频率为 75% 的年份中，太原地区、晋中地区、临汾地区和运城地区属于中等干旱等级。

由此可以看出，汾河平原的农作物常年处于干旱状态，而不同的作物干旱程度不同，冬小麦和玉米的耐旱能力与棉花相比较弱。汾河流域各地区不同作物在不同水平年份的干旱程度见表 3-9。如果出现百年一遇旱灾，汾河平原粮食可能减产 2/3 以上，形成 24 亿 kg 的缺口。由于干旱造成粮食减产，甚至会导致部分区县的农村人口发生转移，对粮食安全和社会稳定均产生了潜在的威胁。

表 3-9   汾河平原作物不同水平年份的干旱程度

作物干旱程度	丰枯水平年份			
	多年平均	10%	50%	75%
冬小麦	严重	中等	严重	严重
玉米	中等	轻微	中等	严重
棉花	轻微	不旱	中等	中等

（2）作物不同生长阶段受干旱的影响

由植被生理学相关经验可知，同一种作物在不同生长阶段，其耐旱能力也有所差异。从干旱对作物发育影响的机理考虑，禾谷类作物在花器官的发育开花期比叶片扩张期对干旱更为敏感。如果禾谷类作物在发育开花期内发生缺水，最终作物的减产将最为严重。其中，冬小麦对缺水敏感程度的排序为：开花期对缺水的敏感程度高于产量形成期，产量形成期高于营养生长期。玉米对缺水敏感程度的排序为：开花期对缺水的敏感程度高于籽粒充实期。另外，干旱缺水会影响禾谷作物幼穗分化的进程（彭珂珊，1997），由于胚胎组织细胞内的细胞浓度较低，当作物体内水分不足时，胚胎组织中的水分就转化到细胞较浓的成熟部位的细胞中，使花原始体数大大减少，穗子变小，产量显著降低，见表 3-10。

表 3-10   干旱缺水对冬小麦成花数和穗粒的影响

情景	小花总数（个）	成花数（个）	成花率（%）	穗粒数（个）	产量（kg/亩）
小花分化期缺水	134.0	46.3	34.5	33.55	289
小花退化至开花期缺水	127.9	41.5	32.5	36.05	307
开花结实期缺水	123.6	49.7	40.5	36.00	308
正常灌溉	123.6	50.1	40.5	39.30	311

叶子的细胞液浓度最高，吸收能力最大，当出现干旱时，它就会从枝条的生长点、花和果实中夺取水分，使枝条停止生长、花和果实脱落，正在灌浆的籽粒干瘪。小麦拔节时期若缺水则会明显地降低有效穗粒和穗粒数，灌浆期的缺水会使千粒重指标明显降低（表3-11）。干旱缺水对无机离子及养分运输均产生影响，因为水是一个连续相，无机离子只有溶解在水中，才能被作物吸收，而干旱缺水会阻碍光合作用对氮和磷元素的吸收。研究发现，渗透压差为 $1.0 \sim 1.2$ MPa 的萎蔫植物的运输能力仅为渗透压差为 $0.1 \sim 0.2$ MPa 植物的1/3（彭珂珊，1997）。

表 3-11　小麦在 4 种灌水条件下的有效穗、穗粒数和千粒重

情景	灌水期（mm）					有效穗	穗粒数（个）	千粒重（g）
	苗期	分蘖期	拔节期	开花期	成熟期			
最适	30	10	20	30	20	244	31	42
拔节期缺水	30	10	10	30	20	183	26	40
花期缺水	30	10	20	20	20	240	28	35
灌浆期缺水	30	10	20	30	10	236	31	33

3.4.1.2　干旱对种植结构及农村产业结构的影响

干旱缺水对种植结构也有一定的选择作用。农业用水户会通过调整作物种植结构来缓解干旱缺水对农业的影响，这是农业用水户对干旱缺水的一种主观应对措施，也是在干旱缺水自然条件下的一种被动选择。一般来说，水资源越是短缺，农民就越可能倾向于种植对灌溉依赖程度低、需水量小的作物（李玉敏和王金霞，2009）。通过调查和经验可推知，汾河平原水资源相对短缺的地区，如太原、忻州等，与其他地区相比，小麦播种面积相对较低，而玉米和豆类的播种面积比例则相对高些（表3-12）。因为玉米和豆类作物与小麦相比，需水量相对更小些。

表 3-12　2012 年区域水资源量与种植结构

地区	降水量（mm）	小麦播种面积（hm²）	玉米播种面积（hm²）	豆类播种面积（hm²）
太原市	590.2	808	55 456	6 417
忻州市	539.0	215	247 475	52 220
吕梁市	630.4	7 142	160 897	70 267
晋中市	599.4	20 153	210 053	19 367
临汾市	672.9	235 704	213 590	24 098
运城市	789.9	343 400	275 801	36 541

另外，通过调查分析可知，灌溉水源与作物播种结构也可能存在一定的相关关系。汾河平原小麦和玉米主要种植在基本采用地下水灌溉的农村，尤其是玉米。对于棉花而言，

地表和地下水联合灌溉的比例更高些，果蔬类的经济作物在只用地表水和联合灌溉的情况下，种植比例也会高些。此外，与地下水位没有什么变化的村落相比，在地下水位越来越低的村落，农民更倾向于种植更多的玉米和棉花，种植更少的水稻和小麦。从粮食作物和经济作物来看，粮食作物在地下水位没什么变化的村落播种面积比例最大，在地下水位越来越低的村落次之，越来越高的村落最少，而果蔬等经济作物，则在地下水位较高的村落播种面积比例会大些（李玉敏和王金霞，2009）。

当然，作物种植结构不仅仅受到干旱缺水的影响，也会受到市场、价格、政策、土壤状况和气候变化等多方面因素的影响，因此在制定政策时，应合理运用农民用水户对干旱缺水所做出的反应，如调整种植结构等，通过趋利避害来缓解干旱缺水的问题。在汾河平原的种植业中，粮食作物和经济作物播种面积占农作物播种面积的比例呈此消彼长的关系。20世纪80年代后，粮食作物的播种面积所占比例虽然有波动，且呈缓慢下降的趋势，但一直维持在80%左右，但在1995年和2000年经历了下跌波动幅度较大的过程。为了对抗旱灾和稳定粮食生产，党和政府应引导农民调整、优化种植结构，扭转粮食生产的下滑。

在农村产业结构方面，干旱缺水严重制约了汾河流域的农业产业结构调整。随着社会主义市场经济体制的建立和国民经济的快速发展，农业产业结构的调整已势在必行，即农业从简单再生产时代的单一种植业结构，逐步进化调整为大农业结构，再继续上升到多元化产业结构，这种产业结构由单一到多元，逐步细化的过程，将使产业结构越来越合理，生态循环越来越平衡，经济效益越来越提高。但是，农业产业结构的调整必须以一定的农业生产条件为基础。由于汾河平原长期干旱缺水，农业基础条件较差，加之旱灾频繁发生，这些情况都严重制约了农业产业结构的调整。特别是在汾河平原的一些贫困山区，农村产业结构仍以传统种植业为主，计划经济时期的经济特征仍十分明显，农村产业结构调整状况远远落后于全国平均水平。

3.4.1.3 旱涝对农民收入的影响

汾河平原的干旱缺水对当地农民收入也造成了一定程度的影响，旱灾频发使得农民收入增长缓慢。就总体情况来看，由于近年来旱灾频繁发生，汾河平原农业效益基本徘徊不前，甚至比前几年有所下降。极大地影响了广大农民群众的收入水平和生产积极性。1997~2012年汾河平原农业产值及农民收入情况见表3-13，从1997年开始到2001年的连续干旱，导致期间汾河平原的粮食产量受到了很大的影响，农民的收入平均增长率仅为4.8%，虽然和全国情况相比农民收入年增长率差异不大，从绝对数值上而言，与全国平均和发达地区相比，还属于较低水平；尤其1999年汾河平原农民人均纯收入比1998年还有所下降，2001年增长率也仅2.6%。造成上述情况的原因可能是多方面的，但干旱缺水、旱灾频发无疑是影响汾河平原农民收入增长和农业持续发展的一个重要原因。另外，在2009年既有重旱又有涝灾的情况下，汾河平原的粮食产量也受到重创，农民收入也受到一定程度的影响，与前几年相比，收入的增长率也较低。

表 3-13　1997～2012 年汾河平原作物产量和农民收入情况

年份	旱涝情况	汾河平原			全国	
		粮食产量（万 t）	农民平均纯收入（元）	收入增长率（%）	农民平均纯收入（元）	收入增长率（%）
1995	轻旱	366.8	1208.30	—	1577.70	—
1996	正常	430.8	1557.19	28.9	1926.10	22.1
1997	重旱	360.8	1738.26	11.6	2090.10	8.5
1998	轻旱	432.6	1858.60	6.9	2162.00	3.4
1999	重旱	328.7	1772.62	-4.6	2210.00	2.2
2000	重旱	341.3	1905.61	7.5	2253.40	2.0
2001	重旱	276.8	1956.05	2.6	2366.40	5.0
2002	正常	370.2	2149.82	9.9	2475.60	4.6
2003	轻涝	383.6	2299.40	7.0	2622.24	5.9
2004	正常	424.8	2589.60	12.6	2936.40	12.0
2005	重旱	391.2	2890.66	11.6	3254.93	10.8
2006	正常	409.8	3180.92	10.0	3587.00	10.2
2007	正常	402.8	3665.70	15.2	4140.00	15.4
2008	重旱	411.2	4097.24	11.8	4761.00	15.0
2009	旱涝	376.8	4244.10	3.6	5153.00	8.2
2010	正常	434.0	4736.25	11.6	5919.00	14.9
2011	正常	477.2	5601.40	18.3	6977.00	17.9
2012	轻旱	509.6	6356.60	13.5	7917.00	13.5

注：按当年价格计算

3.4.1.4　干旱对农业技术的影响

汾河平原的农业生产在总结抗旱经验的基础上，加以引进新思路、新技术和新方法，正在逐步形成适合自身农业发展实际的以"增水增效"为核心的旱地农业技术体系。也就是说，汾河平原的干旱缺水，在一定程度上促进了农业节水抗旱技术的发展。

汾河平原的农业节水抗旱技术体系的形成是不断提高降水利用效率，增加旱地可用水量的过程。早期的技术侧重于通过土壤耕作达到蓄水保水的目的，其后的发展则经历了提高用水效率和增加用水量并进的过程（赵春明，2005）。

为了对抗干旱，围绕提高农田降水利用效率，汾河平原经历了从土壤耕作技术到地面覆盖技术的发展，包括蓄水技术、保水技术和作物用水技术等，其中土壤蓄水技术发展了深松耙糖、培肥改土、坡改梯、平地作梗等技术，土壤保水技术发展了少耕免耕、地膜覆盖、秸秆覆盖、耙糖镇压的技术，作物用水技术发展了耐旱品种、适雨种植、抗蒸腾剂、种子包衣等技术。围绕增加旱地的可用水量，发展了包括人工集水灌溉、人工增雨等技术。从灌溉设施的改进考虑，则逐步实现了从渠灌到喷灌再到滴灌甚至到渗灌的方式，可以大大地提高灌溉水分利用率（叶彩华和郭文利，2000）。

总的来说，汾河平原的水资源条件和干旱特征，使得发展旱作农业和种植抗旱作物成为汾河平原农业发展的必然选择。而这些农业技术的发展，对于缓解汾河平原干旱缺水对农业生产的影响，产生了积极的作用。

3.4.2 对工业及生活的影响

3.4.2.1 干旱对工业生产的影响

汾河平原是山西省乃至全国重要的能源重化工基地，但其工业生产发展是以消耗大量的水资源为前提的，而且各行业中大型企业又基本集中于城市，从而形成取水集中，供需矛盾尖锐的局面（安祥生，2001），遇到干旱缺水年份，则又加剧了这种供需矛盾。在干旱缺水年份，由于降水量持续偏少，造成汾河平原的地表径流大幅度衰减，许多蓄水设施由于水量的减少不能发挥工程效益。一方面干旱少雨使水资源严重衰竭；另一方面随着经济的发展，城市工业用水量逐年增加，供水跟不上用水需求，因此使大部分城市的供水矛盾更加突出。从调查分析可知，汾河平原水资源供需矛盾最为尖锐的区域则主要包括太原、忻州、运城等地区，这些地区人口密集，城市人口集中，工业发达，工农业总产值占山西省国民经济的比例较高（约50%），而该区域的水资源量占比（约29%）却与国民经济的占比不匹配。干旱缺水对汾河平原的工业发展乃至山西省和国家的能源安全，都可能造成一定程度的影响。

以1960年的旱灾为例，种植业、养殖业、畜牧业等遭受旱灾的影响而减产，直接影响到以此为原料的轻工业，如纺织工业、皮革工业、毛织工业、食品工业、服装工业等；间接影响涉及国民经济各部门，包括一切重工业部门。参考当年的《山西统计年鉴》，1960年旱灾之后，汾河平原工业总产值由1960年的23.1亿元降至1962年的11.0亿元，不足原来的48%，受到很大的影响（表3-14）。

表3-14 20世纪60年代旱灾期间汾河平原工业总产值变化

年份	1960	1961	1962
工业总产值（亿元）	23.1	12.7	11.0

（1）对能源行业的影响

汾河平原在国家能源安全战略中占据十分重要的地位。然而，煤炭开采与水循环和水资源之间是一个互相影响的关系。一方面，过度采煤会影响供水安全性，并造成抗旱能力降低。2000～2012年山西省的煤炭开采量从2.46亿t增加到9.13亿t。山西省煤系地层主要为石炭—二叠系太原组、山西组地层，含水层与隔水层三者共同赋存于一个地质体中，一般为同期沉积（王启亮和程东，2009）。就煤炭开采对水循环的影响方面而言，煤矿大多位于丘陵区季节性河流的河床或区域地下水位以上，一般情况下，地表水、孔隙水和深层岩溶水等不会受到煤炭开采的影响，煤系裂隙水容易受煤炭开采影响，煤矿排水会局部改变地下水的自然流场，会局部破坏煤系含水层的补径排关系，另外一般采煤区的水位下降，会影响范围内的井泉流量减少。煤矿开采带来的漏水和塌陷会破坏人畜吃水开采的含水层，使原有的供水井吊泵报废，新的供水井只能打到更深的岩溶含水层。井打得越深，成本也越高。而山西省很大一部分农村因为自然条件等方面的原因，只能靠打井解决用水问题，随着煤炭开采量的增加，井打得越来越深，使得现有农村饮水工程不断报废，一旦再发生旱灾，难以再临时打井，就很难抵御旱灾的袭击，从而使得抗旱能力降低。

同时，干旱缺水对能源行业的运行和发展存在一定程度的影响。汾河平原的火电厂大多是坑口电厂，发电厂建设在靠近煤矿坑口附近，在采煤区影响范围内。干旱缺水使得现有火电厂等高耗水工业只能使用再生水等非常规水资源，水资源供应极为紧张。在干旱缺水年份，由于电厂所用的新水量及循环水量的供应减少，火电厂的运行将受到直接影响和间接影响。循环水的减弱势必导致发电厂冷却系统的工作能力受到影响，为保证尽可能多的发电，并保证设备的安全使用，保证其使用寿命，发电厂不得不停开或少开部分机组以减少用水量。同时，为了尽可能地提高设备的使用效率，减少全网各发电厂总的用水量，部分小容量发电厂可能会面临停产的威胁。而为了满足用电需求，大容量发电厂的持续运行也可能导致设备的连续高负荷工作，影响使用寿命，存在安全隐患（赵荐芳，2013）。在特大干旱时，如果汾河平原的煤矿、火电厂的生产用水不能保障，就会产生连锁反应，直接影响全省乃至全国的能源供应和经济发展，危及国家能源安全。

（2）对新增工业项目的影响

汾河流域的干旱事件及旱灾，也对区域内的新增工业项目产生一定的影响。由于干旱缺水，使得许多经济效益较好的拟建工业项目不能得到审批，还有许多已建的工矿工业不能发挥应有的经济效益，特别是煤炭的洗选、矿石冶炼、精细化工产品的延伸等高耗水工业的发展受到限制，使得汾河平原及山西省不能充分发挥其矿产资源优势。据调查了解，山西省规定坑口电厂发展只能利用污水、再生水和矿坑排水，冷却工艺要求采用风冷方式。据估计，汾河平原每年因缺水少上项目和限产造成的损失可能高达数百亿元。以太原市为例，太原市已经具备生产能力的工矿企业，由于严重缺水，近50%的企业生产受到不同程度的影响，许多企业被迫压缩生产规模，造成许多生产线停产、新设备无法使用等问题。根据统计资料，太原市因水资源短缺而影响新增工矿企业项目的兴建，每年直接损失产值68亿元，间接损失更是高达将近170亿元。

3.4.2.2 干旱对生活的影响

汾河平原地区随着城镇化进程的加快，需水量迅速增长，由于水源工程没有相应跟上，生活缺水问题日趋严峻。对比《山西省第二次水资源调查评价》的全省各地区地表水和地下水可开采量，目前汾河平原的太原、忻州、吕梁、晋中、临汾、运城等城市，其水资源开采利用均基本达到了地区可利用水资源量的上限，其中太原和运城已经较大地超出了可利用水资源量（表3-15），就生活用水而言，汾河平原各大城市的生活用水中地下水供水基本都是占绝大部分。可见，区域的生活用水在干旱年份的保障供给，是以牺牲生态环境为代价的，在极端干旱年份生活用水也存在供水不安全性。

在城镇生活用水方面，虽然城镇生活用水在各用水类别中，是具有最高优先级的，但由于汾河流域现状情况已是大部分城市都缺水，其中70%的城镇供水严重不足。据有关资料统计，目前山西省 22 个城市生活及工业日需水量为 232 万 m^3，而目前的日供水量为176.4 万 m^3，日缺水量 55.6 万 m^3，涉及城市人口 113.8 万人（王裕良，2004）。由于供水量不足，许多城市不得不采用低压供水、分片供水、定时供水等限制用水措施，在极端干旱年份，很多城镇居民生活需要依靠汽车拉水。太原市自来水公司由于水资源紧张，多年来采用低压供水，在干旱年份或月份城南和城东地区大部分居民楼 3 层以上水压太低甚至白天没有水，有时每日供水时间不足 2h，给城镇居民生活造成严重影响。

表 3-15　汾河平原各城市 2012 年生活供用水情况　　　　　（单位：万 m^3）

地区	水资源可利用量			总用水量				生活用水		
	地表水	地下水可开采量	小计	地表水	地下水	其他水源	小计	地表水	地下水	小计
太原市	10 506	36 752	47 258	30 799	36 072	8 206	75 077	11 060	16 096	27 156
忻州市	—	—	—	30 055	35 859	462	66 376	748	5 487	6 235
吕梁市	36 718	36 353	73 071	27 184	28 262	2 811	58 257	684	9 045	9 729
晋中市	53 277	45 254	98 531	28 809	42 813	1 180	72 802	1 793	8 024	9 817
临汾市	65 471	81 359	146 830	46 593	32 157	142	78 892	5 065	7 013	12 078
运城市	24 444	57 442	81 886	72 691	82 684	2 103	157 478	806	12 836	13 642

在农村生活用水方面，汾河平原农村人口 698.6 万人，按照 50L/（人·d）的生活用水标准，每年需解决约 12 749 万 m^3 的农村供水问题。而由于自然条件等方面的原因，汾河流域绝大部分农村只能依靠打井提取地下水解决饮水问题，据《山西省第一次全国水利普查公报》推算，汾河平原农村饮用地下水人口 558 万人，约占区域农业总人口的近80%，年用水量 0.97 亿 m^3。据《山西省水利统计年鉴》的资料，1987 年山西省农村机井共 84 154 眼，其中深井为 22 023 眼；2012 年农村机井共 296 990 眼，其中日取水量>20m^3的有 21 481 眼，日取水量<20m^3 的有 275 509 眼。加上城镇工矿供水井，山西省现状的深井已达 44 298 眼。而山西省在 1987~2005 年这近 20 年间原有机井平均以每年 2000 眼的速度报废，现状 40 亿 m^3 的地下水供水量中，浅层地下水供水量为 10.7 亿 m^3，只占26.7%，其余的 73.3% 都是中深层地下水和岩溶地下水。

由于井的深度越来越深，解决农村饮水问题的难度也越来越大。据调查统计，1990 年汾河平原最深的饮水井位于太原市，井深 600m，用于城市工矿用水，最深的农村饮用水井位于运城市，井深只有 105~110m。到 2005 年，汾河平原最深的农村饮用水井，位于太原市东山地区，井深达到 1118m。整个山西省形成 5 个 500m 以上的深井区，全省水井中 500m 以上的深井达到 2000 多眼；汾河流域各大城市的农村最深饮水井都达 500m 以上。表 3-16 为汾河平原最深农村饮水井深度变幅表。

表 3-16 汾河平原最深农村饮水井深度变幅表 （单位：m）

地区	年度最深饮水井深度		相差幅度
	1990 年值	2005 年值	
汾河平原	600	1118	518
太原市	600	1118	518
忻州市	380	1000	620
吕梁市	550	889	339
晋中市	250	800	550
运城市	480	800	320

除了气候干旱等原因，汾河平原采煤漏水也会对居民生活用水造成较严重的影响。汾河平原的煤炭开采主要集中在开采条件较好、成本较低的地区，以盆地边山地带最为集中。在边山地区采煤必然要影响到以山前地带洪积扇为主要开采对象的城市水源地，同时也会对该区域出露的泉水造成影响、破坏。据统计，2000～2005 年期间在山西省共有 14 个城市、42 个县城位于采煤影响区，这些城市受到采煤漏水影响而削减的供水量为 3.61 亿 m^3，有 34 个重要水源地受到煤炭开采的影响（袁伟帅，2011）。据调查，2005 年全省采煤漏水造成 4852 个村、292 万人饮水安全出现问题，汾河平原地区也是深受影响。

当特大干旱来临时，在干旱、采煤漏水和高温三重作用下，汾河平原大部分地区将会发生因供水量大幅度削减造成的水荒，不仅严重影响城市的生活，还可能出现上千万农村人口发生严重饮水困难，几百万人口将因缺水断粮被迫外流，甚至还可能出现为争水源而集体械斗事件等，形成严重的社会动荡和不稳定因素，危及社会安定与发展。

3.4.3 对生态的影响

持续的干旱缺水还将导致生态环境的严重恶化，如河道断流、地下水漏斗、泉域枯竭等。据史料记载，历史上因干旱汾河曾断流 8 次，分别在公元前 476 年，公元 1638 年、1640 年、1641 年、1856 年、1877 年、1928 年、1929 年。

由于降雨较少，为了防旱抗旱，山西省大量开采地下水，造成了难以恢复的后果。地下水开采较严重的 20 世纪 90 年代，太原市用水地表水与地下水比例为 1：2.77，太原市降落漏斗区面积扩展到 330.3 km^2，中间降深 91.38 m；同属太原盆地的介休宋沽地下水降落漏斗面积约 103 km^2，在严重时段平均每年下降约 3.38 m。由于地表水和地下水的相互转化，地下水的开采不仅造成了地下水降落漏斗，还袭夺了相当一部分河川径流量，导致年降水频率比河川径流频率系统偏小。

与此同时，干旱和地下水的大量开采也导致泉域大量枯竭，太原市的晋祠泉 20 世纪 40 年代的流量为 2.08 m^3/s，到 90 年代已经断流；汾阳市郭庄泉流量从 1984 年的 7.29 m^3/s 减少为 2000 年的 2.31 m^3/s；临汾市龙子祠泉从 1984 年的 6.06 m^3/s 减少为 2000 年的 3.22 m^3/s。

3.4.3.1 干旱对地表水生态的影响

（1）河流生态

汾河是山西省天然径流量最大的河流。据史书记载，汾河水量曾经十分丰富，战国时有秦穆公"泛舟之役"，运送粮食的船队经渭河、汾河直抵晋国的绛都，公元前 113 年，汉武帝刘彻乘坐楼船泛舟汾河，饮宴中流，触景生情，感慨万千，写下了千古绝调《秋风辞》："泛楼船兮济汾河，横中流兮扬素波"。从隋到唐、宋、金、辽，山西省的粮食和管涔山上的奇松古木经汾河入黄河、渭河，漕运至长安等地，史书称"万筏下汾河"。1963年河津县缺粮，政府调集 20 艘船只经汾河运送粮食，这成为汾河历史上的最后一次航运。

1980 年以来，一方面降水减少，径流偏枯；另一方面能源基地建设和城镇化对水资源需求快速增长，使得汾河水量的大部分被引用消耗，河道实际流量迅速减少，昔日"汾河流水哗啦啦"的景象逐渐消失。据统计，汾河流域 1980～2000 年平均地表水利用消耗率为 64.8%，同期平均汇入黄河的水量为 5.85 亿 m³，1997～2006 年平均汇入黄河的水量为 3.02 亿 m³。如果考虑这其中还包括了每年 3 亿 m³ 的入河污水量，则汾河地表水的利用率已经达到 80% 以上，远远超过合理的利用限度（40% 左右）。

汾河干流共有 9 个水文站，设站情况如图 3-25 所示。主要水文站 1997～2006 年的实测月平均流量见表 3-17。

表 3-17　汾河干流主要水文站 1997～2006 年实测月平均流量表 （单位：m³/s）

时间	静乐	汾河水库	兰村	汾河二坝	义棠	赵城	柴庄	河津
1 月	2.00	0.07	0.12	2.01	3.28	2.74	10.09	11.50
2 月	2.60	0.17	0.37	2.09	1.70	1.74	7.64	8.59
3 月	3.80	35.22	25.21	22.92	1.52	1.75	4.76	3.20
4 月	3.60	8.97	6.18	4.04	2.25	2.04	3.85	3.15
5 月	4.10	1.20	0.99	1.01	2.50	1.74	3.79	3.60
6 月	5.10	5.11	4.07	1.98	4.58	4.47	6.77	5.11
7 月	8.80	1.13	1.27	4.66	6.98	6.89	13.18	11.70
8 月	7.70	0.53	1.74	5.69	9.93	8.18	15.46	15.20
9 月	6.40	3.69	3.10	5.03	11.00	8.35	17.24	18.91
10 月	5.90	1.36	0.54	3.38	4.88	4.15	16.43	19.70
11 月	3.70	5.44	6.31	3.25	1.58	3.11	8.69	10.39
12 月	1.90	0.73	0.61	2.07	1.52	2.29	6.90	8.20
年均	4.63	5.30	4.21	4.84	4.31	4.12	9.57	9.94

从表 3-17 中可以看出，1997～2006 年汾河上中游的干流平均实测流量在 4.14～5.33m³/s，赵城以下的汾河下游干流平均实测流量低于 9.6m³/s，各主要控制断面的实测流量较汾河丰水期都有急剧衰减。特别需要注意的是，汾河中游的实测流量低于该河段的入河排污量，河津断面的实测流量与汾河总的入河排污量大体相当，在非汛期河道的清污

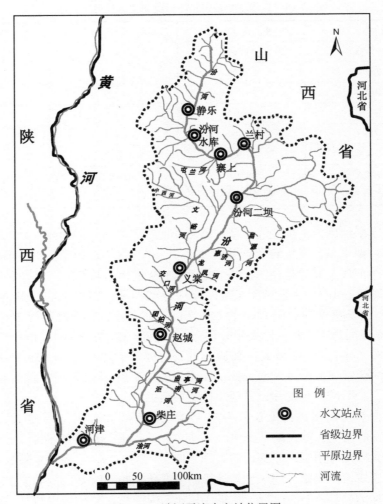

图 3-25　汾河干流水文站位置图

比是很低的。对于 50m 宽的河床，当流量小于 1.5m³/s 时，一般就看不到哗啦啦的流水景象了。

对静乐水文站流域 45 年（1956～2000 年）降水与天然径流量资料的统计分析表明，在 45 年间，降水与径流丰枯交替发生，其变化趋势匹配一致。从宏观上看，20 世纪 50 年代偏丰，1960～1966 年偏枯，1967～1970 年偏丰，1971～1976 年偏枯，1977～1979 年偏丰，1980～1994 年偏枯，1995～1996 年偏丰，1997～2000 年偏枯。虽然降雨和径流存在丰枯交替的现象，但丰水期都比较短，因而总的变化是减小的。按年序分段的平均径流深、降水量见表 3-18。

由表 3-18 可知，20 世纪 50 年代偏丰，60～80 年代降水和径流皆为逐渐减少、转枯，90 年代至 2000 年降水、径流均有反弹。

表 3-18　静乐水文站按年序分段降水、径流统计表

时段	年径流量（万 m³）	年径流深（mm）	年降水量（mm）
1956~1959 年	35 522	126.9	602.0
1960~1969 年	29 257	104.5	522.3
1970~1979 年	23 777	84.9	484.7
1980~1989 年	18 057	64.5	471.5
1990~2000 年	22 702	81.1	501.1
1956~2000 年平均	24 505	87.5	504.6
1956~1979 年平均	28 018	100.1	519.9
1980~2000 年平均	20 490	73.2	487.0

在干旱半干旱地区，土壤包气带蓄水量深受连续干旱的气候影响，如同前期影响雨量的概念一样，前期干旱，当年的径流将相对减少。在雨量相近的条件下，前期干旱的年径流要明显地少于前期湿润的年径流，如 1989 年和 1993 年，两年降雨量分别为 400.5mm 和 406.8mm，相对较差 1.5%，而两年径流深分别为 43.4mm 和 37.9mm，相对较差 14.5%，这是因为 1988 年是丰水年，降雨量为 663.7mm，而 1992 年降雨量为 566.4mm。同样，1988 年和 1996 年同为丰水年，降雨量分别为 633.7mm 和 631.8mm，而两年径流深分别为 142.4mm 和 189.5mm，差异很大，其原因也为 1987 年降水量为 459.5mm，径流深为 29.4mm，而 1995 年降水量为 738.1mm，径流深为 183.3mm 之故。20 世纪 80 年代处于连续少雨干旱期，径流减少程度超过其他年代是可能的。

通过以上分析可以得出：①在分析的 45 年中，静乐水文站一定强度（日雨量大于 20mm、30mm）的雨量，处在波动变化、丰枯交替过程中，并不存在持续减小的趋势，径流虽然和降雨量以及降雨强度有密切的关系，但年径流的减少主要是年降水量持续减少所造成的。②对于短历时暴雨，同样也是随机波动变化，短历时暴雨量和集中程度未明显表现出减小或增加的趋势。与 20 世纪 50 年代相比，因为枯水年数相对较长，径流总体上是减小的。到 90 年代降雨和径流都有一定程度的恢复。③类似 80 年代，由于连续干旱，土壤蓄水能力增加，降雨损失随之增加，也是径流减少的一个原因。

干旱对汾河流域的河流水系生态环境造成了严重影响，除了径流量的减少，部分河段还出现河段断流现象。根据汾河干流各水文站 1997~2006 年的月平均断流天数统计，见表 3-19，除了静乐水文站、汾河水库水文站、寨上水文站 3 站无断流，其余 6 站均出现断流现象，河流生态遭遇严重威胁。

根据表 3-19 中数据分析，可以得出以下结论。

汾河上游除局部强渗漏段以外，基本上不发生断流。汾河中游是断流区间最长，断流天数最多的河段，从兰村水文站到义棠水文站 160km 的河道在非灌溉引水期基本处于断流状态，河道内往往只有少量污水。兰村水文站 2001 年以来年断流天数一直在 250 天以上，最多一年断流达 278 天。汾河二坝和义棠水文站的年断流天数也超过了 140 天。汾河下游河段断流的天数较少，年均只有一二十天，且断流集中发生在灌溉期的 3~6 月，在其他

时段河道流量相对较大。

表 3-19 汾河干流各水文站 1997～2006 年逐月平均断流天数 （单位：d）

时间	兰村	汾河二坝	义棠	赵城	柴庄	河津
1 月	21.7	1.2	13.6	0.0	0.0	0.0
2 月	19.3	1.4	10.6	0.0	0.0	0.0
3 月	3.7	2.6	15.5	0.3	0.0	4.7
4 月	12.6	17.6	17.0	0.0	1.6	6.4
5 月	20.4	24.0	12.6	0.0	5.7	6.1
6 月	10.9	23.7	10.9	0.5	1.2	4.2
7 月	18.0	12.6	5.8	0.0	1.5	0.0
8 月	18.1	12.6	3.2	0.0	0.0	0.0
9 月	12.0	15.1	7.4	0.0	0.0	0.0
10 月	19.7	17.2	7.7	0.0	0.0	0.0
11 月	9.0	7.2	16.9	0.0	0.0	0.0
12 月	20.3	6.9	18.6	0.0	0.0	0.0
年均	185.7	142.1	139.8	0.0	10.0	21.4

因此，可见干旱缺水导致河流断流的重点影响在汾河中游和下游盆地平原区段，其中中游河段影响程度较大，时段较长。

（2）湿地生态

汾河平原各类湿地的总面积为 930.51km²，占山西省湿地面积的 25.43%。按照 Ramsar 公约关于湿地的分类系统，汾河流域湿地的主要类型见表 3-20（范庆安等，2008）。

表 3-20 汾河流域湿地类型、分布及主要特征

湿地类型	面积（km²）	分布与生境
河口湿地	33.00	汾河入黄河处
河流湿地	58.55	汾河及各支流
水库湿地	64.56	汾河及各支流
沼泽和草甸湿地	774.40	汾河和各支流河流沿岸、水库等
总面积	930.51	

湿地由于特殊的生态环境孕育着丰富多彩的生物多样性。据有关研究报道，在汾河流域有水鸟 105 种（约占山西省总数的 1/3），兽类 27 种（约占山西省总数的 1/2），两栖和爬行类有 41 种，鱼类有 70 种。水生生物已查明的有藻类 523 种，浮游动物 80 多种，底栖动物 150 多种。汾河流域有种子植物 83 科，308 属，686 种（张峰等，1999）。汾河流域湿地植被广泛分布于整个流域，而且与其所处的生态环境关系密切。在汾河上游有沙棘群

落分布。在汾河河道和河漫滩的积水生境中有芦苇群落、香蒲群落等植被类型分布。在汾河太原段的湿地连年缺水趋于旱化，有柽柳群落、假苇拂子茅群落、蒿群落等分布。在河漫滩则广泛分布着赖草群落、苔草群落、狗牙根群落等。

20世纪70年代以来，由于干旱缺水，加之随着工农业生产的发展山西省对汾河流域湿地的开发利用强度不断增加，对湿地的破坏程度日趋严重，直接导致汾河流域湿地的生态环境日益恶化，湿地的生态环境功能不断降低，生物多样性也在日趋减少，一部分湿地甚至已经完全丧失了生态环境功能。

不合理的利用和过度开垦，加速了汾河流域湿地面积的日趋萎缩。汾河上游的宁武县化北屯段河漫滩过去分布着茂密的沙棘群落，是雉鸡、石鸡等野生动物的良好栖息地。但由于多年来河漫滩湿地被大量开垦，使沙棘灌丛等受到极大破坏，不仅使原有的野生动物失去栖息地，而且严重削弱了河漫滩湿地的蓄洪能力。结果1996年夏季一场大雨，导致河水短时间内陡涨，淹没了两岸种植的农作物，造成农业生产几乎绝收。汾河流域是山西省煤炭工业的集中分布区之一。由于煤炭的大量开采，破坏了浅、中、深层地下水的补给、径流和排泄规律，破坏了水文下垫面条件和地表水的汇流规律，严重影响了汾河资源的正常补给，最终导致了河流湿地面积的减少，加剧了湿地生态环境功能的恶化趋势。

汾河流域干旱缺水，地表水资源过度开发利用，导致湿地面积不断萎缩，同时过度开采地下水，更进一步加快了湿地生态系统退化，导致河流廊道生态系统脆弱性增加，难以恢复。

（3）坡面生态

植被覆盖度是植被的水平分布密度，是评价坡面水生态条件的一个重要指标，也是评价环境生态条件优劣的一个重要指标。同时，植被覆盖度作为重要的生态气候、生态水文影响因子，影响着大气圈、水圈、生物圈层间的各种物质转化和能量转移过程，因而众多生态、水文、气候模型都把植被覆盖度作为一个重要的输入参数。采用1988～1999年中的8年地面分辨率为1km的NOAA-AVHRR遥感影像，成像时间为每年的7月，还有2000年的地面分辨率为30m×30m的TM影像，成像时间为2000年7月，采用像元二分模型，通过遥感影像NDVI值反演了1988～2000年山西省植被覆盖度变化情况（刘家宏等，2013），如图3-26所示。

结合对比山西省年际间植被覆盖度和降水量的变化，发现汾河平原植被覆盖度受降水量影响显著：1988～1992年，植被覆盖度随着降水量的下降而快速下降。在1992年上半年，山西省出现重大旱情，其植被覆盖度较1988年下降了近50%；1992～1995年，随着降水量增加，植被覆盖度也开始有所好转。由此可见，汾河平原水生态系统极其脆弱，植被生长对水分条件的依赖性较强，生态水环境自我调节能力差。

图3-27和图3-28分别显示了1988～1992年、2000年植被变化的空间分布情况。1988～1992年，植被覆盖度主要受降水等自然因素影响，植被退化主要集中在河流的两侧，晋西黄土高原区、汾河上游均为植被的重点衰退区域，植被的衰退特点呈现与河流相关的分布特点。而1992～2000年，植被衰退主要集中在汾河平原东南部经济发展速度较快的人口密集区。由此可见，降水丰枯及人类活动共同影响着坡面植被变化。

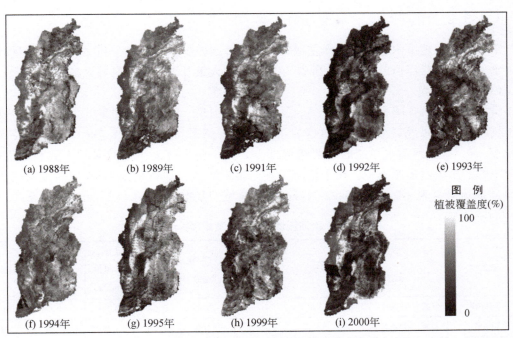

图 3-26 1998～2000 年山西省逐年植被覆盖度分布

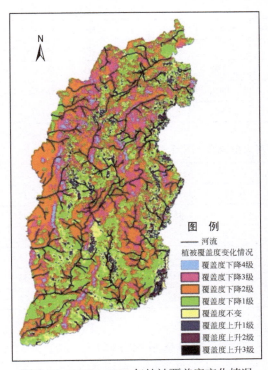

图 3-27 1988～1992 年植被覆盖度变化情况

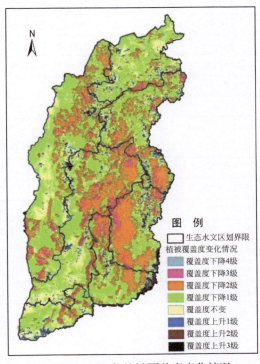

图 3-28 2000 年植被覆盖度变化情况

3.4.3.2 干旱对地下水生态的影响

干旱也导致地下水生态系统严重退化。由于降雨较少，为了防旱抗旱，流域大量开采地下水，造成了难以恢复的后果。干旱和地下水的大量开采导致了泉域大量枯竭。

（1）岩溶大泉

汾河流域内有雷鸣寺泉、兰村泉、晋祠泉、洪山泉、郭庄泉、霍泉（又名广胜寺泉）、龙子祠泉和古堆泉等岩溶大泉，这些岩溶大泉的天然平均流量达 28.7 m^3/s，合年径流量 9.02 亿 m^3，是汾河清水径流的重要组成部分。当一些岩溶大泉用井采的方式利用以后，河流中的清水流量迅速减少，在干旱年份甚至出现断流，如晋祠泉 1994 年断流、兰村泉 1990 年断流等。表 3-21 与表 3-22 为汾河流域泉域的基本情况。

表 3-21 汾河流域岩溶大泉基本情况汇总表

泉名	出露地点	泉域面积（km^2）	天然资源量（m^3/s）	可开采资源量（m^3/s）	水质类型
雷鸣寺泉	宁武县管涔山汾河源	377	0.54	0.30	$HCO_3-Ca \cdot Mg$
兰村泉	太原市尖草坪区上兰村	2 500	4.49	3.09	$HCO_3-Ca \cdot Mg$
晋祠泉	太原市西山悬瓮山下	2 030	2.40	1.18	$SO_4 \cdot HCO_3-Ca \cdot Mg$
洪山泉	介休市东 10km 的洪山镇	632	1.48	0.78	$HCO_3 \cdot SO_4-Ca \cdot Mg$
郭庄泉	霍州市南 7km 处东湾村至郭庄村的汾河河谷	5 600	7.63	5.71	$HCO_3 \cdot SO_4-Ca \cdot Mg$
霍泉	洪洞东北 15km 霍山前广胜寺	1 272	3.82	3.19	$HCO_3 \cdot SO_4-Ca \cdot Mg$
龙子祠泉	临汾市尧都区西南 13km 的西山山前	2 250	7.04	3.94	$SO_4 \cdot HCO_3-Ca \cdot Mg$
古堆泉	新绛县古堆村	460	1.30	1.23	$SO_4 \cdot HCO_3-Ca \cdot Mg$
合计		15 121	28.70	19.42	

表 3-22 汾河流域岩溶大泉流量一览表　　　　　（单位：m^3/s）

时段	郭庄	晋祠	兰村	洪山	龙子祠	霍泉	柳林	下马圈	坪上
1956~1959 年	9.02	1.98	3.82	1.61	6.14	4.52	3.79	1.29	8.17
1960~1969 年	8.93	1.74	3.10	1.44	6.14	4.45	4.27	1.03	5.44
1970~1979 年	7.53	1.19	1.58	1.16	5.21	3.75	3.69	0.73	4.45
1980~1989 年	7.10	0.52	0.37	1.15	5.02	3.53	3.03	0.89	4.11
1990~1999 年	4.97	0.14	0.01	1.03	4.22	3.30	2.23	1.04	4.53
2000 年	2.31	—	—	0.65	4.22	3.00	1.71	0.80	4.26

资料来源：山西省水文水资源勘测局

根据山西省水文水资源勘测局的资料，分析汾河流域典型泉域（郭庄、龙子祠、坪上）1956~2000 年的流量变化可见，郭庄、晋祠、兰村、龙子祠、坪上等泉域，其径流量近年来基本均呈逐渐减少的趋势，如图 3-29 所示，分析与静乐水文站相近的晋祠泉和兰村泉的年平均流量与静乐水文站降水量 1956～2000 年系列的相关性，发现相关系数分别达 0.72 和 0.81，可见近年来岩溶大泉的出水量衰减主要还受到干旱气候和降水丰枯的影响。

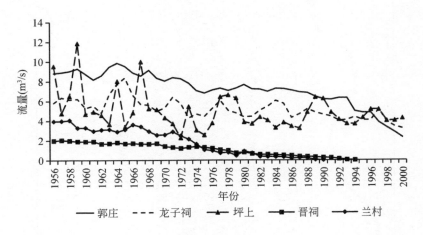

图 3-29　汾河流域典型泉域的流量变化图

（2）地下水超采

汾河流域水资源的一个重要特点就是地表水与地下水重复量在水资源总量中所占比重较大。例如，1980～2000 年系列的汾河流域的水资源总量为 30.14 亿 m³，多年平均河川径流量为 17.15 亿 m³，地下水资源量为 22.9 亿 m³，地表水与地下水重复量为 9.91 亿 m³，总收入水量为 24 亿 m³。支出项为地下水开采量 16 亿 m³，地表水利用量 8 亿 m³，入黄水量 3.2 亿 m³，合计 27.2 亿 m³，多年平均大约动用地下水储存量 3 亿 m³。地表水和地下水重复量大的特征，使得地下水生态在面临干旱灾害的威胁时，脆弱性加剧。干旱缺水对地下水的影响，主要表现在干旱年份地下水开采量加大，而地表水本身的来水减少及加大开发利用使之对地下水补给不足，这就导致地下水超采区漏斗的扩大化。

根据山西省水利厅 2007 年完成的《山西省特大干旱年应急水源规划》，2005 年山西省共有 21 处超采区，年超采地下水 6.88 亿 m³，其中有 12 处超采区位于汾河平原（图 3-30），年超采量达 3.3 亿 m³，占全省地下水超采量的 47%。其中汾河平原的各超采区情况如下。

1）晋祠泉域超采区：晋祠泉域面积为 2030km²，其中裸露可熔岩面积为 391km²，主要为太原市的古交市、清徐县和小店区所辖范围。晋祠泉水多年平均（1956～1994 年）流量为 1.10m³/s，于 1994 年 4 月泉水断流。晋祠泉域岩溶水开采系数为 1.46，处于严重超采状态。

2）兰村泉域超采区：兰村泉域面积为 2500km²，其中裸露可熔岩面积为 1360km²，包括了太原市的阳曲县以及尖草坪区。泉水多年平均（1956～1993 年）流量为 1.91m³/s，于 1988 年泉水断流。兰村泉域岩溶水可开采量为 9745 万 m³/a，2003 年引黄工程实施后，

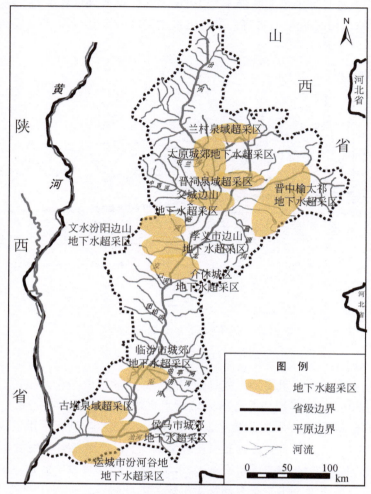

图 3-30　汾河流域地下水超采区分布图

太原市政府组织有关单位对西张水源地和太钢水源地实行"关井压采"方案，压缩了兰村泉域地下水开采量，目前兰村泉域仍处于严重超采状态。

3）古堆泉域超采区：古堆泉出露于新绛县三泉镇古堆村九原山西侧寒武、奥陶系灰岩中，上覆有薄层第四系松散层，泉域面积为 460km²，其中，临汾市为 437km²，运城市为 23km²。古堆泉域岩溶水开采系数为 1.08，处于超采状态。2000 年泉水断流。

4）太原城郊地下水超采区：该区北起太原盆地的北端西张水源地到清徐的南部一带，包括西张水源地，太钢水源地，河西化工水源地，西山矿务局水源地，自来水厂三厂、六厂及各工业企业的自备井集中开采区，形成面积为 851km² 的地下水超采。

5）晋中榆太祁地下水超采区：分布于榆次陈侃、东阳、北曲、庄子，太谷城关、北光、侯城、胡村、水秀，及祁县城关、晓义、贾令、东观一带，超采区总面积为 804km²。区内地下水位下降速率达 1.3 ~ 2.43m/a，并形成了区域地下水降落漏斗。

6）介休城区地下水超采区：分布于城关、宋月古、西靳屯、义棠、三佳、义安一带，是工农业和城市生活的主要供水水源地，面积为 130km²。超采区水位累计下降值为 39.04m，平均下降速率为 1.95m/a，致使大量水井工程报废、单井涌水量明显减少，含水层逐渐被疏干。

7）交城边山地下水超采区：分布于交城县以北的边山地带，包括磁窑河、瓦窑河两个洪积扇，水量相对丰富，面积为 76km²。该区 20 世纪 80 年代形成了区域地下水降落漏斗，水位最大累计下降值为 76m，漏斗中心水位下降速率为 2.5~3.0m/a。

8）文水汾阳边山地下水超采区：分布于文水县至汾阳市城关一线的山前地带，面积为 262km²，主要为工业、城市和农业灌溉集中开采区，区内有开采井 711 眼，水井密度为 5.72 眼/km²，地下水超采严重，水位最大累计下降值达 86m。

9）孝义市边山地下水超采区：位于孝义市的边山地带，包括该市的边山倾斜平原区，面积为 169km²，现状年实际开采量为 3661 万 m³，超采量为 1974 万 m³，多年平均地下水位下降速率为 2.2m/a。

10）临汾市城郊地下水超采区：该区以城区为中心，南起尧庙，北到韩村，西至汾河，东到东王，总面积为 123km²。2005 年地下水开采量达 1844 万 m³。

11）侯马市城郊地下水超采区：该区以侯马发电厂为中心，包括侯马市城区、上马乡，总面积为 117km²，区域平均水位下降速率为 0.97m/a。

12）运城市汾河谷地地下水超采区：该区分布于吕梁山前倾斜平原区，涉及新绛、稷山、河津等县，面积为 1053km²。区内水位持续下降，平均下降速率为 1.25m/a，水位最大累计下降值为 14.27m；严重超采区地下水位平均下降速率为 2.0m/a，最大累计下降值达 37.3m，造成许多水井干枯。

与此同时，煤炭开采使得干旱年份的地下水生态环境面临更为严峻的问题。汾河流域跨越山西省的宁武煤田、西山煤田、霍西煤田、沁水煤田，四大煤田的煤矿开采对流域的水资源特别是岩溶地下水造成了很大的影响、破坏。例如，霍州煤电集团的团柏煤矿，吨煤排水系数高达 20m³，对郭庄泉水出流量的衰减起到了直接的作用。位于宁武县东寨镇的东汾煤矿（县营），与汾河源头的雷鸣寺泉相距不到 500m，开采煤层距岩溶含水层不到 60m，一旦发生煤矿突水，将直接导致泉水断流。另外，晋祠泉、兰村泉的断流，郭庄泉与洪山泉流量的急剧衰减，都与汾河流域内的煤炭开采、采煤漏水、采煤排水有着直接的因果关系。

第4章 渭河平原概况及历史典型旱涝事件

渭河平原自然条件优越，土壤肥沃，文化教育事业发达，工业城镇密集，水资源条件良好，集中了陕西省60%以上的人口和80%的工业以及52%的耕地，是陕西省政治、经济、文化的中心地带，是国家重要麦、棉产区，是国家"七区二十三带"农业发展战略的重要组成部分，是国家重点建设的"一线两带"地区。

干旱灾害是渭河平原的主要气候灾害，从公元前841年～公元2012年渭河平原共发生严重干旱灾害1068次，其中超级严重干旱106次，特别严重干旱344次，典型历史干旱事件主要包括1928～1930年、1959～1962年、1985～1986年、1994～1995年连旱及2009年的夏伏旱。同时，渭河平原也是我国洪涝的重灾区，是陕西省防洪的重点区域，618～2012年的1395年间共发生较严重洪涝灾害317次，典型历史洪涝事件主要包括"33·8"、"54·8"、"03·8"、"05·10"和"11·09"严重洪涝事件。本章阐述分析渭河平原历史典型旱涝事件，并绘制干旱图谱，评估典型年份洪涝的灾害等级。

4.1 自然概况

4.1.1 地理位置

渭河平原又称"关中平原"或"渭河盆地"，系地堑式构造平原。地处陕西省中部，107°30′E～110°30′E，34°00′N～35°40′N。渭河平原西起宝鸡，东至潼关，南依秦岭，北靠北山，包括西安、宝鸡、咸阳、渭南、铜川五市及杨凌国家级农业高新技术产业示范区（简称杨凌区）。东西长约360km，南北宽窄不一。海拔从西向东渐低，西部海拔700～800m，东部最低处仅325m。渭河由西向东横贯渭河平原，干流及支流泾河、北洛河等均有灌溉之利，中国古代著名水利工程，如郑国渠、白渠、漕渠、成国渠、龙首渠都引自这些河流。因为交通便利，四周有山河之险，从西周始，先后有秦、西汉、隋、唐等10代王朝建都于关中平原的中心，历时已有千余年。渭河平原地理位置和行政区域图如图4-1和图4-2所示。

4.1.2 地形地貌

4.1.2.1 地形

渭河盆地为新生代断裂盆地。南侧边界紧邻秦岭褶皱带，北侧以北山为界，东端受黄

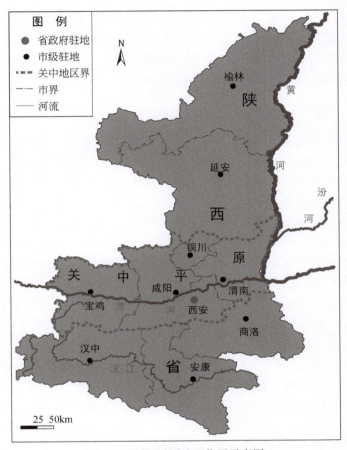

图4-1　渭河平原地理位置示意图

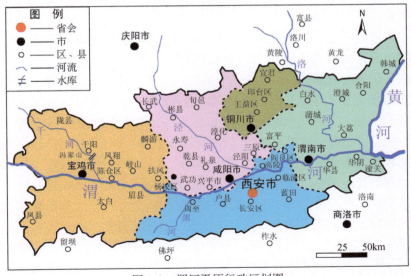

图4-2　渭河平原行政区划图

河排泄，使地下水与汾河流域切断联系。山区与盆地两种构造单元以区域性断裂带为界，自南、北边界向盆地中心构成地堑式阶梯。渭河盆地多数地层下部都下伏有河湖相沉积物；受新构造运动的影响，近代冲积层形成多级阶地，洪积层形成洪积物与黄土交互覆盖的洪积扇群，除现代河漫滩、一级阶地、洪积堆积区外，均覆盖了不同厚度的黄土。

4.1.2.2 地貌

受地质构造控制，从南、北山前到盆地中心，呈阶梯状依次分布的地貌类型有山前冲积扇、冲积平原、黄土台塬等。另外，还有狭长沙丘地形分布于渭河和洛河之间的阶地上。

渭河及其支流两岸的阶地最高为五级，阶地呈不对称分布。一二级阶地比较发育，阶面平坦开阔，二级以上的各级阶地上均有不同时期的黄土覆盖，形成上为黄土堆积下为河流冲击的二元结构。三～五级阶地主要分布在宝鸡至眉县和西安一带及灞河东岸、千河东岸（王文科等，2006）。

渭河平原黄土台塬分布面积广，按其台塬高程、形态、组成物质及下伏基底构造，可划分为一级黄土台塬和二级黄土台塬。一级黄土台塬的塬面较低（500～900m），面积广，分布连续。塬面平坦，多呈阶状地形，塬面上洼地发育，与河谷平原为陡坎接触；二级黄土台塬的塬面较高（600～1000m），塬面洼地和冲沟发育，与一级黄土台塬或高阶地呈陡坎接触。

冲积平原主要分布在秦岭、北山山前一带。冲积扇相互连接成群，形成带状分布的洪积群或山前倾斜平原。秦岭山前冲积扇时代新、冲积物颗粒粗、厚度大；北山山前冲积物粗颗粒较细，主要为砾石、砂、砂质黏土交互堆积，上面还覆盖有黄土及黄土状砂质黏土。

沙丘主要分布在渭河和洛河之间的一级阶地上，东西长30km，南北宽6～10km。沙丘是由古渭河、洛河河道迁移起沙，经风吹扬而引起。沙丘面积约250km^2，厚20～30m，主要由细沙组成。

在渭河平原原始地貌的基础之上，由于人类活动加剧，局部地貌产生了巨大变化，最为世人所熟知的就是"潼关高程"、"二华夹槽"等。

潼关高程在历史上是微升的，影响潼关高程的主要因素是黄河来水来沙条件。"潼关高程"是指黄河潼关水文站6号断面洪水流量在1000m^3/s时的相应水位，其变化揭示渭河下游河道淤积状况。三门峡水库从1960年蓄水后，水库泥沙淤积导致渭、洛河出口的潼关断面水位大幅度抬高，潼关高程较建库前抬高约5m（周建军和林秉南，2003）。2005年汛前潼关高程为328.25m，虽然经过2005年10月渭河洪水的冲刷，但2006年、2007年汛前潼关高程仍接近328m，分别为327.99m、327.96m。近年来，随着黄河上游水利设施的建设以及生活生产用水量的增加，造成来水量的减少进一步加重了渭河下游的泥沙灾害，潼关高程居高不下，直接影响到渭河、北洛河的防洪安全。

"二华夹槽"是指陕西省华县、华阴和华山地带南山和渭河间所形成的夹槽。渭水流经此处已是中下游，在潼关处流入黄河，但由于潼关地势陡然增高，致使处于其上游的两华地区地势处于下游最低势，故称"夹槽"。一旦有洪水过境，必将淤积于此久不得泄。由于渭河水含泥沙量大，三门峡水库建成后水速减缓，泥沙逐年淤积，潼关渭河入黄口河床抬高，致使华县、华阴渭河段与南山支流河床急剧抬升，皆成"悬河"，临背差高达 2 ~ 5m。在渭河、洛河、黄河三河交汇处的潼关，河水之间相互影响，黄河水流大时，渭河、洛河就会泄水不畅，大量水就会往地势更低的"二华夹槽"的南山支流倒灌，往往酿成重大险情。渭河"二华夹槽"地区渭淤 9 断面图如图 4-3 所示（蒋建军和刘建林，2008）。

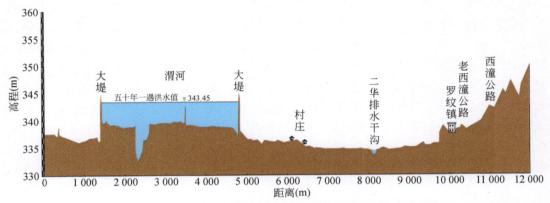

图 4-3　渭河及"二华夹槽"地区渭淤 9 断面图（大沽高程）

4.1.3　土壤植被

4.1.3.1　土壤

渭河平原土壤是在自然褐土基础上经过人类长期耕作熟化的耕作土壤，主要分布于各级阶地及黄土台塬区。褐土又称肝泥土，是分布于渭河平原南北低山丘陵的一种自然土壤，土质黏重，但不宜耕作。黄绵土主要分布于黄土台塬及黄土沟壑区，发育程度差，土质粗疏，有机质含量低。黄垆土以黄土为母质，分布于咸阳北部黄土塬梁地带。秦岭山地土壤垂直分布明显，由下而上主要有褐土带、棕土带等，渭南地区分布有盐碱土、风沙土等（陈亚萍，2005）。

4.1.3.2　植被

渭河平原为栽培植被区，属落叶阔叶林亚地带，由于数千年的人类活动，原生植被已被破坏殆尽。主要栽培的落叶阔叶树种有杨树、柳树、臭椿、白榆、中国槐、泡桐、楸树、侧柏、柿树、枣树、刺槐、苹果、梨、核桃、枣、石榴及其他落叶果树；一些亚热带植物，如夹竹桃、无花果、桂花、黄杨、棕榈等引进后生长良好。在沟头、崖坡及河漫滩上长有酸枣、枸杞、迎春、荆条、杠柳、悬钩子等灌木和白茅、雀麦、鹅冠草、紫苑、黄白草、秃疮花、芦苇、香蒲、木贼等草本植物。农作物以冬小麦、棉花、玉米为主，渭河两岸还种有小片水稻，是陕西主要农业基地。渭北台塬因水源不足，秋杂粮中较耐旱的谷子、糜子、高粱等占有一定比重。其他经济作物有油菜、花生、烤烟、辣椒等（孙胜祥，2006）。

4.1.4 气象水文

渭河平原位于东亚暖温带半湿润气候向内陆干旱气候的过渡带上，兼有两种气候的特点，故属大陆性温带半干旱、半湿润气候区，气候温和，雨量适中。四季干湿冷暖分明，春季温和多风，回暖早，升温快，易出现大风、浮尘、春旱、寒潮降温天气；夏季炎热，气温高、日照足，雨量集中兼伏旱；秋季降温快，较凉爽、湿润，多连阴雨；冬季寒冷，干燥、少雨雪。最高气温41.4℃，最低温度-20.8℃，年平均气温13.2℃，气温年较差为27~31℃。无霜期212d，年均日照2247.3h。渭河流域多年平均降水量为601mm，降水总量为403.1亿 m^3，是农作物生长的适宜气候，但是渭河平原年内和年际降水量分布不均，常常造成旱涝灾害。常年盛行风向以东北为主，其次是西南风，年平均风速2.2m/s，最大风速16.0m/s。土壤冻结最大深度44cm，空气平均相对湿度70%。

4.1.5 河流水系

渭河干流在陕西省境内长512km，流域面积6.71万 km^2，占陕西省总面积的32.6%。渭河支流众多，其中，南岸的数量较多，但较大支流集中在北岸，水系呈扇状分布。集水面积1000km²以上的支流有14条，北岸有咸河、散渡河、葫芦河、牛头河、千河、漆水河、石川河、泾河、北洛河；南岸有榜沙河、藉河、黑河、沣河、灞河。北岸支流多发源于黄土丘陵和黄土高原，相对源远流长，比降较小，含沙量大；南岸支流均发源于秦岭山区，源短流急，谷狭坡陡，径流较丰，含沙量小（蒋建军和刘建林，2008）。

泾河是渭河最大的支流，发源于宁夏泾源县六盘山东麓老龙潭，自长武县进入陕西，于高陵县泾渭堡附近注入渭河，河长455.1km，流域总面积4.54万 km^2，省内9391km²，占其流域面积的20.7%。泾河支流较多，集水面积大于1000km²的支流有左岸的洪河、蒲河、马莲河、三水河，右岸的汭河、黑河、泔河。北洛河为渭河第二大支流，发源于陕西定边县白于山南麓，在大荔县注入渭河，河长680km，流域面积2.69万 km^2，其中省内面积24 552km²，占其流域总面积的91%。

4.2 社会经济概况

4.2.1 人口

根据各市（区）国民经济和社会发展统计公报，2012年渭河平原各地市（区）人口数据见表4-1。从表中可知，渭河平原常住人口2358.24万人，其中，西安市的常住人口最多，达到855.29万人；杨凌区最少，仅有20.20万人。就人口出生率而言，咸阳市最大，达到10.22‰；就人口死亡率而言，渭南市最大，达到6.17‰；就人口自然增长率而言，西安市最大，达到4.56‰。

表 4-1   渭河平原各地市（区）第六次人口普查数据统计

地区	常住人口（万人）	人口出生率（‰）	人口死亡率（‰）	人口自然增长率（‰）
西安市	855.29	10.13	5.57	4.56
铜川市	84.08	9.78	6.16	3.62
渭南市	532.10	9.62	6.17	3.45
咸阳市	492.90	10.22	6.14	4.08
宝鸡市	373.67	9.63	6.15	3.48
杨凌区	20.20	8.25	4.09	4.16

资料来源：《西安市 2012 年国民经济和社会发展统计公报》、《2012 年渭南市国民经济和社会发展统计公报》、《2012 年咸阳市国民经济和社会发展统计公报》、《宝鸡市 2012 年国民经济和社会发展统计公报》、《铜川市 2012 年国民经济和社会发展统计公报》、《2012 年杨凌示范区国民经济和社会发展统计公报》

4.2.2   国民经济

4.2.2.1   农业

渭河平原是中国工农业和文化发达地区之一，也是全国重要麦、棉产区。渭河平原光热、水利、土地、人力资源，对于发展农业产业化独具优势，为农业发展提供了良好的基础条件。另外近年来，中央先后出台的涉农"一号文件"，也极大地推动了农业的发展，促进了农民增收，使农村社会经济发展取得了显著成就，农村面貌发生翻天覆地的巨大变化。2012 年渭河平原全年实现农业增加值 827.41 亿元，较 2011 年增长 6%。

西安市 2012 年全年实现农业增加值 195.59 亿元，较 2011 年增长 6.0%。全年粮食播种面积 572.50 万亩，油料播种面积 7.70 万亩，蔬菜播种面积 97.82 万亩，棉花播种面积 5.00 万亩。2012 年西安市农业主要产品产量情况见表 4-2。

表 4-2   2012 年西安市农业主要产品产量情况

指标	计量单位	总量	比 2011 年增长（%）
粮食	万 t	192.54	5.8
油料	万 t	1.15	−1.7
肉类产量	万 t	15.17	4.9
奶类产量	万 t	66.64	2.8
禽蛋产量	万 t	13.00	3.4
园林水果	万 t	93.21	2.3
蔬菜产量	万 t	277.8	6.2
猪年末存栏数	万头	96.60	2.3
羊年末存栏数	万只	28.46	−3.9
家禽年末存栏数	万只	1176.73	2.0

资料来源：《2012 年西安市国民经济和社会发展统计公报》

渭南市立足现代农业，努力形成农业规模化、集群化、市场化的发展格局。在巩固扩大渭北苹果的基础上，着力培育同州西瓜、华州蔬菜等名优农产品知名品牌，同时加快设施农业的发展，2012 年实现农林牧渔业总产值 318 亿元。其中，农业产值 221.81 亿元，林业产值 6.26 亿元，畜牧业产值 73.78 亿元，渔业产值 2.51 亿元，农林牧渔服务业产值 13.65 亿元。渭南市农业主要产品产量情况见表 4-3。

表 4-3　2012 渭南市农业主要产品产量情况

指标	计量单位	总量	比 2011 年增长（%）
粮食	万 t	224.34	6.6
猪出栏	万头	239.59	5.7
牛出栏	万头	8.27	3.5
羊出栏	万只	57.59	2.4
家禽出栏	万只	930.76	9.5
奶类产量	万 t	37.83	4.0
禽蛋产量	万 t	10.04	2.7
园林水果	万 t	282.03	3.0
蔬菜产量	万 t	214.29	6.4
水产品产量	万 t	2.00	23.4

资料来源：《2012 年渭南市国民经济和社会发展统计公报》

2012 年，宝鸡市全年农林牧渔及农林牧渔服务业完成总产值 239.97 亿元，比 2011 年增长 5.7%。其中，农业产值 128.34 亿元；畜牧业产值 93.43 亿元。2012 年宝鸡市农业主要产品产量情况见表 4-4。

表 4-4　2012 年宝鸡市农业主要产品产量情况

指标	计量单位	总量	比 2011 年增长（%）
粮食	万 t	153.59	7.8
油料	万 t	2.20	-2.8
猪出栏	万头	154.58	5.9
牛出栏	万头	19.68	3.1
羊出栏	万只	40.28	0.3
家禽出栏	万只	1024.20	10.7
奶类产量	万 t	62.09	1.3
禽蛋产量	万 t	7.28	-2.9
园林水果	万 t	122.75	3.5
蔬菜产量	万 t	120.10	6.7
水产品产量	万 t	0.71	2.1

资料来源：《2012 年宝鸡市国民经济和社会发展统计公报》

咸阳市 2012 年实现农业产业增加值 283.1 亿元，比 2011 年增长 6.1%。全年粮食种植面积 600.4 万亩，其中夏粮 342.6 万亩，秋粮 257.8 万亩；果园面积达到 411.6 万亩，比 2011 年增长 1.3%；造林面积达到 50.2 万亩。2012 年咸阳市农业主要产品产量情况见表 4-5。

表 4-5　2012 年咸阳市农业主要产品产量情况

指标	计量单位	总量	比 2011 年增长（%）
粮食	万 t	200.20	7.6
猪肉产量	万 t	15.20	5.2
牛肉产量	万 t	1.40	3.7
羊肉产量	万 t	1.00	1.2
家禽产量	万 t	1.60	7.3
奶类产量	万 t	74.60	1.2
禽蛋产量	万 t	10.70	2.8
园林水果	万 t	546.40	2.5
水产品产量	万 t	0.89	0.8

资料来源:《2012 年咸阳市国民经济和社会发展统计公报》

铜川市农业经济平稳增长，设施农业发展迅速，规模化养殖步伐加快，畜禽规模化养殖饲养率达到 70% 以上。2012 年全年实现农林牧渔业增加值 19.47 亿元，比 2011 年增长 6.3%。2012 年铜川市农业主要产品产量见表 4-6。

表 4-6　2012 年铜川市农业主要产品产量情况

指标	计量单位	总量	比 2011 年增长（%）
粮食	万 t	24.41	13.8
肉类产量	万 t	1.61	4.3
奶类产量	万 t	2.80	1.5
禽蛋产量	万 t	1.60	2.0
园林水果	万 t	67.09	6.6
蔬菜产量	万 t	14.40	7.7
奶牛年末存栏数	万头	1.60	3.3
羊年末存栏数	万只	7.00	0.4
猪年末存栏数	万头	7.80	2.3

资料来源:《2012 年铜川市国民经济和社会发展统计公报》

杨凌区作为全国唯一的农业高新产业区，通过加强招商引资，实现产学研结合，推动成果产业化，已初步形成了农牧良种、环保农资、绿色食品和生物工程（制药）四大特色产业。2012 年，杨凌区产值稳步增长，实现农林牧渔业总产值 9.97 亿元，增长达到 7.4%。2012 年杨凌区农业产值情况如图 4-4 所示。

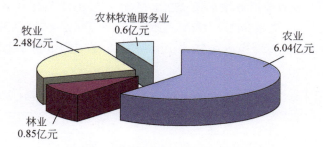

图 4-4　2012 年杨凌区农业产值情况

资料来源：《杨凌国家级农业高新技术产业示范区 2012 年经济运行情况》

4.2.2.2　第二、第三产业

渭河平原"五市一区"把产业突破作为率先发展的着力点，按照"错位发展，优势互补，各彰特色"的思路，依托资源禀赋、产业基础，率先发展装备制造、高新技术、特色农业、现代服务业等优势产业，形成了一批支柱作用明显、产业关联度高的产业集群。2012 年渭河平原实现工业增加值 4641 亿元，比 2011 年增长 14.81%。

西安市以装备制造、高新技术、现代服务业为主线，以西安市为龙头的文化文物、会展、旅游的服务业在关中已形成规模，西安市辐射周边城市、带动全省乃至西部地区经济实现又好又快发展的作用进一步得到体现。2012 年全年实现工业增加值 1340.75 亿元，比2011 年增长 12.4%，其中规模以上工业增加值 1144.29 亿元，增长 13.0%。2012 年西安市工业产值情况见表 4-7。

表 4-7　2012 年西安市工业产值情况

规模以上工业	同比增长率（％）	六大高耗能行业	同比增长率（％）
农副食品加工业	12.8	非金属矿物制品业	20.3
通用设备制造业	16.1	化学原料及化学制品制造业	1.3
专用设备制造业	16.6	有色金属冶炼及压延加工业	23.0
汽车制造业	12.5	黑色金属冶炼及压延加工业	3.6
铁路、船舶、航空航天和其他运输设备制造业	13.4	电力、热力的生产和供应业	8.4
—	—	石油加工、炼焦及核燃料加工业	35.0

资料来源：《西安市 2012 年国民经济和社会发展统计公报》

渭南市按照调优第一产业、做强第二产业、壮大第三产业的产业发展思路，加快特色产业发展。在工业发展中，加大对"中国钼业之都"的支持力度，钼矿资源年创利税占到华县地方财政收入的 78%。2012 年全年全部工业实现增加值 592.20 亿元，比 2011 年增长21.2%，其中规模以上工业企业完成增加值 545.69 亿元，比 2011 年增长 22.9%。2012 年渭南市工业八大支柱产业总产值统计表情况见表 4-8。

表 4-8　2012 年渭南市工业八大支柱产业总产值统计表

产业	总产值（亿元）	同比增长（%）	产业	总产值（亿元）	同比增长（%）
能源工业	515.25	28.7	食品工业	148.02	33.3
化工工业	111.13	37.1	非金属矿物制品业	57.77	18.1
装备制造工业	92.45	37.6	纺织服装工业	11.76	−23.7
有色冶金工业	601.52	14.3	医药制造业	3.54	−6.4

资料来源：《2012 年渭南市国民经济和社会发展统计公报》

　　宝鸡市坚持工业强市战略，着力培育装备制造、金属冶炼、能源化工、食品和新型建材五大产业集群。2012 年全部工业增加值 771.07 亿元，比 2011 年增长 20.0%。其中规模以上工业增加值 690.61 亿元，比 2011 年增长 22.6%。宝鸡市 2012 年全年规模以上工业企业情况如图 4-5 所示，八大支柱产业情况产值情况见表 4-9。

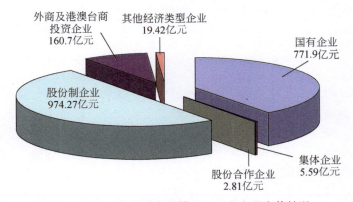

图 4-5　2012 年宝鸡市规模以上工业企业产值情况

表 4-9　宝鸡市八大支柱产业产值情况

产业	工业总产值（亿元）	增长率（%）
有色冶金工业	695.88	32.2
装备制造业	482.27	5.3
食品工业	284.17	19.2
能源化工工业	220.99	32.3
非金属矿物制品业	96.08	23.5
计算机、通信和其他电子设备制造业	68.97	20.4
纺织服装工业	31.44	18.4
医药制造业	16.93	32.6

资料来源：《2012 年宝鸡市国民经济和社会发展统计公报》

　　咸阳市强力推进第二、第三产业的发展。以能源化工、电子信息、装备制造、食品、纺织服装、医药制造和建材"七大工业基地"建设为重点，全面推进产业聚集、产业整合和产业升级，形成大企业领军、组团式发展、产业链延伸的大发展格局，在工业化上实现新突破。2012 年全部工业增加值 786.47 亿元，比 2011 年增长 21.5%。其中，规模以上工业企业完成工业增加值 704.28 亿元，比 2011 年增长 23.5%。2012 年咸阳市七大支柱产业工业总产值如图 4-6 所示。

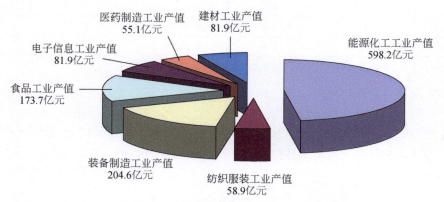

图 4-6　2012 年咸阳市七大支柱产业工业总产值
资料来源：《2012 年咸阳市国民经济和社会发展统计公报》

铜川市坚持走新型工业化道路，以发展铝产业、优质水泥、渭北煤炭、陶瓷产业为重点，着力建设西部最大的现代建材基地。本着"上大关小、治旋关立、治理污染、调整结构"的原则，加大水泥产业整合力度，形成了"集中煅烧、分散研磨"的水泥生产新格局，实现了资源向能源、能源向产能、产能向效益转化的目标。煤炭、铝冶炼和水泥等支柱行业的支撑和带动作用明显增强。工业经济快速增长。2012 年全年实现工业增加值 168.9 亿元，同比增长 20.6%，其中，规模以上工业增加值 157.69 亿元，同比增长 21.6%。规模以上工业增加值如图 4-7 所示，主要工业产品产量见表 4-10。

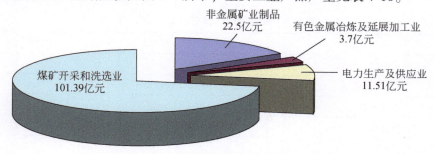

图 4-7　2012 年铜川市四大支柱产业产值
资料来源：《2012 年铜川市国民经济和社会发展统计公报》

杨凌区紧紧围绕发展现代农业，以农业高新技术产业、生物工程为重点，加强生物制药、食品加工、环保农资和良种繁育等产业的发展。培育了杨凌科元、本香集团、西植化工、亨泰、亨通等一批涉农高科技成长型企业。2012 年杨凌区保持较快增长，全区 53 户规模以上工业累计完成产值 71.75 亿元，增长 30.6%。杨凌区 2012 年五大支柱产业产值情况如图 4-8 所示。

表 4-10　2012 年铜川市主要工业产品产量

指标	计量单位	产量	比 2011 年增长（%）
原煤	万 t	3029.74	26.3
软饮料	万 t	15.71	4.8
服装	万件	312.00	47.4
塑料制品	万 t	1.73	122.4
水泥塑料	万 t	1076.43	24.7
水泥	万 t	1948.66	40.1
电解铝	万 t	23.04	-1.4
火力发电量	亿 kW·h	65.00	2.9

资料来源：《2012 年铜川市国民经济和社会发展统计公报》

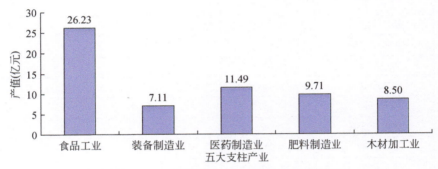

图 4-8　2012 年杨凌区五大支柱产业产值情况
资料来源：《杨凌国家级农业高新技术产业示范区 2012 年经济运行情况》

4.2.2.3　国民生产总值

渭河平原地区城市集中、经济发达、交通便利、旅游资源丰富、教育设施先进，在陕西省国民经济中占有重要地位。其农业以种植业为主，作物以小麦、玉米、杂粮、棉花、豆类和油菜、瓜果为主，是全国重要的粮棉油产区；工业主要集中在西安、宝鸡、杨凌、咸阳、铜川等地，拥有机械、航空、电子、电力、煤炭、化工、建材和有色金属等工业，是我国西北地区门类比较齐全的工业基地（蒋建军和刘建林，2008）。渭河平原作为陕西省经济社会发展的核心地区，近年来随着国家和地区战略规划的进一步实施，经济发展势头良好。2012 年渭河平原五市一区实现生产总值 8963.36 亿元。具体统计情况见表 4-11。

表 4-11　2012 年渭河平原五市一区 GDP 统计

地区	产业	增加值（亿元）	占生产总值的比重（%）	增长率（%）
西安市	第一产业	195.59	4.5	6.0
	第二产业	1893.79	43.3	11.8
	第三产业	2279.99	52.2	12.2
	全年生产总值	4369.37		14.5

地区	产业	增加值（亿元）	占生产总值的比重（%）	增长率（%）
渭南市	第一产业	180.00	14.8	6.0
	第二产业	669.32	55.2	19.6
	第三产业	363.13	30.7	10.4
	全年生产总值	1212.45		14.5
咸阳市	第一产业	283.10	17.5	6.1
	第二产业	919.31	56.9	19.8
	第三产业	413.80	25.6	9.3
	全年生产总值	1616.21		14.5
宝鸡市	第一产业	143.26	10.2	5.7
	第二产业	932.65	66.1	18.7
	第三产业	333.96	23.7	9.5
	全年生产总值	1409.87		15.1
铜川市	第一产业	19.47	6.9	6.3
	第二产业	186.43	65.9	19.4
	第三产业	77.02	27.2	10.2
	全年生产总值	282.92		15.8
杨凌区	第一产业	5.99	8.3	6.9
	第二产业	39.50	54.5	19.9
	第三产业	27.05	37.3	9.7
	全年生产总值	72.54		14.7

资料来源：《西安市 2012 年国民经济和社会发展统计公报》、《2012 年渭南市国民经济和社会发展统计公报》、《2012 年咸阳市国民经济和社会发展统计公报》、《宝鸡市 2012 年国民经济和社会发展统计公报》、《铜川市 2012 年国民经济和社会发展统计公报》、《2012 年杨凌国家级农业高新技术产业示范区国民经济和社会发展统计公报》

4.2.3 发展规划

渭河平原工业集中，农业发达，旅游资源丰富，科技、教育实力雄厚，对全省乃至整个西部地区的经济社会发挥着不可替代的支撑和带动作用。2012 年，渭河平原 GDP 达到 8963.36 亿元，占陕西省的 62.03%。人均 GDP 约 3.8 万元，各项经济指标在全省乃至西北地区均占有区域领先地位。

近年来，渭河平原发展迅速，2009 年国务院批准《关中—天水经济区发展规划》，该区规划范围包括陕西省关中平原地区以及甘肃天水地区；2014 年 1 月 6 日，国务院发布国函〔2014〕2 号文件，正式批复陕西省设立西咸新区，西咸新区成为中国第七个国家级新区。另外，渭河平原从东到西建设形成渭南、西安、咸阳、宝鸡四大国家级高新技术产业开发区和杨凌国家级农业高新技术产业示范区，再加上西安经济技术开发区、西安国际港务区、航空航天两大基地和西安渭北工业园区，渭河平原地区的园区经济在西部已经占据了举足轻重的地位。随着国家和地区战略规划的进一步实施，渭河平原作为陕西省经济社会发展的核心地区，经济发展势头良好。

4.2.3.1 关中—天水经济区建设规划

2009年国务院批准《关中—天水经济区发展规划》，该区地处亚欧大陆桥中心，是《国家西部大开发"十一五"规划》中确定的西部大开发三大重点经济区之一。该区规划范围包括陕西省关中平原地区以及甘肃天水地区，处于承东启西、连接南北的战略要地，是我国西部地区经济基础好、自然条件优越、人文历史深厚、发展潜力较大的地区（图4-9）。区域占地面积7.98万km²，总人口为2842万人（2007年末），将以大西安（含咸阳）为中心城市，宝鸡为副中心城市，天水、渭南、铜川、杨凌、商洛等为次核心城市，依托陇海铁路（欧亚大陆桥）和连霍高速公路，形成中国西部发达的城市群和产业集聚带与关中城市群相呼应。

图4-9 关中—天水经济区位置图

（1）战略目标

综合经济实力实现新跨越。到2020年，实现经济总量占西北地区比重超过1/3，人均地区生产总值翻两番以上，城乡居民收入水平大幅提高，自我发展能力显著增强（表4-12）。

1）创新能力有新提升。科技创新能力和综合科技实力居全国领先地位，科技进步对经济增长的贡献率大幅提升。基本建成以西安为中心的统筹科技资源改革示范基地、新材料基地、新能源基地、先进制造业基地、现代农业高新技术产业基地。

2）基础设施建设有新突破。交通、水利、市政等基础设施得到根本改善，覆盖经济区的综合交通运输网络基本建成，水资源优化配置、管理水平取得明显提高。

3）城镇化水平有新提高。实现西（安）咸（阳）经济一体化，形成国际现代化大都市，城镇群集聚发展，城乡统筹取得突破，城镇化率达到60%。

4）公共服务达到新水平。基本普及高中阶段教育，从业人员平均受教育年限达到12年。建立覆盖城乡居民的基本医疗卫生体系和社会保障体系。

5）生态环境建设取得新进展。森林覆盖率达到47%以上，自然湿地保护率达到60%以上；资源消耗和环境污染显著降低，渭河干流达到Ⅲ类水质，中心城市市区空气中SO_2和NO_2含量达到国家二级标准，城镇污水、生活垃圾、工业固体废物基本实现无害化处理。

表 4-12　社会经济主要发展指标

指标	2007 年	2012 年	2020 年
人口（万人）	2 842	2 940	3 100
地区生产总值（亿元）	3 765	6 600	16 400
人均地区生产总值（元）	13 200	22 500	53 000
R&D 经费占 GDP 比重（%）	2.7	4.5	6
城镇登记失业率（%）	4.6	4.5	4.5
城镇化率（%）	43	50	60
森林覆盖率（%）	40.6	42	47
单位地区生产总值能耗下降（%）（与 2005 年相比）	8.1	21	25
单位工业增加值用水量（m³/万元）	160	120	100
城镇污水处理率（%）	60	80	90
垃圾无害化处理率（%）	50	75	100
工业固体废物综合利用率（%）	42	75	90
城市绿化覆盖率（%）	39.6	42	45
主要河流水质	劣Ⅴ类	Ⅴ类	Ⅲ类

注：R&D 为 research and development，研究与发展

（2）空间战略

构筑"一核、一轴、三辐射"的空间发展框架体系。"一核"即西安（咸阳）大都市，是经济区的核心，对西部和北方内陆地区具有引领和辐射带动作用。"一轴"即宝鸡、铜川、渭南、商洛、杨凌、天水等次核心城市作为节点，依托陇海铁路和连霍高速公路，形成西部发达的城市群和产业集聚带。"三辐射"即核心城市和次核心城市依托向外放射的交通干线，加强与辐射区域的经济合作，促进生产要素合理流动和优化配置，带动经济区南北两翼发展。以包茂高速公路、西包铁路为轴线，向北辐射带动陕北延安、榆林等地

区发展；以福银高速公路，宝鸡至平凉、天水至平凉等高速公路和西安至银川铁路为轴线，向西北辐射带动陇东平凉、庆阳等地区发展；以沪陕、西康、西汉等高速公路和宝成、西康、宁西铁路为依托，向南辐射带动陕南汉中、安康和甘肃陇南等地区发展。加快推进西（安）咸（阳）一体化建设，着力打造西安国际化大都市。2020 年，都市区人口发展到 1000 万人以上，主城区面积控制在 800km² 以内。支持宝鸡等条件较好的城市率先发展，将宝鸡建成百万人口以上的特大城市、经济区副中心城市。

4.2.3.2 关中城市群发展规划

(1) 关中城市群概况

关中城市群以西安为中心，包括西安、咸阳、渭南、宝鸡、铜川 5 个地级市以及杨凌区、47 个县（市、区）和 400 多个建制镇。新中国成立以来，关中地区一直是全国生产力布局的重点区域，其作为陕西省乃至西北地区的重要生产科研基地在全国区域经济战略格局中占有重要地位。“一五”和“二五”期间，全国 156 个重点建设项目关中占有 24 个，并配套安排了一批工业、教育、科技等项目。1965～1975 年的 10 年间，国家的“三线建设”项目共有 400 个在陕西省，形成了高等院校、国有企业、科研院所等相对密集且辐射西北经济发展的产业密集区，在全国区域经济发展中占有重要地位。关中城市群覆盖总面积达 5.5 万 km²，占陕西省面积的 27%。在 2008 年中国城市群竞争力排名中，关中城市群在 30 个城市群中的综合竞争力指数为 -0.759，排第 12 位；先天竞争力指数为 -0.337，排名第 21 位；现实竞争力指数为 -0.572，排第 14 位；成长竞争力指数为 0.150，排名第 10 位（李伟和刘光岭，2009）。

城市群中各城市主要沿着围绕西安交通干线进行布局，形成“米”字格局，即以“宜君—铜川—三原—西安”沿线的北部城市带；以“长安区—西安”沿线的南部城市带；以“陇县—千阳—宝鸡—岐山—眉县—杨凌区—武功—兴平—咸阳—西安”沿线的西部城市带；以“潼关—华阴—华县—渭南—临潼—西安”沿线的东部城市带；以“长武—彬县—永寿—乾县—礼泉—咸阳—西安”沿线的西北城市带；以“蓝田—西安”沿线的东南城市带；以“韩城—合阳—澄城—蒲城—富平—高陵—西安”沿线的东北城市带；以“户县—西安”沿线的西南城市带。由于关中地区是东西宽、南北窄的带状区域，城市群内，西安是唯一的超大城市，也是核心城市。

(2) 发展情况

1）工业情况。关中地区的工业以前因受历史条件等多种因素的影响较落后。近年来，随着改革开放的进一步深化以及高新技术产业开发区的建设，国有大中型企业尤其是军工企业通过改制，逐渐走向重新发展的新时期；此外在高新技术人才及海外、东中部资金和人才的催化下，兴起了一批新产业，但总的来说仍处于二次创业的起始阶段。目前，关中地区正集中力量建设高新技术产业开发带，西安、宝鸡、杨凌、咸阳、渭南五个开发区已经初步形成了新材料、电子信息、机电一体化、生物工程、新能源和高效节能的高新产业。积极发展纺织、医药、食品、建材、冶金、化工、能源等工业，金融、旅游、商贸、科技、服务业等也迅速发展，成为关中城市经济发展的主要增长点（卓悦，2010）。自

2010 年 9 月渭南高新产业技术开发区升级为国家级后，2012 年 8 月，咸阳高新技术开发区也升级为国家级，至此，关中地区拥有 5 个国家级高新技术开发区，开发区东西相连成为关中地区的高新技术产业开发带。相信在不远的将来，关中工业定会获得大发展的新春。

2）农业情况。关中地区自古以来是农业大区，农业生产有着非常有利的条件。关中地区的农副产品丰富，如小麦、谷子、水稻、油菜、玉米、棉花等。小麦作为陕西省的主要粮食作物，常年种植面积约 160 万 hm^2，占全省农作物种植面积的 39.4%，产量约占粮食总产量的 33%。关中地区是陕西省小麦的主要种植区，小麦种植面积约占全省的 80%，产量约占全省小麦总产量的 85%。近年来，随着农业科技的发展，优质小麦品种不断出现，产量在不断增长。此外，果业发展也较为迅速，苹果、梨、猕猴桃等成为关中农业经济的新增长点，也有力地支撑着地区经济的发展（卓悦，2010）。

4.2.3.3 西安国际大都市建设规划

（1）基本情况

2009 年 6 月，国务院批准实施《关中—天水经济区发展规划》，建设西安国际化大都市是实施《关中—天水经济区发展规划》的关键环节，按照建设国际化大都市的要求，在更大区域和更高视野下，确立西安都市区战略目标，重构大都市空间形态，建设大都市支撑体系；进一步推进西（安）咸（阳）一体化进程，构筑西安国际化大都市城市发展战略框架，促进大都市经济、社会、环境协调发展。

建设范围包括西安市除周至外的行政辖区，咸阳市的秦都、渭城、泾阳、三原"两区两县"，总面积 9036km^2；主城区范围北至泾阳、高陵北交界，南至潏河，西至涝河入渭口及秦都、兴平交界，东至灞桥区东界，总面积 1280km^2。

（2）发展战略与目标

发展战略：推进西（安）咸（阳）一体化进程，加快国际化大都市建设；建设渭河城市核心区，塑造国际化大都市形象；提升都市区的国际通达性，建设现代国际交通中心；传承历史文化，彰显华夏文明，打造世界东方历史人文之都；加强旅游资源整合，建设国际一流旅游目的地；依托秦岭绿色生态资源，恢复"八水绕长安"河湖系统，建设生态宜居城市（董悦，2012）。

发展目标：传承城市历史文化底蕴，延续城市发展空间脉络，依托交通区位、科研教育等资源禀赋及以渭河、秦岭、"八水绕长安"为特色的生态格局，彰显十三朝古都的历史人文特色和现代大都市的城市景观风貌，科学构建国际化大都市空间结构。以主城区和卫星城为都市区城镇体系基本格局；加快主城区北跨、东拓、西接、南融的步伐；以西安钟楼南北线为中轴，以渭河水脉贯穿东西，以秦岭和渭北为两大生态风光带，构建"一轴、一河、两带"的大都市空间结构。以悠久璀璨的华夏文明为灵魂，以山川秀美的大秦岭为屏障，以"八水绕长安"的生态景致为胜景，以便捷高效的交通体系为支撑，把西安国际化大都市建设成为一座历史底蕴与现代气息交相辉映的东方人文之都，一座人文资源与生态资源相互依托的魅力和谐之都（涂冬梅，2012）。

(3) 重点建设项目

通过重点工程建设，提升西安国际化大都市的整体地位和形象。"八水绕长安"的河、湖、渠、池、水系统恢复工程；渭河百里生态长廊工程（涝河至泾河）；大都市南北核心轴带提升工程；四大文化旅游风光带建设工程；国际航空枢纽港建设；分期建设西咸绕城高速公路。

4.2.3.4 西咸国家级新区建设规划

2014 年 1 月 6 日，国务院发布国函〔2014〕2 号文件，正式批复陕西省设立西咸新区。至此，西咸新区正式成为国家级新区，是中国第七个国家级新区。西咸新区是经国务院批准设立的首个以创新城市发展方式为主题的国家级新区。位于陕西省西安市和咸阳市建成区之间，区域范围涉及西安、咸阳两市所辖 7 县（区）23 个乡镇和街道办事处，规划控制面积 882km²。西咸新区是关中—天水经济区的核心区域，区位优势明显、经济基础良好、教育科技人才汇集、历史文化底蕴深厚、自然生态环境较好，具备加快发展的条件和实力。

(1) 总体规划

新区沿承西安国际化大都市的空间结构，在新区形成"一河两带四轴五组团"的空间结构。一河：渭河。两带：五陵塬遗址、周秦汉都城遗址。四轴：沿正阳大道拓展城市功能，对接西安钟楼南北线，构建大都市南北主轴带；以沣泾大道为轴带，对接大都市开发区经济发展带；以红光大道为轴带对接大都市东西主轴带，完善大都市发展格局；以秦汉大道为轴带，连接秦咸阳宫与汉长安城遗址，构建大都市秦汉文化主轴带。五组团：空港新城、沣东新城、秦汉新城、沣西新城和泾河新城。

(2) 规划定位

西安国际化大都市的主城功能新区和生态田园新城；引领内陆型经济开发开放战略高地建设的国家级新区；彰显历史文明、推动国际文化交流的历史文化基地；统筹科技资源的新兴产业集聚区；城乡统筹发展的一体化建设示范区。

(3) 发展规模

人口规模：2015 年城市人口 150 万人；2020 年城市人口 236 万人。

用地规模：2015 年城市建设用地 160km²；2020 年城市建设用地 272km²。

(4) 道路交通

按快速路、主干路、次干路和支路四个等级规划建设。由快速路和主干路主通道共同形成"五横五纵"骨架路网。"五横"：红光大道、西咸快速干道、兰池大道、沣泾大道北段、高泾大道。"五纵"：沣渭大道、迎宾大道、沣泾大道南段、秦汉大道、正阳大道。

(5) 文化遗产保护

以周秦汉历史遗迹和渭北帝陵历史遗存带为依托，按照有效保护、合理利用、环境融合的原则，梳理贯通城市文化脉络，发展历史文化潜在的价值，打造西咸新区内集中彰显"周秦汉"文化具有世界影响力的大遗址集中区。

4.2.3.5 西安渭北工业区建设规划

规划建设西安渭北工业区是西安市委、市政府按照陕西省委、省政府全面建设西部强省目标要求，着眼国家新一轮西部大开发、关中—天水经济区建设深入推进，立足建设国际化大都市全局作出的重大战略部署，也是落实产业富民强市理念，着力突破工业短板的重要举措。渭北工业区位于西安渭河以北区域，于 2012 年 8 月启动建设，规划范围 851km²，规划用地 298km²，分设高陵装备工业组团、阎良航空工业组团、临潼现代工业组团，以打造西安现代工业聚集区、转型升级示范区、绿色生态新城、新的经济增长极为定位，重点发展汽车、航空、能源装备、新材料、通用专用设备制造等工业产业。渭北工业区在关中—天水经济区的位置如图 4-10 所示。

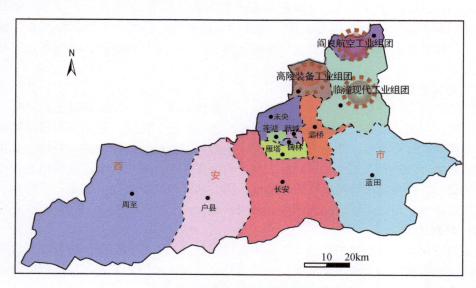

图 4-10　渭北工业区空间结构图

（1）规划目标

到 2015 年，主干基础设施基本建成，产业布局趋于合理，聚集效应初步显现，工业总产值年均增长 25% 以上，达到 1857 亿元，约占全市的 25%。到 2020 年，基础设施更加完善，产业链条全面形成，聚集效应显著增强，工业总产值年均增长 30% 以上，达到 7000 亿元，约占全市的 40%，成为全国、全省知名的先进制造业基地、重要的工业承载区和西安新的经济增长极。

（2）区域规划

渭北工业区地理位置优越，地处"八百里秦川"腹地，地形以平原为主，地势平坦，非常适合发展工业。生态环境优美，区内森林覆盖率约 18%，植被保护良好，泾河、渭河环绕滋润，河两岸有近 28km² 的林地。交通条件良好，区内公路、铁路纵横交错，京昆高速、西禹高速、西铜高速穿境而过，211 国道横穿东西，大关中环线及快速干道将渭北工业区与西安主城区融为一体。西距西安咸阳国际机场约 30min 车程，南距陇海、西延等铁路交会的西北最大的新丰铁路编组站仅数十公里，货物运输十分便捷。渭北工业区坚持生态与工业和谐发展的理念。在规划中"廊、田、水、园"的合理布局，以渭河流域湿地和栎阳遗址为基础，以渭河生态廊道、西咸北环线与 750kV 电力线之间的生态廊道、西禹高速生态廊道三个生态廊道建设为重点，将块状建设用地进行整合，重构了区域生态安全格局，不仅有效保护了该地区的生态安全，更为市民提供了良好的生态休憩空间。同时，每个组团通过生态廊道隔离成若干专业化工业园，达到合理配比各类建设用地，保护绿色生态基础的效应，最终构建环境宜人、配套完善的以工业为主导的生态工业区。

（3）工业组团规划

高陵装备工业组团位于西安市渭河以北、西铜高速路以东、西咸北环线以南、西禹高速路以西，规划面积 88km²，距西安咸阳国际机场仅 17km，距西安行政中心仅 7km，是各组团中距离西安行政中心最近的组团。重点发展汽车制造、新材料、装备制造、节能环保等产业，着力打造关中—天水经济区先进制造业核心承载区和国内一流、具有国际影响力的国家级装备制造业基地。到 2015 年，力争工业总产值达到 1350 亿元，年均增长 25%以上，工业增加值达到 337 亿元；到 2020 年，工业总产值达到 5000 亿元，年均增长约30%，工业增加值达到 1250 亿元。高陵装备工业组团将以推进产业优化升级为核心，坚持高定位、高起点、高标准建设，深度整合区域资源，不断扩大产业规模，提升总量，完善配套，努力打造支撑国际化大都市现代产业体系的工业新城。

阎良航空工业组团位于西安市东北部，北至西安大环线，南至西咸北环线，西至西禹高速，规划面积 109km²。西铜、西韩、西延铁路在组团内交汇，拥有火车专用线、火车站及航空专用机场，西禹高速、108 国道、107 省道、110 省道连通华北、西南，三条省级公路、关中大环线穿境而过。组团重点发展以大中型飞机制造与产品配套、通用航空、航空服务等产业，着力打造"国际一流、中国第一"的航空工业新城。到 2015 年，力争工业总产值达到 400 亿元，年均增长 25%，工业增加值达到 100 亿元；到 2020 年，工业总产值达到 1500 亿元，年均增长 30%，工业增加值达到 450 亿元。阎良航空工业组团将以打造"世界一流、亚洲第一航空产业特区"为目标，将组团加快建成规模影响突出、国际竞争力强、军民融合发展的航空高技术产业集群，实现对西安工业经济的引领和带动作用。

临潼现代工业组团位于西安市临潼区渭河以北，东临新阎公路，南依渭水，西靠西禹高速公路，规划面积 101km²。规划建设中的三座特大桥与临潼主城区、西安曲江临潼国家旅游休闲度假区相连，距亚洲最大的新丰铁路编组站 5km，距西安行政中心 18km，距机场 40km。组团重点发展现代装备制造、机电设备制造、新能源、新型科技建材等产业，着力打造国家级现代工业基地。到 2015 年，力争工业总产值达到 100 亿元，年均增长25%，工业增加值达到 25 亿元；到 2020 年，工业总产值达到 500 亿元，年均增长 38%，工业增加值达到 175 亿元。临潼现代工业组团将着眼于产业高端化、环境森林化、城市智慧化，做精规划、做大产业、做优环境，努力实现产业和城市融合发展，打造"产城融合"的国家级森林智慧工业示范区。

4.3　历史典型旱涝事件

4.3.1　历史旱涝事件总体分析

4.3.1.1　旱灾总体分析

干旱通常指降水量较少，不足以满足人的生存和经济发展的气候现象。干旱造成农业歉收，严重影响农业生产；造成水资源匮乏，导致工业生产和生活用水不足，严重影响工业生产和居民生活，严重制约社会经济发展，恶化人类生存条件。干旱有时甚至会引起火灾多发，降低土地墒情，致使土地沙化、盐碱化。渭河平原地处温带半干旱、半湿润气候区，多年平均降水量 500 ~ 800mm。冬春降水较少，夏季高温少雨，降水量分布不均，蒸发量大，因此往往造成干旱灾害。历史上，旱灾发生的频次、范围、危害程度均超过了其他气象灾害，因此干旱是渭河平原主要的气象灾害。

从季节分布看，夏旱最多，其次是春旱，秋冬旱较少。夏旱中，伏旱危害最大，常使秋季作物严重减产，甚至失收，因此伏旱也被称为"卡脖子旱"。根据相关历史资料统计可知，公元前 841 年 ~ 公元 2012 年渭河平原共发生严重干旱灾害 1068 次，其中超级严重干旱 106 次，特别严重干旱 344 次。严重的旱灾对区域农业、经济社会的发展造成重大损失，如 2009 年持续干旱造成渭南各类农作物受旱面积达 525 万亩，其中重旱 20 多万亩，造成经济损失 5.58 亿元。

4.3.1.2　洪涝总体分析

渭河是黄河最大的支流，发源于甘肃省，横贯陕西关中平原，至潼关注入黄河。夏季，受西太平洋副热带高压的引导，使孟加拉湾和西太平洋上空的水汽源源不断地输送到本流域上空，在锋区往往形成大暴雨；受青藏高原东路的西北低涡和西南低涡的不断袭击，中小系统辐合，以及地形对气流的抬升作用，往往形成局部暴雨。随着副热带高压北移，一般六月下旬至八月上旬为暴雨多发期，九月脊线北回，形成连阴雨及暴雨（雷蕾和雷文青，2008）。

较长时间的连阴雨、连续暴雨或大范围暴雨，往往造成洪水灾害；加之下游泥沙淤积严重，目前淤积的重心不断向上游延伸，范围也不断向上游扩展，使渭河几乎每年汛期都有不同程度的洪灾出现；而渭河平原处在渭河流域中下游，又是我国地形阶梯的第三级，河道比降小，上游来水和下泄能力矛盾突出，因此是我国洪水的重灾区，也是陕西省防洪的重点区域，其洪涝灾害特点是历时短、强度大、局地性强，易造成局部严重或毁灭性的损失。

618 ~ 1949 年的 1332 年间共发生较严重洪涝灾害 256 次。新中国成立之后，渭河平原洪涝灾害依然很严重。1950 ~ 2012 年的 63 年中，渭河流域共发生灾害性洪水 60 余次，累计农作物受灾面积约 968 万 hm^2，成灾面积约 437 万 hm^2；累计受灾人口约 7067 万人，伤亡人口约5300人，累计直接经济损失约171亿元。典型洪灾中，"33·8"洪灾华县站洪水流量达到8340m³/s，造成10 694.40万亩面积淹没，5000间房屋倒塌，死亡人口达到490人；"03·8"洪水华县站洪水流量仅有3570m³/s，却造成渭河平原187 220间房屋倒塌，是典型的"小水大灾"，这主要是因为渭河下游河道淤积严重，河床抬高，造成渭河洪水泄流不畅。渭河平原主要年份洪灾损失统计见表4-13。

表4-13 渭河平原主要洪灾损失统计

年份	华县站洪水流量（m³/s）	淹没面积全部（万亩）	倒房（间）	死亡（人）	备注
1933	8 340	10 694.40	5 000	490	按占黄河流域的损失比例计算
1954	7 660	4 710.00	7 436	96	
1961	2 700	60.60	48		
1962	3 540	35.44	9	3	
1963	4 570	39.52	402		
1964	5 130	52.88	2 002	14	
1965	3 200	19.81	11 496	49	
1966	5 180	43.00	2 440		
1968	5 000	17.40	15 561		
1973	5 010	25.01	22		
1974	3 150	1.79	134	1	
1975	4 010	27.36	1 305		
1976	4 900	5.22			
1977	4 470	33.01	787	41	
1980	3 770	22.14			
1981	5 380	56.98	6 354		
1982	1 620	11.00	1 338		支流洪水成灾
1983	4 160	30.29			
1986	2 980	1.30			
1988	3 980	8.29			
1989	2 630	1.89	500		
1990	3 250	6.60			
1991	1 680	0.40			
1992	3 950	48.31	8 305		
1994	2 000	11.58			
1996	3 500	35.60	4 025		
1997	1 090	0.10			

年份	华县站洪水流量（m³/s）	淹没面积全部（万亩）	倒房（间）	死亡（人）	备注
1998	1 620	3.00	340		支流洪水成灾
2000	1 890	28.50			
2003	3 570	137.80	187 220		
2005	4 820	48.50			
合计		16 217.72	254 724	694	

4.3.2　典型旱涝事件分析

4.3.2.1　典型干旱事件分析

(1) 1928～1930 年大旱

1928～1930 年西北地区遭受了历史上罕见的大旱灾。这次旱灾持续时间之长，受灾范围之广，灾情之严重，百年难见，是近代中国的十大灾荒之一，而它对渭河平原地区也产生了深远的影响，给当地民众带来了巨大的伤害。

1）灾害发生的原因。自然因素：森林植被不断遭到破坏，导致黄土高原水土流失日益严重；长期的封建制度束缚生产力的发展，不合理的耕作方式导致生态环境的恶化。到近代渭河平原地区已成为了著名的贫瘠之区。1928 年 3～8 月，渭河平原地区没有下过一场雨，持续的高温导致土地龟裂，夏收只有 3 成。

政治因素：军阀混战，官员腐败。1928 年 9 月民国政府拨给北方各省受灾区的赈款仅为 14.5 万元，甚至不及每月军费的 1/10。陕西省领到 4.5 万元，500 万灾民人均 0.009元。1930 年，陕西省所得赈款数目为 8.68 万元，而同年陕西省的受灾人口为 558.45 万人，平均每人所得仅为 0.016 元。这对于灾民来说，无异于杯水车薪。

经济因素：罂粟的大面积种植，导致农作物耕种面积减少，粮食减产，遭遇水旱天灾时，难以保障灾民的基本生活。土地集中于地主之手，租税负担的加重使得普通农民日趋穷困，无以为生。成百上千的农业人口丧失谋生手段，陷入半饥饿的状态，无法为防灾再积攒粮食，加之交通不便，致使社会各界募捐的粮款不能及时运到灾区，加重了灾情。

2）灾害造成的影响。这次百年难遇的大旱灾，造成了深远的影响，主要表现在以下方面。

经济损失：1928 年的大旱来得很早，延续时间又特别长。据 1928 年《大公报》，"夏收只有往年的 3 成"，"野草枯萎，赤地千里"，农业生产几乎完全停止。

社会影响：人口大量流离与死亡，土地荒芜。仅受灾 1 年，陕西省就有 40 余万人饿死，岐山一县死亡 4 万余人，凤翔等地因无力掩埋尸体而出现了"万人坑"。1930 年，灾民行乞者有 20 余万人。据陕西省官方调查，1928～1930 年渭河平原地区，仅西安市人口增加 1277 人，其余大部分流亡他乡。

生活环境进一步恶化：灾民难以寻找可以充当粮食的东西，杨树、柳树、椿树、槐树和榆树，都只剩下了枯枝。耕地面积的减少，造成了赤野千里的惨相。为了维持生计，灾民靠变卖自己的农具换取粮食，宰杀自家的牲畜，即使是作为生产工具的耕牛也不能幸免，同时还采用预卖或抵押农作物的办法进行借贷（赵楠和侯秀秀，2012）。

（2）1959～1962 年干旱

1959 年 6～8 月，一直未下透雨，西安、渭南、咸阳和安康 4 个地（市）旱象最为严重，全省受旱面积达 2183.7 万亩。

1960 年 3～4 月，全省春旱，150 余天未下透雨，全省受旱面积达到 2904.8 万亩。

1961 年，关中渭北大部分地区春旱严重，影响春播。6 月以后，关中地区发生百日大旱，夏秋减产，饥荒严重。

1962 年 1～6 月，关中地区普遍干旱，降水量 50～100mm，比历年同期偏少 6～8 成。全省受灾面积达 2618.5 万亩，成灾面积 2064 万亩，粮食减产 161.94 万 t，饥荒加剧，不少地方出现水肿病患者和非正常死亡现象。

到 1966 年入春以后，关中秋、冬、春、夏连旱达 300d。1965 年全省受旱面积 1654.4 万亩，成灾率达 18.5%；1966 年受旱面积达 1868.0 万亩，成灾率为 20.8%。全省急需救济的灾民 297 万人，中央和陕西省除发放救灾款 1769 万元外，还动员军队和 13 个省（区）的汽车 3 万辆次运送救济粮 1.5 亿 kg，支援陕北老区人民（刘枢机等，1999）。

（3）1985～1986 年干旱

1985 年 11 月至 1986 年 2 月下旬，130 多天少雨雪。关中降水偏少 8～9 成。全省受旱夏田 2115 万亩，成灾 349.5 万亩。入夏后干旱持续发展，降水量与历年同期相比，偏少 4 成以上，其中 35 个县（市）偏少 8 成或基本无雨。全省秋田受旱面积达 2100 万亩，成灾面积 1000.5 万亩，其中绝收 120 万亩。1986 年全省受旱面积共达 2225.5 万亩，成灾面积 1459.9 万亩，其中绝收 120 万亩。全省粮食因旱减产 86.71 万 t，直接经济损失 9.46 亿元。

渭南地区：462 万亩秋粮作物中有 422 万亩受旱，严重受旱面积达到 334 万亩，渭北更旱，韩城市 700 多个池塘一半无水，1800 多眼水窖 80% 干涸，合阳、大荔、蒲城等县旱塬 45 万人、6 万头牲畜饮水困难。

咸阳地区：南部 8 个县受旱面积达 302 万亩，严重受旱 120 万亩，超过秋季作物总面积的 1/3，渭北旱塬 6 县（区），因水源干涸，40 万人、7 万头大牲畜饮水困难。

宝鸡地区：264 万亩秋粮和经济作物受旱 170 万亩，720 万亩严重受旱，东部各县（区）受旱严重，岐山、扶风等地玉米、豆类大量枯萎、绝产。

西安地区：受旱面积 120 万亩，占秋田面积 40%，严重受旱 30 余万亩（刘枢机等，1999）。

（4）1994～1995 年连旱

1994 年 4 月下旬～5 月底，关中持续干旱 40 多天；7～8 月以后，全省除陕北等局部地区外，60多天干旱少雨，降水偏少 5~8 成，夏粮较 1993 年减产 17.6%，秋田受旱 2600 万亩，占总播种面积的 65%，严重干旱 1800 万亩，绝收 520 万亩。

1994 年 11 月~1995 年 8 月，全省冬、春、夏三季连旱。关中 23 个县（市）降水较历年同期偏少 5~7 成，西安市降水总量仅 313mm。全省 583 条流域面积百平方公里以上的河流有 400 条干涸，黄河、渭河、泾河、北洛河、汉江、丹江等近乎断流，月河断流达 40d。全省大部分地区 10~50cm 土层土壤相对湿度仅 50% 左右，4 月中旬夏田受旱面积 2000 万亩，其中重旱 800 万亩，枯死 100 万亩，至 6 月底，秋田受旱面积 3019 万亩，其中重旱 2000 万亩，干枯 410 万亩，1300 万亩未出苗。全省有 743 万人和 223 万头家畜饮水困难。6~8 月，西安市日供水仅 50 万 t，持续缺水 80 余天，市内出现 27 个断水点约 50 万人断水，51 个大中型工厂企业停水限水，造成工业经济损失 20.66 亿元。陕北白于山区，一汽油桶水价高达 48 元，商洛一担水也卖到 5~7 元。牲畜存栏减少 60 余万头，畜牧业损失 4000 万元，全省旱灾经济损失 66.75 亿元（刘枢机等，1999）。

（5）2009 年夏伏旱

2008 年入冬以来，陕西省大部分地区降水偏少 5 成以上，平均气温普遍偏高 1~2℃，2008 年 11 月~2009 年 2 月，陕北、关中区域平均降水量为 1961 年以来历史同期第 3 少雨年份。全省九市作物受旱面积已达 1149 万亩，受旱面积占粮油作物面积的 57.6%，占耕地面积的 33.8%，有 6.2 万农村人口和 2.6 万头大牲畜出现临时饮水困难，旱地粮油作物生长较差，一些地方出现黄苗、枯萎现象，其中多数受旱作物集中在关中一带。据统计，渭南各类农作物受旱面积达 525 万亩，其中重旱 20 多万亩，造成经济损失 5.58 亿元；渭南市临渭区等地出现小麦"掉根"现象，持续的旱情严重威胁"关中粮仓"的夏粮生产；宝鸡市有 145 万亩农作物受旱，其中 40 万亩农作物旱情严重；咸阳市农田受旱面积达 203 万亩，小麦、油菜未灌田地受到严重干旱的威胁（《陕西水利年鉴》编纂委员会，2010，2011）。

4.3.2.2 典型洪涝事件分析

（1）"33·8"洪水

1）雨情。1933 年 8 月关中地区有两次强降雨过程。第一次发生在 8 月 6 日~7 日凌晨，雨区基本遍及整个黄河中游地区，7 日白天至 8 日雨势减弱，雨区呈斑状分布；第二次在 8 月 9 日，主要雨区在渭河上游和泾河上游一带，10 日暴雨基本结束。

2）水情。1933 年 8 月洪水有两个过程：第一个过程为泾河张家山 8 日 14 时出现 9200m³/s 洪峰；渭河咸阳站 8 日 17 时出现 4780m³/s 洪峰；黄河干流龙门站 8 日 14 时出现 12 900m³/s 洪峰，9 日 5 时出现 13 300m³/s 洪峰，并与支流洪水遭遇，在陕县站形成了洪峰 22 000m³/s 的特大洪水。第二个过程为泾河张家山站 10 日 17 时洪峰流量 7700m³/s，渭河咸阳站 11 日 19 时洪峰流量 6260m³/s，黄河龙门站 10 日 6 时洪峰流量 7700m³/s。1933 年 8 月干支流控制站洪水峰量情况见表 4-14。

表 4-14 1933 年 8 月干支流控制站洪水峰量情况

河名	站名	水位 (m)	基面	洪峰流量 (m³/s)	5 日洪量 (亿 m³)	12 日洪量 (亿 m³)
泾河	张家山	451.98	大沽	9 200	14.06	15.70
渭河	咸阳	385.40	大沽	6 260	7.85	13.29
北洛河	状头	113.73	假定	2 810	2.84	3.64
汾河	河津			1 700	2.91	4.53
黄河	龙门			13 300	23.60	51.43
	陕县	299.14	大沽	22 000	51.80	90.78

3）灾情。1933 年 8 月洪水峰高量大，对陕西省来说以洪灾为主，主要是泾、洛、渭河的中下游及黄河小北干流地区的洪涝灾害。据资料统计，该年的主要暴雨洪水受灾区为关中和陕北。陕西省黄河流域受灾面积达 12.8 万 km²，成灾面积达 8.5 万 km²，其中关中地区占 55.7%，受灾人口达 20.1 万人，关中占 68.7%，倒塌房屋近万间，死亡 980 人，关中约占半数，牲畜死亡无数（冯普林等，2010）。

（2）"54·8" 洪水

1）雨情。1954 年 8 月洪水是渭河中游咸阳站建站以来实测最大洪水，形成该场洪水的暴雨雨型属于与渭河平行的纬向型。在空间分布上"54·8"洪水有三个暴雨中心：一是渭河上游散渡河、葫芦河及千河上游；二是渭河、漆水河（麟游）；三是清裕河、漆水河（铜川），雨区基本上位于渭河上、中游干流及其以北区域。

2）水情。1954 年 8 月洪水在林家村站出现洪峰流量为 5030 m³/s，是近百年来发生的第二大洪水，仅次于 1933 年和 1898 年，相当于 25 年一遇洪水；咸阳站 18 日 10 时洪峰流量为 7220m³/s，最高水位 385.79m，仅次于 1989 年，相当于 30 年一遇洪水；华县站 19 日 1 时洪峰流量为 7660m³/s，最高水位 338.81m，仅次于 1898 年和 1933 年，相当于 12 年一遇洪水。这次洪水过程中，最大 7 日洪量林家村（太寅二）站为 4.914 亿 m³，咸阳站为 7.513 亿 m³，华县站为 12.990 亿 m³，咸阳—华县传播历时 15h。

渭河"54·8"型洪水造成沿线 15 个县（市）3.14 万 km² 的范围受灾，农田受灾面积 76.5 万亩，成灾 62.7 万亩，倒塌房屋 7436 间，受灾人口 18.7 万人，死亡 96 人，死亡牲畜 1063 头，粮食减产 2468 万 kg，冲失粮食 35 万 kg，直接经济损失 3211 万元（当年价）。渭河"54·8"洪水洪峰要素见表 4-15（冯普林等，2010）。

（3）"03·8" 洪水

2003 年 8 月 24 日～10 月 13 日，渭河流域出现了近 40 年来没有的大范围、长历时、高强度降雨过程。8 月 26 日～10 月 12 日，渭河发生了 1981 年以来没有的长历时、高水位、大洪量洪水；洪水量级虽然只是中常洪水，但洪水特性及灾害程度却属多年罕见。

表 4-15　渭河 "54·8" 洪水洪峰要素

站名	时间 （月–日 T 时：分）	水位 （m）	洪峰流量 （m³/s）	最大含沙量 （kg/m³）	传播历时 （h）	最大 7 日 洪量（亿 m³）	输沙量 （亿 t）
林家村 （太寅二）	08-17T17：00	609.39	5030	509		4.914	1.206
魏家堡（三）	08-17T22：00	487.72	5780	314	5	5.891	1.139
咸阳	08-18T10：00	385.79	7220	280	12	7.513	1.363
华县	08-19T01：00	338.81	7660	290	15	12.990	2.116

1）洪水过程。"03·8" 洪水在近 50d 内共形成了六次洪水过程。

一号洪峰主要来自泾河。2003 年 8 月 26 日，受甘肃庆阳地区强降雨影响，泾河上游景村站 14 时发生洪峰 5220m³/s 洪水，当日 22：42 泾河张家山站洪峰流量 4010m³/s；洪水进入渭河后，27 日 12：30 临潼站形成 3200m³/s 洪峰，水位 357.80m，最大含沙量 588kg/m³；29 日 16：48 华县站洪峰流量 1500m³/s，水位 341.32m；31 日 10 时洪水与黄河来水形成 3150m³/s 洪峰出潼关。

二号洪峰主要来自渭河中上游。8 月 27～30 日，受陇东、关中西部大到暴雨影响，渭河林家村水文站 8 月 29 日 17 时洪峰流量 1360m³/s，沿程各支流洪水汇入叠加后，30 日 2 时魏家堡站洪峰流量 3180m³/s，21 时咸阳站洪峰流量 5340m³/s（超过 5000m³/s 保证流量）；31 日 10 时临潼站洪峰流量 5100m³/s，水位 358.34m，超出 1981 年 7610m³/s 洪水位 0.31m；9 月 1 日 11 时华县站洪峰流量 3570m³/s，水位高达 342.76m，超出建站以来实测最高洪水位 0.51m（1996 年洪峰流量 3450m³/s，水位 342.25m）。9 月 1 日，受关中地区强降雨影响，2 日渭河又一次发生了较大洪水，2 日 0 时临潼站洪峰流量 2910m³/s，水位 357.57m，虽然在华县站没有形成明显洪峰，但与二号洪峰首尾相接，叠加成很胖的单峰。

三号洪峰主要来自渭河中游。9 月 5～6 日，受秦岭北麓强降雨影响，加之支流水库泄洪，6 日 21：36 咸阳站出现 3700m³/s 洪峰；7 日 12：30 临潼站洪峰流量 3820m³/s，水位 357.95m；8 日 15：48 华县站洪峰流量 2290m³/s，水位 341.73m。

四号洪峰主要来自渭河中游及下游各支流。由于关中地区普降中到大雨，9 月 20 日 0 时渭河魏家堡站出现 1370m³/s 的洪峰流量，沿程支流汇入后，20 日 6：54 咸阳站出现 3710m³/s 洪峰流量，南岸沣河、潏河、灞河以 2003 年最大的洪水汇入后，于 20 日 17：30 临潼站出现 4320m³/s 洪峰流量，21 日 21 时华县站出现 3400 m³/s 洪峰流量，22 日 17 时潼关站出现 3540 m³/s 洪峰。

五号洪峰主要来自渭河及其支流。9 月 28 日～10 月 4 日秦岭北麓及关中地区又一次普降中到大雨，致使渭河上中游干支流普遍涨水。10 月 2 日 05：12 泾河张家山洪峰流量 561m³/s，2 日 14：42 咸阳站洪峰流量 1670m³/s，水位 385.74m；3 日 10：30 临潼站洪峰流量 2660m³/s，水位 356.96m；5 日 06：30 华县站洪峰流量 2810m³/s，水位 341.25m。

第六次洪水主要来自渭河及其支流。10 月 1～13 日渭河流域间断性地出现小到中雨。

10 月 12 日 16 时临潼站形成洪峰流量 1790m³/s，水位 355.88m；13 日 7 时华县站洪峰流量 2010m³/s，水位 339.73m。

2）洪水特性。"03·8"洪水六次洪水过程，在呈现首尾相连、洪水叠加、含沙量大等特点的同时，创造了"三个历史之最"和"两个显著特点"。

"三个历史之最"：①水位最高。华县站最大流量仅 3570m³/s，但水位高达 342.76m，比该站 1996 年的历史最高水位 342.21m 高出 0.51m，比 1954 年 7610m³/s 流量的相应水位高 3.95m。临潼站在 5100m³/s 洪水时，水位高达 358.34m，比该站 1981 年 7610m³/s 的历史最高水位高 0.31m。②演进速度最慢。以前三次洪水为例，临潼至潼关河长 157.2km，一、二、三号洪峰演进时间分别长达 93.5h、68h、43.5h，比正常洪水演进时间超出 25～75h，三次洪峰平均传播时间长达 68.3h。③洪涝灾害最大。"03·8"洪水造成的工程损失及给库区人民带来的灾害损失均为历史之最。

"两个显著特点"：①洪水总量大。渭河华县站六次洪水过程洪水总量多达 60.16 亿 m³，占到多年平均径流量的 89%；②洪水历时长。前三次连续洪水过程中，临潼以上洪水过程明显有三次洪峰，由于受河床、比降、断面等影响，洪水演进到华县站，一、二号洪峰叠加成很胖的单峰，1000m³/s 以上洪水持续时间为 283h，三号洪水 1000m³/s 以上洪水持续 84h。华县站前三次洪水 1000m³/s 以上洪水总历时达 367h，比 1954 年洪水历时超出 221h。

3）洪水漫滩和堤防偎水情况。洪水漫滩：渭河下游河段洪水全面出槽漫滩，漫滩水深达 1.0～2.0m，共计淹没耕地 83.61 万亩（其中咸阳 3.2 万亩、西安 2.8 万亩、高陵 1.4 万亩、临潼 9.98 万亩、临渭 9 万亩、大荔 17.6 亩、华县 16.6 万亩、华阴和潼关 21.8 万亩）。

堤防偎水：渭河下游干流堤防大部分堤段偎水，平均临堤水深 1.5m，最大临堤水深 3.9m，偎水堤防长度达 231.44km，占下游堤防总长 249.7km 的 93%（其中咸阳 27km、西安 15.34km、高陵 10.98km、临潼 19.26km、临渭 55.81km、华县 29.54km、大荔 41.14km、华阴和潼关 32.37km）。

4）工程出险和损毁情况。堤防工程：由于洪水位高、堤防内在质量差、偎水行洪时间长，加之多次暴雨袭击，致使渭河下游堤防发生多处重大或较大险情。尤孟堤段发生决口 1 处，大堤裂缝 322 条、结构性破坏 45km、管涌 11 处、漏洞 7 处、滑坡 11 处、陷坑 201 处、坍塌 33 处、堤身及穿堤建筑物渗水 19 处，大堤交通桥倒塌 1 座，破堤排水口 1 处，堵口取土挖损 3 处，水冲沟 185 条；堤顶路面、道牙、行道林等因抢险、交通等因素，全线遭到严重损毁。二华 3 条南山支流共决口 10 处（方山河 5 处、罗纹河 4 处、石堤河 1 处）；共计水毁损失土方 13.1 万 m³，石沫 14.5 万 m³。

河道工程：渭河下游共 59 处河道整治工程 1276 座坝垛，其中有正阳、上马渡、梁赵、滨坝、冯东等 45 余处河道工程发生漫溢，漫溢水深达 0.5～1.8m，工程水毁十分严重。据初步统计，正阳、季家、南赵、北拾、苏村等 49 处河道工程 805 余座坝垛发生严重根石走失、坡石坍塌、坝头墩蛰、坝身裂缝、土胎外露、坝裆后溃等险情，水毁连（进）坝路 72 条 128km，水毁连坝路面 51 万 m²，砼道牙 95km，土方 41.3 万 m³，石方 33.3 万 m³，淤埋备防石 4.8 万 m³。

其他设施：水文、管理等工程设施严重水毁。共计损毁水文测验设施20处，淤积断面53条、桩志520个，防洪工程标志牌桩190余个，公里桩、百米桩、坝号桩、备防石桩1930余个，排涝站5处，防浪林66万株，工程管理房等设施也不同程度地遭到损毁（蒋建军和刘建林，2008）。

5）灾害损失情况。"03·8"洪水给渭河下游两岸，咸阳、西安、渭南三市12个县（市、区）人民群众造成严重灾害，死亡人口达到数十人，受灾人口直接达到56.25万人，累计迁移人口29.22万人。农作物受灾面积达到9.19万hm²，成灾面积8.16万hm²，绝收面积8.13万hm²，倒塌房屋18.72万间。渭河下游干支流堤防发生决口8处，出现水毁险情1568处，48处河道工程的805座坝垛出险。1/4基础设施多处损毁。有6503处水利设施、17座抽水站、17座桥涵、158条558km公路、296km输电线路遭受损毁。损坏水利设施6503座、抽水站17座、桥涵17座、公路158条558km、输电线路296km，造成危漏校舍195间、20个乡（镇）卫生院被淹，182所学校4.9万名学生无法入学上课，直接经济损失高达29亿元（当年价），为历史之最（冯普林等，2010）。

（4）"05·10"洪水

1）雨情。受副热带高压和高原西风槽影响，2005年9月25日以后，陕西省出现了一次持续性、大范围的降雨过程，降雨中心主要集中在渭河中下游秦岭北麓一带。9月25日～10月6日渭河咸阳以上各雨量站累计总雨量为84～383mm，其中累计总雨量大于100mm的达24站次。二华南山支流11站次雨量均达到200mm左右，其中长涧河王坪站最大累计雨量达254mm，最大3日降水量达141mm。

2）水情。2005年10月1日前后，渭河中下游地区出现了大到暴雨，干、支流开始涨水。从洪水的地区组成来看，林家村（三）站洪量占咸阳（二）站洪量的21.4%，魏家堡站洪量占咸阳站洪量的70.9%，咸阳站洪量、输沙量分别占华县站洪量、输沙量的59.8%、33.3%。"05·10"洪水洪峰要素见表4-16。

表4-16　"05·10"洪水洪峰要素

站名	时间 （月-日 T 时：分）	水位 （m）	洪峰流量 （m³/s）	最大含沙量 （kg/m³）	传播历时 （h）	最大7日 洪量（亿m³）	输沙量 （亿t）
林家村（三）	10-02T08：00	604.19	674	24.4		2.22	0.0260
魏家堡（五）	10-01T23：00	497.21	2320	13.0		7.35	0.0910
咸阳（二）	10-02T04：18	385.78	3310	16.6	5.3	10.37	0.0001
张家山	10-03T08：00	422.10	212				
临潼	10-02T13：48	358.58	5270	30.0	9.5	15.46	0.0002
华县	10-04T09：30	342.32	4880	25.1	19.7	17.34	0.0003

3）洪水特性。洪水含沙量小。本次洪水主要来源于渭河干流中下游地区南山支流，受洪水来源影响，本次洪水含沙量明显偏小，其中，华县水文站最大含沙量仅为

25.1kg/m^3。

洪水峰高量大。渭河 "05·10" 洪水临潼站洪峰流量 $5270 \text{m}^3/\text{s}$，是 1981 年以来的最大洪水，洪峰水位 358.58m，是 1961 年临潼站建站以来的最高水位。华县站洪峰流量 $4880 \text{m}^3/\text{s}$，也是 1981 年以来的最大流量，洪峰水位 342.32m，仅比 "03·8" 洪水位（342.76m）低 0.44m，是历史上第二高洪水位。经计算，临潼、华县站同时段洪水总量较大，临潼站 "03·8" 洪水一、二号洪峰洪水总量为 14.7 亿 m^3，本次洪水同历时洪水总量为 19.6 亿 m^3，比 "03·8" 洪水洪量多 4.9 亿 m^3；华县站 "03·8" 洪水一、二号洪峰洪水总量为 15.5 亿 m^3，本次洪水同历时洪水总量为 20.2 亿 m^3，本次洪水比 "03·8" 洪水的洪量多 4.7 亿 m^3（蒋建军和刘建林，2008）。

4）河势变化情况。渭河 "05·10" 洪水后渭河下游河势较汛前发生了较大变化：①咸阳以下河槽普遍展宽，一般较汛前拓宽 50~100m；②弯顶大多以上提为主，而部分河弯下挫；③河道出现多处自然裁弯。一处是高陵上马渡弯道。原渭河主流与上马渡工程上首正交顶冲，造成塌岸严重，本次洪水在上马渡工程处形成自然裁弯，泾渭交汇口下移约 700m，使该河段渭河主流的流向较前通畅；另一处是临渭区树园弯道。在树园河段，渭河主流原为 "L" 形弯道，本次洪水经过杨家工程后直冲河道左岸从而形成自然裁弯，顶冲点下移约 300m，使该河段河势较洪水前顺直（蒋建军和刘建林，2008）。

5）洪水漫滩情况。渭河 "05·10" 洪水中渭河下游河段洪水全面出槽漫滩，最大漫滩水深达 2.0m。共计淹没滩地 48.29 万亩，其中咸阳河段淹没 1.12 万亩，西安河段淹没 2.42 万亩，高陵河段淹没 2.39 万亩，临潼河段淹没 10.21 万亩，渭南临渭区河段淹没 11.31 万亩，大荔河段淹没 7.74 万亩，华县河段淹没 7.83 万亩，华阴河段淹没 5.27 万亩。

6）堤防偎水情况。渭河 "05·10" 洪水造成渭河下游堤防全线临水，偎水长度总计 227.4km，其中咸阳河段 21.2km，西安河段 26.9km，高陵河段 10.8km，临潼河段 19.4km，渭南河段 49.6km，大荔河段 41.8km，华县河段 27.7km，华阴河段 31.0km。偎水平均水深 1.5m，最大水深 4.0m（蒋建军和刘建林，2008）。

（5）"11·9" 洪水

1）雨情。2011 年 9 月以来渭河流域连续出现 3 次强降雨过程，从 9 月 1 日 8 时开始，至 20 日 8 时结束，历时 20d，陕西省境内渭河全流域累积面平均降水量为 245.14mm，不含泾、洛河水系的面平均降水量达 284.6mm。累计最大点雨量依次为蓝田县玉川站 467mm，周至县金盆水库 465mm，渭滨区观音堂站 464mm。

本次降雨过程从 9 月 3 日 8 时开始至 20 日 8 时结束，历时 17d。渭河流域降水总量 150 亿 m^3，折合面平均降水量 245mm，大于 100mm 雨区面积为 60 594km^2，占渭河流域总面积的 91.7%，大于 200mm 的雨区面积为 42 395km^2，占渭河流域总面积的 64.1%。

2）洪水过程及洪峰。受高强度降雨影响，渭河干流及多条支流多次出现超警戒流量洪水过程，据统计，从 9 月 1 日 8 时至 20 日 8 时，陕西省境内渭河流域共有 16 条河流 30 站出现洪峰 162 次，其中有 10 条河流 13 站出现超警戒洪峰 40 次。

连续的强降雨，在渭河中下游先后形成了三次大的洪水过程，其中以第三次过程最大，干流林家村在出现洪水后，支流石头河、汤峪河、漆水河、黑河分别出现超警戒洪水过程，渭河干流魏家堡站、咸阳站出现超警戒流量洪水，受持续降雨影响，支流沣河、灞河、泾河出现洪水，干流洪水复涨，魏家堡及其以下各站相继出现超警戒流量洪水，临潼站出现 $5410m^3/s$ 洪峰流量，其相应水位 $359.02m^3$ ，为建站以来最高水位，华县站出现 $5260m^3/s$ 洪峰流量，水位 $342.70m^3$ ，排历史实测第二位，是该站 30 年来最大的洪水过程。"11·9"洪灾渭河干支流各站洪峰统计见表 4-17。

表 4-17 "11·09"洪灾渭河干支流各站洪峰统计

河名		站名	洪峰 （m^3/s）	水位 （m）	时间 （月-日 T 时：分）	警戒流量 （水位 m）
渭河		林家村	405	603.44	09-18T15：44	2500
	清姜河	益门镇	205	639.25	09-05T17：48	400
	千河	千阳	370	711.60	09-05T22：42	400
	石头河	鹦鸽	348	860.52	09-18T15：06	200
渭河		魏家堡	2000	497.20	09-18T18：54	2000
	汤峪河	漫湾	136	631.41	09-18T09：30	100
	漆水河	安头	166	96.80	09-18T19：24	100
	黑河	陈河	1240	605.95	09-18T20：00	1000
		黑峪口	835	470.60	09-18T12：00	500
	涝河	涝峪口	189	512.00	09-18T05：00	300
渭河		咸阳	3610	386.56	09-19T02：00	3000
	沣河	秦渡镇	475	397.19	09-18T17：00	500
	潏河	高桥	252	416.85	09-18T22：30	200
	泾河	张家山	669	424.10	09-19T12：40	3000
		桃园	748	365.30	09-19T17：36	3000
	灞河	马渡王	982	428.92	09-11T21：50	800
		罗李村	440	510.78	09-11T21：00	500
渭河		临潼	5410	359.02	09-19T10：18	3000
	沮河	柳林	141	847.25	09-18T19：00	100
	漆水河	耀县	76.7	625.26	09-18T20：00	200
渭河		华县	5260	342.70	09-20T20：18	340.50

资料来源：宋淑红，2013

3）洪水组成。本次洪水的组成特点是以干流洪水为主，黑河、泾河等区间来水为辅，本次渭河洪水魏家堡至华县区间来水大于"03·8"及"05·10"洪水。

本次洪水9月4～27日，咸阳、临潼、华县水文站洪水总量分别为17.51亿 m^3、25.45亿 m^3、30.08亿 m^3，其中第三次过程16日8时至27日8时洪量最大，其洪水组成为：华县站过程洪量为16.80亿 m^3，主要来自林家村至临潼区间，其中，林家村站洪量1.26亿 m^3，仅占华县站洪量的7.5%；魏家堡站洪量6.42亿 m^3，占华县站洪量的38.2%；咸阳站洪量9.61亿 m^3，占华县站洪量的57.2%。

4）洪水特点。产流区域集中。洪水主要来源于渭河中下游南岸支流。历史上渭河洪水多由中上游暴雨或全流域暴雨形成，本次洪水为中下游暴雨形成洪水。

支流洪水沿程汇入，干流洪水峰高量大。由于本次降雨累计量级大、历时长，降雨位置相对稳定，省境内各支流涨水频繁，南山支流多数河流出现连续洪峰，使渭河下游出现近30年最大洪水，华县站流量为近30年来最大，为1934年建站以来第6大洪水。

洪峰水位高。干流临潼水文站洪峰水位349.02m，创1961年建站以来历史新高，超过"05·10"洪峰水位0.44m，超过"03·8"洪水洪峰水位0.68m；华县站洪峰水位342.70，洪峰水位仅次于"03·8"洪水洪峰水位，高于"05·10"洪水洪峰水位0.38m。

洪水总量大。与2003年洪水比较，魏家堡以下各站洪量均大于"03·8"洪水；与2005年洪水比较，境内各站洪量均大于"05·10"洪水。

洪水含沙量小。从实测资料来看，魏家堡站最大含沙量为7.47kg/ m^3，临潼站最大含沙量为18.8kg/ m^3，华县站最大含沙量为12.9kg/ m^3，均小于"03·8"及"05·10"洪水。

三门峡水库畅泄使渭河下游洪水演进速度快，洪峰传播时间缩短。临潼—华县"05·10"洪水传播历时为42.5h，"11·9"洪水传播历时为34h，"11·9"洪水较"05·10"洪水传播历时缩短8.5h；渭南—吊桥"05·10"洪水传播历时为42h，"11·9"洪水传播历时为33h，"11·9"洪水较"05·10"洪水传播历时缩短9h（宋淑红，2013）。

4.3.3 干旱事件图谱

基于渭河平原历史干旱情况的统计分析，参考《气象干旱等级》国家标准，将渭河平原干旱灾害划分为以下6个等级，不同等级的干旱对农业和生态环境的影响程度如下。

1——正常或湿涝，特点为降水正常或较常年偏多，地表湿润，无旱象。

2——轻旱，特点为降水较常年偏少，地表空气干燥，土壤出现水分轻度不足，对农作物有轻微影响。

3——中旱，特点为降水持续较常年偏少，土壤表面干燥，土壤出现水分不足，地表植物叶片白天有萎蔫现象，对农作物和生态环境造成一定影响。

4——重旱，特点为土壤出现水分持续严重不足，出现较厚的干土层，植物萎蔫、叶片干枯，果实脱落，对农作物和生态环境造成较严重的影响，对工业生产、人畜饮水产生一定影响。

5——特旱，特点为土壤出现水分长时间严重不足，地表植物干枯、死亡，对农作物和生态环境造成严重影响，工业生产、人畜饮水产生较大影响。

6——超旱，特点为土壤出现水分长时间严重不足，地表植物大面积干枯、死亡，对农作物和生态环境造成特别严重影响，工业生产、人畜饮水特别困难；大量饥民饿死，出现人相食情形。

依据《陕西省自然灾害史料》《陕西省干旱灾害年鉴（1949～1995年)》以及近年渭河平原干旱资料，统计渭河平原主要干旱年份见表4-18，并根据此绘制渭河平原干旱图谱如图4-11所示。由图4-11可知，如果不考虑资料缺失情况，根据现有记载资料统计分析可知，渭河平原历史上发生较大干旱灾害的次数较多，近年来干旱发生频次越来越密集，特别是1900～2012年，发生较大干旱灾害频率非常频繁，不同程度的干旱灾害共发生106次，其中超旱发生一次，特旱发生71次，重旱发生19次。

表4-18　渭河平原主要旱灾发生年份（BC 841～AD 2012 年）

中旱	重旱	特旱	超旱
BC109、BC95、AD29、AD328、AD813、AD814、AD826、AD832、AD835、AD837、AD838、AD962、AD965、AD966、AD990、AD991、AD992、AD1067、AD1070、AD1266、AD1289、AD1336、AD1383、AD1418、AD1460、AD1465、AD1470、AD1473、AD1862、AD1923、AD1924、AD1929、AD1932、AD576、AD1516、AD1550、AD1555、AD1609、AD1738、AD1748、AD1829、AD1892、AD1901、AD1951、AD1953、AD1954、AD1957、AD1962、AD1964、AD1972、AD1973、AD1975、AD1979、AD1988、AD1990、AD1993、AD1997	BC314、BC235、BC129、BC124、BC120、BC105、BC100、BC98、BC92、BC61、BC46、BC27、BC18、BC14、BC13、BC3、AD280、AD288、AD309、AD317、AD324、AD325、AD335、AD358、AD379、AD799、AD811、AD829、AD833、AD900、AD1027、AD1269、AD1384、AD1425、AD1427、AD1445、AD1461、AD1489、AD1506、AD1511、AD1531、AD1538、AD1568、AD1586、AD1601、AD1610、AD1616、AD1700、AD1752、AD1857、AD1867、AD1933、AD1944、AD1945、AD1732、AD1762、AD1792、AD1805、AD1813、AD1950、AD1952、AD1955、AD1959、AD1960、AD1963、AD1966、AD1967、AD1968、AD1970、AD1971、AD1974、AD1976、AD1984、AD1986、AD2000	BC779、BC841、BC870、BC158、BC147、BC71、BC31、BC28、AD89、AD134、AD271、AD291、AD415、AD460、AD461、AD488、AD493、AD537、AD876、AD934、AD943、AD968、AD975、AD1006、AD1010、AD1043、AD1142、AD1143、AD1295、AD1307、AD1322、AD1326、AD1369、AD1371、AD1428、AD1434、AD1437、AD1438、AD1442、AD1455、AD1486、AD1545、AD1618、AD1634、AD1720、AD1721、AD1750、AD1846、AD1921、AD1928、AD1931、AD1937、AD1940、AD1956、AD1958、AD1977、AD1978、AD1980、AD1981、AD1982、AD1983、AD1985、AD1987、AD1991、AD1992、AD1994、AD1995	BC107、AD194、AD295、AD296、AD297、AD536、AD904、AD1328、AD1329、AD1444、AD1484、AD1485、AD1528、AD1582、AD1587、AD1627、AD1628、AD1629、AD1633、AD1639、AD1640、AD1641、AD1691、AD1877、AD1930

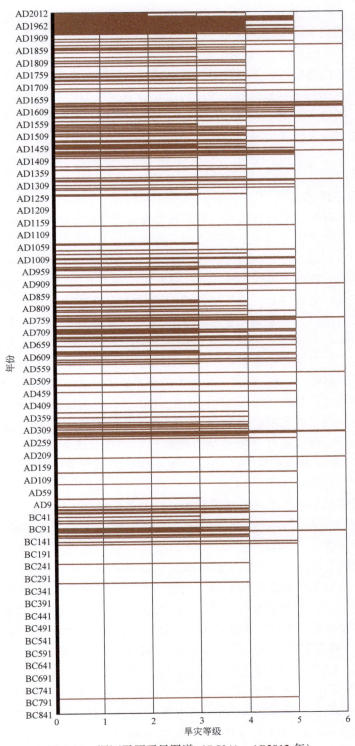

图 4-11　渭河平原干旱图谱（BC841～AD2012 年）

4.3.4 洪涝事件评估

基于渭河平原洪涝事件对重点防御区域、城市、下游河道影响的分析，参照水利行业标准《洪涝灾情评估标准（SL 579—2012）》，结合渭河平原的实际情况，建立洪涝灾害评估指标体系，定量评估近 10 年来渭河平原不同地区受到洪涝灾害的影响程度以及典型年份洪涝灾害的灾害损失程度。

4.3.4.1 指标体系的建立

（1）指标因子的筛选

洪涝灾害是一种典型的自然灾害，具有自然灾害的共性，也有其特殊致灾因子、孕灾环境和承灾体。洪涝灾害灾情主要表现在灾害损失情况上，在长期的自然灾害统计工作实践中，"死亡人口、受灾人口、农作物受灾面积、倒塌房屋、直接经济损失"五项指标已逐步成为我国水利、民政、地震等部门开展自然灾害调查与统计的主要内容。综合考虑渭河平原洪涝灾害对社会经济和生态环境影响，直接经济损失和间接经济损失影响的不同，以及灾损数据的可比性，建立渭河平原洪涝灾害评估指标体系，主要包括"直接经济损失"（direct economic loss）、"间接经济损失"（indirect economic loss）、"社会影响"（social influence）和"生态环境影响"（eco-environmental impact）。具体指标设置如下。

1）直接经济损失。农业生产损失是指因洪涝灾害造成的农业减产产量和损失经济产值。因考虑到不同的行政单元间具有明显的差异性，为了平衡区域间差异性，进行区域间灾情评估时，可以用"因灾减产产量占上一年总产量比例"、"因灾造成农业经济损失产值占上一年总产值比例"替代"农业减产产量"和"农业损失经济产值"，计算公式为：农业生产损失率＝因灾减产产量/上一年总产量×100%，或农业生产损失率＝因灾造成农业经济损失产值/上一年总产值×100%。

交通设施损毁是指因洪涝灾害造成铁路、公路包括国道、省道、乡道等损坏或冲毁，以及航运码头等设施损毁，导致交通中断。主要包括因洪涝灾害造成的铁路损毁里程（km）和公路损毁里程（km）。

水利设施损毁是指洪涝灾害造成水库溃坝、堤防决口、渠道损坏以及灌溉设施毁坏，造成严重的灾害或对生产生活产生影响。洪涝灾害对水利设施的损毁主要包括水库损毁（座）、堤防决口（处）、堤防损毁（km）、渠道损毁（km）和灌溉设施损毁（处）等。

城市和工业损失是指洪涝灾害造成房屋、基础设施及工业生产资料损毁。主要包括房屋损毁（万间）、城市基础设施损毁（万元）、工业设施设备损毁（万元），城市是社会经济高度发达地区，遭受洪涝灾害往往造成重大的经济损失。

2）间接经济损失。停产减产损失是指由于洪涝灾害发生，造成交通中断、信息传输中断等情况，导致停产、减产损失价值、工作损失价值、资源损失价值、处理环境污染的费用等。包括原材料短缺型损失（万元）、能源短缺型损失（万元），原材料和能源储备不足，发生洪涝灾害会造成因原材料和能源供应不足造成的停产、减产。

产业关联损失是指在现代经济活动中，各产业之间存在的广泛的、复杂的和密切的技术经济联系，因洪涝灾害造成产业之间关联减弱，造成一定经济损失。主要包括信息阻塞型损失（万元）、交通阻塞型损失（万元）。

3）社会影响。人员伤亡是指洪涝灾害对人们生活造成一定影响，导致家园损毁，人员伤亡。主要指标包括死亡人口（人）、受灾人口（万人）、受灾人口比（%）。

农业影响程度是指洪涝灾害造成农田被淹，农作物受损。主要指标包括受灾面积（hm²）、成灾面积（hm²）、受灾面积比（%）。

4）生态环境影响。生态环境影响是指洪涝灾害对江河湖泊、森林草地和水土流失造成一定影响，具体包括地表水质变化（%）、含沙量变化（%）、水生动植物数量变化（%）、植被覆盖率变化（%）和土壤侵蚀模数变化（%）。

（2）指标体系的建立

科学、合理的评估指标体系是灾害准确评估的基础。根据评估指标体系建立的原则和指标选取准则，参照水利行业标准《洪涝灾情评估标准（SL 579—2012）》，结合渭河平原的实际情况，建立如图 4-12 所示的渭河平原洪涝灾害评估指标体系。

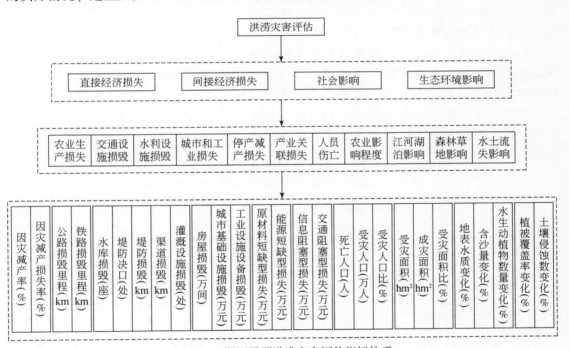

图 4-12 渭河平原洪涝灾害评估指标体系

（3）评估模型方法的选择

洪涝灾害发生时空的不确定性、灾害危害程度的不可控性和社会经济发展的复杂性，使洪涝灾害难以准确评估。洪涝事件又涉及众多因素，包括气象、水文、生态、地理、环境等，给洪涝灾害评估带来更大的困难。目前，洪涝灾害评价方法较多，常用的有层次分析法（AHP）、主成分分析法、灰色系统理论法、模糊综合评判法、神经网络、专家打分法等，每种方法都有优缺点，并且有一定的适用范围。根据渭河平原自身的情况，在此选取主成分分析法进行洪涝灾害的评估。

主成分分析法（林海明，2007）可以消除各指标之间的相关性，通过构造原指标的适当的线性组合，产生一系列互不相关的新信息，从中选出少数几个新变量，即主成分，并使它们含有尽可能多的原指标带有的信息，从而使用主成分代替原指标分析问题和解决问题。对于洪涝灾害，灾害影响范围广，影响时间长久，主成分分析法可以消除指标之间的相关性，根据各主成分的方差贡献率，选择贡献率大的主成分，一般提取的主成分累积贡献率达到85%~90%，就认为选取的主成分具有较好的代表性。用少数主成分反映出系统的整体水平，使指标选取变得容易。

4.3.4.2 洪涝灾害的评估

本书对2001~2010年渭河平原洪涝灾害进行统计，数据均来源于国家权威部门发布的资料，直接经济损失、受灾人口、死亡人口、受灾面积、损坏房屋等来源于《陕西省水利年鉴》《陕西省灾害年鉴》和《陕西省救灾年鉴》等，经济社会发展数据，如人口数量、GDP、耕地面积等来源于《陕西省统计年鉴》。

（1）不同地区洪涝灾害评估

1）评估过程。首先对原始数据集进行 Bartlett 球形检验与 KMO（Kaiser-Meyer-Olkin）检验，结果表明，渭河平原近10年洪涝灾害灾情评估指标数据集均拒绝球形假设，且 KMO 值均大于0.8，因此，样本数据适用于主成分分析。

然后，进行数据标准化处理，并建立协方差矩阵见表4-19。协方差矩阵 R 反映标准化后的数据之间相关关系密切程度的统计指标，值越大，说明有必要对数据进行主成分分析。

表4-19 近10年渭河平原洪涝灾害评估协方差矩阵

指标	直接经济损失（亿元）	倒塌房屋（万间）	死亡人口（人）	受灾人口（万人）	受灾人口比（%）	受灾面积（×10³hm²）	受灾面积比（%）
直接经济损失（亿元）	1	0.962	0.442	0.691	0.733	0.723	0.778
房屋损毁（万间）	0.962	1	0.605	0.811	0.863	0.847	0.876
死亡人口（人）	0.442	0.605	1	0.954	0.918	0.930	0.820
受灾人口（万人）	0.691	0.811	0.954	1	0.985	0.991	0.917
受灾人口比（%）	0.733	0.863	0.918	0.985	1	0.997	0.959
受灾面积（×10³hm²）	0.723	0.847	0.930	0.991	0.997	1	0.943
受灾面积比（%）	0.778	0.876	0.820	0.917	0.959	0.943	1

根据协方差矩阵，计算相关矩阵 R 的特征值 λ、特征向量 u、方差贡献率 e 和累积方差贡献率 E。依据主成分选取原则，渭河平原近10年洪涝灾害评估可以取两个主成分，

累积贡献率均超过了85%，具体见表4-20。说明前两个主成分可以很好地代表原数据集中大部分的信息。

表4-20　主成分特征值及方差贡献率

主成分特征值 λ	提取特征值		
	合计	方差贡献率 e（%）	累积方差贡献率 E（%）
1	5.49	78.403	78.403
2	1.02	14.252	92.655

特征向量即各主成分对应相关系数。根据特征向量计算各主成分得分（表4-21），特征值的方差贡献率为计算综合得分的主成分权重。综合评价得分服从正态分布，得分越高说明灾害越严重，灾害损失及影响越大。从表4-22中可以看出，近10年渭河平原5市1区洪涝灾害最严重的是渭南市，综合得分为1.26，其次是宝鸡市，综合得分为0.69，其他地区灾害较轻。

表4-21　特征值对应特征向量

项目	x_1	x_2	x_3	x_4	x_5	x_6	x_7
u_1	0.139	0.153	0.139	0.162	0.167	0.172	0.164
u_2	0.541	0.461	−0.665	−0.274	−0.269	−0.042	0.265

表4-22　渭河平原洪涝灾害评估综合得分

地区	得分	排名
西安市	−0.14	3
宝鸡市	0.69	2
咸阳市	−0.56	4
渭南市	1.26	1
铜川市	−0.64	6
杨凌区	−0.60	5

2）灾害等级划分。根据表4-22中计算结果，参照相关文献（徐海量和陈亚宁，2000；冯利华等，2002；高庆华等，2007）规定中关于灾害等级划分方法，对渭河平原洪涝灾情进行等级划分，等级标准见表4-23。

对渭河平原近10年洪涝灾情进行等级划分，渭南地区为中灾，西安、宝鸡地区为小灾，咸阳、铜川、杨凌地区为微灾。根据评价结果，就渭河平原而言，渭南地区为洪涝灾害重灾区，西安、宝鸡地区为轻灾区，咸阳、铜川、杨凌地区为微灾区。根据综合评估结果，绘制渭河平原洪涝灾害分区图如图4-13所示。

表4-23 综合主成分分级标准

序号	综合主成分	洪涝灾害等级
1	≤3.50	巨灾
2	2.50~3.50	大灾
3	1.00~2.50	中灾
4	−0.50~1.00	小灾
5	≥−0.50	微灾

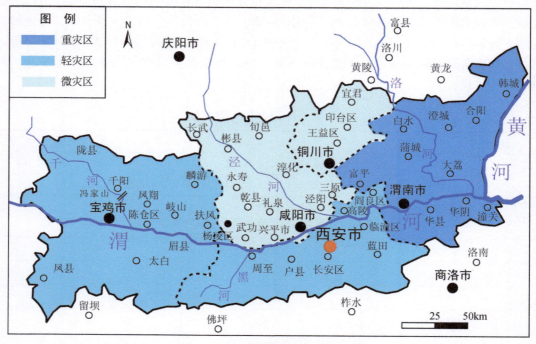

图4-13 渭河平原洪涝灾害分区图

（2）典型年份洪涝灾害分析

1）评估过程。典型年份洪涝灾害灾情分析过程与不同地区洪涝灾害分析过程基本一致。对渭河平原"03"和"05"年洪水进行分析计算。根据主成分选取原则，典型年份灾情评估选取主成分个数为1，特征根取5.63，方差累计贡献率为86.841%，第一主成分代表原数据集中大部分信息，结果见表4-24。

2）灾害等级划分。根据表4-24中主成分综合得分，参照表4-23中的等级划分方法，对渭河平原"03"年和"05"年洪涝灾情进行等级划分。"03"年洪灾主成分综合得分2.89，划分为大灾。"05"年洪灾主成分综合得分2.04，划分为中灾。

表 4-24　典型年份洪涝灾害评估综合得分

年份	特征根 λ	提取特征值		主成分综合得分
		方差贡献率 e（%）	累积方差贡献率 E（%）	
"03" 年	5.63	86.841	86.841	2.89
"05" 年				2.04

4.3.4.3　小结

洪涝灾害评估是通过调查统计洪涝灾害造成的损失，评估在不同情况下发生洪涝灾害损失价值，进而充分认识与理解洪涝灾害发生的状况与严重程度，为防灾救灾、灾后重建及其洪泛区管理与规划提供决策依据。

本节基于洪涝灾害评估理论，以渭河平原历史典型洪涝灾害事件为对象，通过建立洪涝灾害评估指标体系，运用主成分分析法，对渭河平原 2001～2010 年 10 年洪涝灾害统计数据进行分析，对洪涝灾害分区等级划分，研究结果为：渭南地区为中灾，西安、宝鸡地区为小灾，咸阳、铜川、杨凌地区为微灾。同时，选取典型场次洪涝的典型年份进行等级评定，分析结果为："03" 年渭河平原洪涝灾害为大灾，"05" 年的为中灾。通过对典型地区和典型年份洪涝事件影响的综合评估，为渭河平原洪涝灾害事件的应对提供决策依据。

第5章 渭河平原旱涝特征及影响分析

5.1 降水特性分析

5.1.1 趋势分析

5.1.1.1 线性倾向估计和滑动平均趋势分析

(1) 西安地区

西安地区属暖温带半湿润季风气候，雨量适中，四季分明，多年平均降水量为572mm，年内分配不均，降水量多集中于6~9月（表5-1）。

表5-1 西安地区历年各季节及年降水量统计 （单位：mm）

年份	春	夏	秋	冬	全年	年份	春	夏	秋	冬	全年
1951	85.3	166.5	227.2	49.1	528.1	1969	151.4	88.1	153.2	16.9	409.6
1952	179.7	413.8	174.6	33.5	801.6	1970	174.1	268.6	204.7	15.9	663.3
1953	133.1	267.7	108.8	44.3	553.9	1971	142	199.9	193.1	20.7	555.7
1954	138.0	274.8	173.7	56.2	642.7	1972	122.8	211.2	155.0	37.0	526.0
1955	30.6	282.0	256.6	22.8	592.0	1973	161.3	187.3	187.5	12.2	548.3
1956	86.4	386.4	93.0	20.1	585.9	1974	150.3	183.0	253.3	40.1	626.7
1957	161.6	455.8	106.3	20.9	744.6	1975	155.9	172.0	315.3	28.5	671.7
1958	154.0	388.8	260.6	37.2	840.6	1976	124.7	208.1	144.5	36.5	513.8
1959	125.6	97.7	127.9	34.9	386.1	1977	151.0	88.2	89.4	17.6	346.2
1960	127.5	258.1	173.4	5.6	564.6	1978	115.0	178.2	225.4	11.4	530.0
1961	179.1	198.7	239.9	5.2	622.9	1979	132.9	193.9	131.5	32.8	491.1
1962	65.7	251.5	213.6	27.3	558.1	1980	139.4	204.5	158.6	9.5	512
1963	195.3	165.8	203.9	19.9	584.9	1981	104.3	359.1	230.5	32.2	726.10
1964	208.2	211.1	341.3	23.2	783.8	1982	97.8	240.7	141.6	18.5	498.6
1965	162.1	251.1	136.7	11.3	561.2	1983	179.9	310.7	403.4	9.2	903.2
1966	115.1	191.5	166.4	15.2	488.2	1984	76.9	274.4	284.9	28.8	665.0
1967	177.6	149.0	193.6	22.5	542.7	1985	103.3	169.9	207.5	10.5	491.2
1968	149.7	104.0	356.0	19.7	629.4	1986	71.8	157.6	166.9	6.5	402.8

年份	春	夏	秋	冬	全年	年份	春	夏	秋	冬	全年
1987	245.7	257.6	96.7	8.6	608.6	1997	97.4	107.9	132.5	24.2	362.0
1988	158.3	298.6	176.2	25.2	658.3	1998	209.9	302.9	77.2	10.5	600.5
1989	110.3	316.8	109.1	90.3	626.5	1999	177.8	259.6	151.7	0.4	589.5
1990	116.9	224.2	88.9	28.5	458.5	2000	62.0	289.6	162.7	24.7	539.0
1991	187.3	266.8	132.5	26.3	612.9	2001	52.6	175.0	140.8	37.5	405.9
1992	140.8	216.9	178.5	3.2	539.4	2002	109.6	154.3	112.1	30.4	406.4
1993	142.1	165.3	105.7	27.6	440.7	2003	113.9	346.9	378.8	43.6	883.2
1994	95.8	206.6	197.8	30.9	531.1	2004	81.2	213.3	167.4	50.8	512.7
1995	96.8	114.4	95.5	5.5	312.2	2005	67.9	240.1	224.3	9.1	541.4
1996	85.6	347.0	268.4	12.4	713.4						

图 5-1 是 1951～2005 年西安地区历年降水量分布曲线，由 5 年滑动平均过程线可知：20 世纪 50 年代到 70 年代后期，西安地区降水呈下降变化趋势；之后到 80 年代中期呈上升趋势；80 年代中期后，降水又呈逐渐减小的变化趋势。整体水平上看，西安地区降水呈下降的变化趋势。

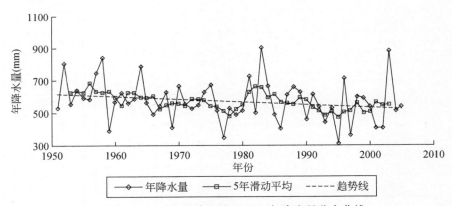

图 5-1   1951～2005 年西安地区历年降水量分布曲线

（2）宝鸡地区

宝鸡地区属暖温带半湿润气候，全年气候变化受东亚季风（包括高原季风）控制。冬季，处于强大的西伯利亚、蒙古高气压南侧，受制于极地大陆气团，天气寒冷干燥；夏季，处于印度低气压和印缅低压槽的东北部与西太平洋副热带高气压西侧，温热多雨和炎热干燥天气交替出现；春、秋两季处在冬、夏季风调交替的过渡时期，使故里委升温迅速且多变少雨，秋季降温迅速又多阴雨连绵，成为关中秋季连阴雨最多的地区。宝鸡地区年平均降水量在 590～900mm，是关中地区降水量最多的地区（表5-2）。

图 5-2 为 1952～2004 年宝鸡地区历年降水量分布曲线，由 5 年滑动平均过程线可以看

出：20 世纪 50 年代中期到 70 年代初，降水呈逐渐减小的变化趋势；从 70 年代到 80 年代初期降水呈现上升趋势；之后到 90 年代中期呈下降趋势；而后又有所回升。从整体上看，宝鸡地区的年降水量有逐渐减小的趋势。

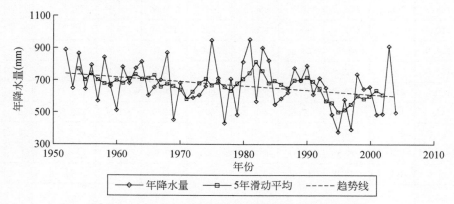

图 5-2　1952～2004 年宝鸡地区历年降水量分布曲线

表 5-2　宝鸡地区历年各季节及年降水量统计　　　（单位：mm）

年份	春	夏	秋	冬	全年	年份	春	夏	秋	冬	全年
1952	201.0	518.0	145.5	29.1	893.6	1972	145.0	300.5	124.5	21.4	591.4
1953	97.4	317.8	206.9	28.9	651.0	1973	197.5	137.6	250.7	19.9	605.7
1954	209.2	336.4	271.7	50.9	868.2	1974	168.0	93.0	364.4	35.5	660.9
1955	69.5	268.4	290.9	17.1	645.9	1975	151.1	287.7	477.9	31.9	948.6
1956	106.1	627.1	47.8	12.1	793.1	1976	129.3	413.8	134.4	34.7	712.2
1957	207.7	261.2	102.0	1.0	571.9	1977	109.6	181.9	120.2	19.8	431.5
1958	151.7	460.4	215.7	19.5	847.3	1978	170.6	311.2	217.2	9.9	708.9
1959	118.5	360.1	158.5	27.1	664.2	1979	68.1	267.8	121.6	31.9	489.4
1960	87.8	279.1	145.4	2.1	514.4	1980	134.9	520.8	154.9	6.0	816.7
1961	155.3	377.5	246.2	7.9	786.9	1981	96.9	594.0	244.7	15.4	951.0
1962	71.7	358.8	228.5	24.9	683.9	1982	88.3	255.5	206.3	18.7	568.8
1963	255.5	251.1	261.9	7.0	775.5	1983	227.6	331.5	334.8	4.6	898.5
1964	273.5	148.6	358.8	36.7	817.6	1984	106.2	460.0	231.1	27.2	824.5
1965	210.0	225.9	152.4	17.7	606.0	1985	148.6	214.1	167.2	16.7	546.6
1966	78.0	279.7	280.7	20.1	658.5	1986	108.2	295.3	177.5	6.9	587.9
1967	230.4	206.0	249.2	16.1	701.7	1987	182.2	305.7	132.4	5.7	626.0
1968	152.4	281.8	421.1	16.9	872.2	1988	181.7	357.6	206.0	33.4	778.7
1969	119.7	121.9	194.8	19.8	456.2	1989	168.0	338.9	131.5	65.8	704.2
1970	187.7	245.0	239.1	13.3	685.1	1990	174.5	404.5	177.5	32.5	789.0
1971	161.5	259.6	155.6	15.5	592.2	1991	166.7	227.3	176.3	39.6	609.9

续表

年份	春	夏	秋	冬	全年	年份	春	夏	秋	冬	全年
1992	114.5	405.1	193.2	0.1	712.9	1999	203.6	262.7	178.5	2.4	647.2
1993	147.0	359.9	121.5	25	653.4	2000	65.0	296.9	262.6	31.8	656.3
1994	98.6	214.6	137.9	35.4	486.5	2001	51.0	203.0	200.0	36.0	490.6
1995	60.3	213.9	92.8	11.3	378.3	2002	130.9	226.3	105.5	28.6	491.3
1996	79.0	275.4	212.2	15.1	581.7	2003	130.3	447.6	314.3	16.9	909.1
1997	98.6	81.4	188.3	28.0	396.3	2004	80.5	204.8	177.3	37.8	500.4
1998	244.2	389.0	92.6	7.9	733.7						

(3) 铜川地区

铜川位于陕西省中部，处于关中平原向陕北黄土高原的过渡地带，是关中经济带的重要组成部分，铜川地区属暖温带大陆性气候，年均降水量 555.8 ~ 709.3mm，年均气温 8.9 ~ 12.3℃，冬季寒冷，夏季炎热。

图 5-3 为 1955 ~ 1999 年铜川地区历年降水量分布曲线。由 5 年滑动平均过程线可看出：20 世纪 50 年代中期到 60 年代初降水变化趋势趋于平缓；之后到 70 年代后期降水呈下降趋势；80 年代初期到中期降水有所回升，之后又呈逐渐减小的变化趋势。

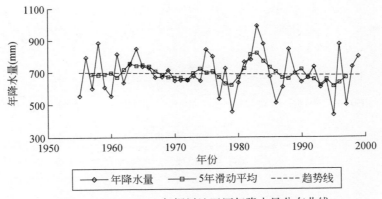

图 5-3　1955 ~ 1999 年铜川地区历年降水量分布曲线

(4) 武功地区

图 5-4 为 1955 ~ 2011 年武功地区历年降水量分布曲线，根据 5 年滑动平均过程线可看出：武功地区降水从 20 世纪 50 年代中期到 70 年代后期呈缓慢减小的趋势，在 80 年代初期有短暂回升趋势，之后到 90 年代中期又呈下降趋势，从 90 年代中期以后降水呈上升变化趋势。从整体上看，武功地区降水变化呈减小趋势。

(5) 长武地区

长武地区属内陆干旱气候，年平均气温 9.1℃，无霜期 171 天，年均降水量 582mm，区内分布不均，春季少雨，夏季多伏旱、冰雹、风灾等自然灾害对农业生产危害较大。

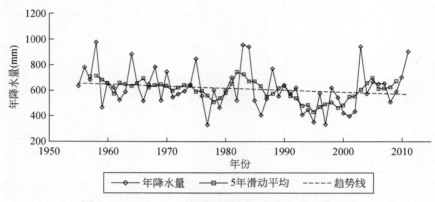

图 5-4 1955～2011 年武功地区历年降水量分布曲线

图 5-5 为 1957～2011 年长武地区历年降水量分布曲线，由 5 年滑动平均过程线可知：从 20 世纪 50 年代后期到 80 年代初期降水在多年平均水平上起伏波动，从 80 年代中期到 90 年代中期降水呈缓慢减小趋势，在 1995 年出现降水量最少的年份；之后呈缓慢上升趋势，在 2003 年出现降水量最多的年份。

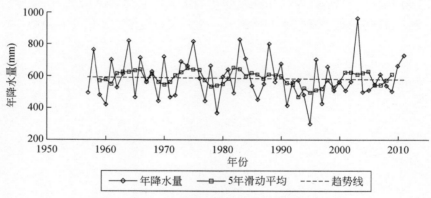

图 5-5 1957～2011 年长武地区历年降水量分布曲线

5.1.1.2 Mann-Kendall 趋势分析

(1) 西安地区

在检验值 Z 大于 0 时，时间序列为上升趋势；当小于 0 时，时间序列为下降趋势。检验值 Z 的绝对值在大于 1.28、1.64 和 2.32 时，分别表示通过了可信度 90%，95% 和 99% 的显著性检验。

在对西安地区的年降水量进行 Mann-Kendall 趋势分析时，计算得到降水量 Z 值为 -1.98，表示西安地区历年降水量呈显著下降的趋势，其绝对值大于 1.64，通过了 95% 的显著性检验。与线性倾向估计结果一致。

（2）宝鸡地区

在对宝鸡地区的年降水量进行 Mann-Kendall 趋势分析时，计算得到降水量 Z 值为 -1.9407，表示宝鸡地区历年降水量呈显著下降的趋势，其绝对值大于 1.64，通过了 95% 的显著性检验。与线性倾向估计结果一致。

（3）铜川地区

在对铜川地区的年降水量进行 Mann-Kendall 趋势分析时，计算得到降水量 Z 值为 -0.24456，表示铜川地区历年降水量呈显著下降的趋势，与线性倾向估计结果一致，但下降趋势不显著。

（4）武功地区

在对武功地区的年降水量进行 Mann-Kendall 趋势分析时，计算得到降水量 Z 值为 -1.2597，表示武功地区历年降水量呈显著下降的趋势，与线性倾向估计结果一致，但下降趋势不显著。

（5）长武地区

在对长武地区的年降水量进行 Mann-Kendall 趋势分析时，计算得到降水量 Z 值为 -0.21053，表示长武地区历年降水量呈显著下降的趋势，与线性倾向估计结果一致，但下降趋势不显著。

5.1.2 突变分析

5.1.2.1 Mann-Kendall 突变分析

（1）西安地区

利用 Mann-Kendall 突变检验法，绘制了西安地区年降水量时间序列的 UF 和 UB 两个统计量序列曲线如图 5-6 所示。取显著性水平 $\alpha = 5\%$，查表得 $U_{1-\alpha/2} = 1.96$，并绘制 $\pm U_{1-\alpha/2} = 1.96$ 两条临界直线。

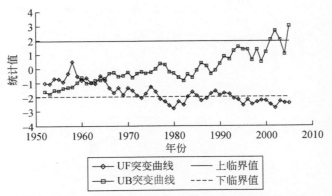

图 5-6　1951～2005 年西安地区历年降水量突变曲线

由图 5-6 可知，西安地区年降水量变化从 20 世纪 50 年代开始呈持续减小趋势，没有发生明显减小或上升趋势，没有出现突变现象。

（2）宝鸡地区

利用 Mann-Kendall 突变检验法，绘制了宝鸡地区年降水量时间序列的 UF 和 UB 两个统计量序列曲线如图 5-7 所示。取显著性水平 $\alpha = 5\%$，查表得 $U_{1-\alpha/2} = 1.96$，并绘制 $\pm U_{1-\alpha/2} = 1.96$ 两条临界直线。

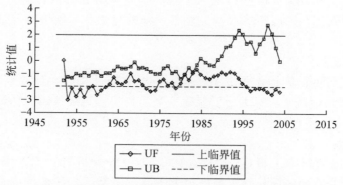

图 5-7 1952~2004 年宝鸡地区历年降水量突变曲线

由图 5-7 可知，宝鸡地区年降水量变化从 20 世纪 50 年代到 90 年代中期呈持续减小趋势，90 年代后期降水呈明显减小趋势，突变发生时间在 90 年代中期前后几年，90 年代后期降水显著减小。

（3）铜川地区

利用 Mann-Kendall 突变检验法，绘制了铜川地区年降水量时间序列的 UF 和 UB 两个统计量序列曲线如图 5-8 所示。取显著性水平 $\alpha = 5\%$，查表得 $U_{1-\alpha/2} = 1.96$，并绘制 $\pm U_{1-\alpha/2} = 1.96$ 两条临界直线。

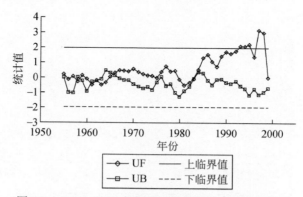

图 5-8 1955~1999 年铜川地区历年降水量突变曲线

由图 5-8 可知，铜川地区年降水量变化从 20 世纪 50 年代开始到 60 年代初呈持续减小趋势，60 年代中期呈缓慢上升趋势，之后又呈持续减小趋势，没有出现突变现象。

（4）武功地区

利用 Mann-Kendall 突变检验法，绘制了武功地区年降水量时间序列的 UF 和 UB 两个统计量序列曲线如图 5-9 所示。取显著性水平 $\alpha=5\%$，查表得 $U_{1-\alpha/2}=1.96$，并绘制 $\pm U_{1-\alpha/2}=1.96$ 两条临界直线。

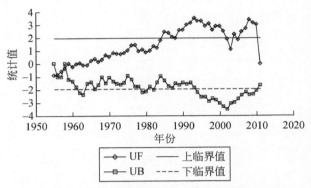

图 5-9　1955～2011 年武功地区历年降水量突变曲线

由图 5-9 可知，武功地区年降水量变化从 20 世纪 50 年代到 90 年代初期呈持续减小趋势，90 年代中期以后降水呈明显减小趋势，突变发生时间在 90 年代前期几年，90 年代中期后降水呈显著减小趋势。

（5）长武地区

利用 Mann-Kendall 突变检验法，绘制了介休地区年降水量时间序列的 UF 和 UB 两个统计量序列曲线如图 5-10 所示。取显著性水平 $\alpha=5\%$，查表得 $U_{1-\alpha/2}=1.96$，并绘制 $\pm U_{1-\alpha/2}=1.96$ 两条临界直线。

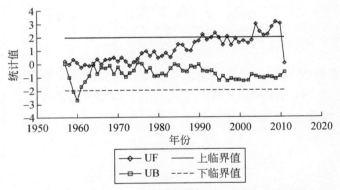

图 5-10　1957～2011 年长武地区历年降水量突变曲线

由图 5-10 可知，长武地区年降水量变化从 20 世纪 50 年代开始呈持续减小趋势，没有发生明显减小或上升趋势，没有出现突变现象。

5.1.2.2 滑动 t-检验突变分析

（1）西安地区

根据 t-检验，取滑动长度为 5 年（图 5-11）和 8 年（图 5-12），计算并绘制降水时间序列滑动 t 统计量序列曲线，取显著性水平 $\alpha=5\%$，查表得自由度为 8 时临界值为 $t_{1-\alpha/2}=2.31$，自由度为 14 时临界值为 $t_{1-\alpha/2}=2.1$。

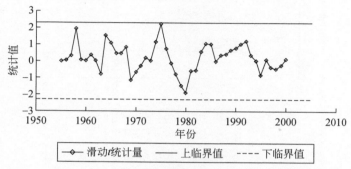

图 5-11 1951～2005 年西安地区历年降水量 5 年滑动 t-检验曲线

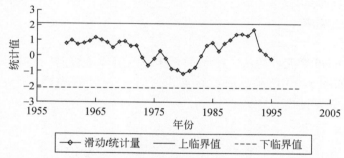

图 5-12 1960～1995 年西安地区历年降水量 8 年滑动 t-检验曲线

从图 5-11 和图 5-12 可知，统计量均在临界线之内，说明西安地区降水量时间序列没有发生减小突变现象。从 Mann-Kendall 突变检验法和 t-突变检验法分析中可以看出：西安地区降水量时间序列没有发生显著减小或上升的突变现象。两种方法互相验证，结论比较可靠。

（2）宝鸡地区

根据 t-检验，取滑动长度分别为 5 年（图 5-13）、8 年（图 5-14）、10 年（图 5-20），计算并绘制降水时间序列滑动 t 统计量序列曲线，取显著性水平 $\alpha=5\%$，查表得自由度为 8 时临界值为 $t_{1-\alpha/2}=2.31$，自由度为 14 时临界值为 $t_{1-\alpha/2}=2.1$。

由图 5-13 可以看出，统计量 t 在 1992 年超出了临界值，由图 5-14 可以看出，统计量 t 在 1993 年超出了临界值，说明宝鸡地区年降水量系列在 1992 年或 1993 年出现了减小突变的现象。

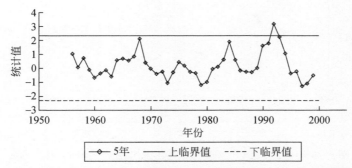

图 5-13　1956～1999 年宝鸡地区历年降水量 5 年滑动 t-检验曲线

图 5-14　1959～1996 年宝鸡地区历年降水量 8 年滑动 t-检验曲线

（3）铜川地区

根据 t-检验，取滑动长度分别为 5 年（图 5-15），计算并绘制降水时间序列滑动 t 统计量序列曲线，取显著性水平 $\alpha=5\%$，查表得自由度为 8 时临界值为 $t_{1-\alpha/2}=2.31$，由图可看出在 1969 年 t 统计量超出临界值，即为突变点。

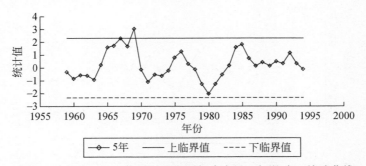

图 5-15　1959～1994 年铜川地区历年降水量 5 年滑动 t-检验曲线

为了避免任意选择子序列长度造成突变点的飘移，另外取滑动长度为 8 年（图 5-16）和 10 年（图 5-17），计算并绘制降水时间序列滑动 t 统计量序列曲线，取显著性水平 $\alpha=5\%$，查表得自由度为 14 时临界值为 $t_{1-\alpha/2}=2.1$，自由度为 18 时临界值为 $t_{1-\alpha/2}=2.03$，由图可知，未出现突变点。

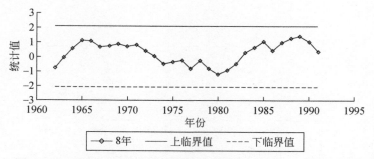

图 5-16　1962~1991 年铜川地区历年降水量 8 年滑动 t-检验曲线

图 5-17　1964~1989 年铜川地区历年降水量 10 年滑动 t-检验曲线

结合 Mann-Kendall 突变检验法和 t-突变检验法分析中可以看出：铜川地区降水量时间序列没有发生显著减小或上升的突变现象。

（4）武功地区

根据 t-检验，取滑动长度分别为 5 年（图 5-18）和 8 年（图 5-19），计算并绘制降水时间序列滑动 t 统计量序列曲线，取显著性水平 $\alpha = 5\%$，查表得自由度为 8 时临界值为 $t_{1-\alpha/2} = 2.31$，自由度为 14 时临界值为 $t_{1-\alpha/2} = 2.1$。

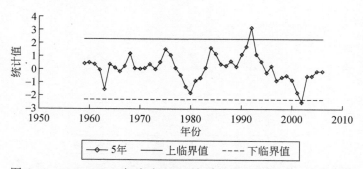

图 5-18　1959~2006 年武功地区历年降水量 5 年滑动 t-检验曲线

从图 5-18 可以看出，统计量 t 在 1992 年超出临界值，说明降水系列自 1992 年呈显著减小趋势，发生突变现象。同时由图 5-18~图 5-20 可看出，在 2000 年 t 统计量超出临界值。

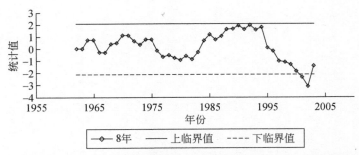

图 5-19　1962~2003 年武功地区历年降水量 8 年滑动 t-检验曲线

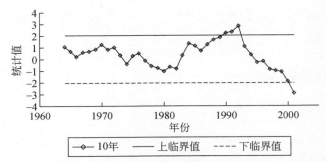

图 5-20　1964~2001 年武功地区历年降水量 10 年滑动 t-检验曲线

从 Mann-Kendall 突变检验法和 t-突变检验法分析中可以看出：武功地区年降水时间序列在 1992 年发生突变现象，到 20 世纪 90 年代中后期降水呈显著减小趋势。两种方法互相验证，结论比较可靠。

（5）长武地区

根据 t-检验，取滑动长度分别为 5 年（图 5-21）和 8 年（图 5-22），计算并绘制降水时间序列滑动 t 统计量序列曲线，取显著性水平 $\alpha = 5\%$，查表得自由度为 8 时临界值为 $t_{1-\alpha/2} = 2.31$，自由度为 14 时临界值为 $t_{1-\alpha/2} = 2.1$。

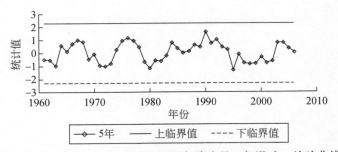

图 5-21　1961~2001 年长武地区历年降水量 5 年滑动 t-检验曲线

从图 5-21 和图 5-22 中可以看出，统计量均在临界线之内，说明长武地区降水时间序列没有发生显著减小趋势及突变现象。从 Mann-Kendall 突变检验法和 t-突变检验法分析中

图 5-22　1964～2003 年长武地区历年降水量 8 年滑动 t–检验曲线

可以看出：长武地区降水量时间序列没有发生显著减小或上升的突变现象。两种方法互相验证，结论比较可靠。

5.1.3　趋势相关性分析

（1）西安地区

图 5-23 为西安地区年降水序列的 R/S 分析，由图可知，年降水序列 H 值为 0.6103。H 值大于 0.5，说明西安地区近 50 年来降水量变化趋势有明显的 Hurst 现象，说明年降水未来的变化趋势与现有趋势相一致，即呈下降的趋势。

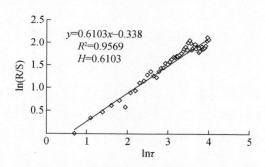

图 5-23　1951～2011 年西安地区历年降水量 R/S 分析

（2）宝鸡地区

图 5-24 为宝鸡地区年降水序列的 R/S 分析，由图可知，年降水序列 H 值为 0.678。H 值大于 0.5，说明宝鸡地区近 50 年来降水量变化趋势有明显的 Hurst 现象，说明年降水未来的变化趋势与现有趋势相一致，上升的依然上升，下降的依然下降。

（3）铜川地区

图 5-25 为铜川地区年降水序列的 R/S 分析，由图可知，年降水序列 H 值为 0.5974。H 值大于 0.5，说明铜川地区近 45 年来降水量变化趋势有明显的 Hurst 现象，说明年降水未来的变化趋势与现有趋势相一致，上升的依然上升，下降的依然下降。

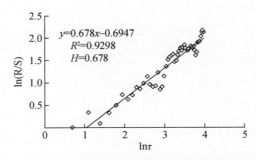

图 5-24　1952～2004 年宝鸡地区历年降水量 R/S 分析

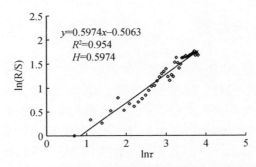

图 5-25　1955～1999 年铜川地区历年降水量 R/S 分析

（4）武功地区

图 5-26 为武功地区年降水序列的 R/S 分析，由图可知，年降水序列 H 值为 0.6613，H 值大于 0.5，说明武功地区近 55 年来降水量变化趋势有明显的 Hurst 现象，说明年降水未来的变化趋势与现有趋势相一致，上升的依然上升，下降的依然下降。

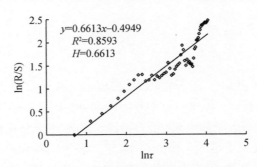

图 5-26　1955～2011 年武功地区历年降水量 R/S 分析

（5）长武地区

图 5-27 为长武地区年降水序列的 R/S 分析，由图可知，年降水序列 H 值为 0.5052，H 值接近 0.5，说明长武地区近 55 年来降水变化趋势并不明显，目前的趋势在未来可能发生改变或者趋向稳定。

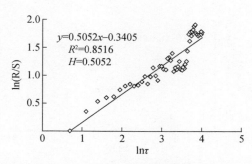

图 5-27 1957~2011 年长武地区历年降水量 R/S 分析

5.1.4 降水特性分析结论

根据汾渭平原各地区近 50 年的降雨量资料及统计分析结果可看出，汾渭平原大部分地区历年降水整体上呈减小趋势，如西安、宝鸡、铜川、武功、长武、太原、介休和临汾地区；由相关性分析结果可看出，太原和长武地区的降水在未来的趋势可能发生变化或与现状保持一致。西安、宝鸡、铜川、武功、介休和临汾地区的降水在未来的变化趋势与现有趋势呈正相关，即未来降雨仍然为上下波动过程中保持下降趋势。

侯马地区近 20 年降雨整体上呈上升趋势，由相关性分析结果可看出，汾河平原侯马地区的降水在未来的趋势与现有趋势呈反相关，即未来降雨在上下波动过程中保持下降趋势。

5.2 旱涝演变规律

5.2.1 时序特征

（1）西安地区

根据表 5-3 和图 5-28 可知，旱涝程度在重涝以上（重涝和特涝，下同）的年份共有 8年，分别是 1952 年、1957 年、1958 年、1964 年、1981 年、1983 年、1996 年和 2003 年，其中 1952 年、1958 年、1964 年和 1983 年为特涝，其他年份为重涝，发生重涝以上的年份占总年份的 14.6%。发生中涝的年份共有 14 年，轻涝的年份有 3 年，发生干旱灾害的年份集中在轻旱级别，共有 22 年，占总年份的 40%。从整体上看，发生涝灾年份大于发生干旱灾害年份。

在对西安地区 1951~2005 年旱涝进行分析的结果中可以看出：

对于涝灾，1951~2005 年，标准化降水指标反映出的重涝以上级别年份有 8 年，中涝年份有 14 年；降水距平百分率所反映出的重涝以上级别的年份有 4 年，中涝年份有 2 年，其中 1957 年和 1964 年的中涝在标准化降水指标中以重涝和特涝体现，1952 年的重涝以特涝体现；而相对湿润度指数对涝灾响应较弱，仅 1969 年发生轻涝。由此可看出，对于旱涝程度中涝灾的敏感度标准化降水指标最强，降水距平百分率次之，相对湿润度指数最弱。

表 5-3　西安地区 3 种指标对应旱涝发生年份统计

旱涝等级		指标类型		
		降水距平百分率	相对湿润度指数	标准化降水指标
4	特涝	1958、1983、2003		1952、1958、1964、1983
3	重涝	1952		1957、1981、1996、2003
2	中涝	1957、1964		1954、1961、1963、1968、1970、1974、1975、1984、1987、1988、1989、1991、1998、1999
1	轻涝	1970、1975、1981、1984、1988、1996	1969	1955、1956、1960
0	正常	1951、1953、1954、1955、1956、1960、1961、1962、1963、1965、1966、1967、1968、1971、1972、1973、1974、1976、1978、1979、1980、1982、1985、1987、1989、1991、1992、1994、1998、1999、2000、2004、2005	1951、1952、1953、1954、1955、1956、1957、1958、1960、1961、1962、1963、1964、1965、1966、1967、1968、1970、1971、1972、1973、1974、1975、1976、1978、1979、1980、1981、1982、1983、1984、1985	1959、1969、1977、1986、1995、1997、2001、2002
-1	轻旱	1969、1986、1990、1993、2001、2002	1959、1977、1986、1995、1997、2001、2002	1951、1953、1962、1965、1966、1967、1971、1972、1973、1976、1978、1979、1980、1982、1985、1990、1992、1993、1994、2000、2004、2005
-2	中旱	1959、1977、1997		
-3	重旱			
-4	特旱	1995		

对于干旱，降水距平百分率反映出的特旱年份为 1995 年，中旱年份为 1959 年、1977 年和 1997 年，而在相对湿润度指数中以轻旱级别体现，在标准化降水指标中以正常级别体现；相对湿润度指数和标准化降水指标对于干旱的响应较弱，中旱以上级别的旱灾没有发生。由此可知，降水距平百分率对于干旱响应快，相对湿润度指数和标准化降水指标次之。

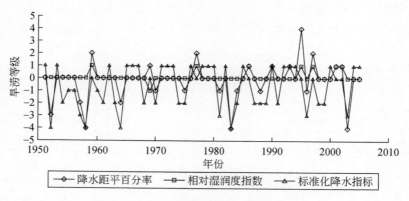

图 5-28　西安地区 3 种指标的旱涝等级图

（2）宝鸡地区

在对宝鸡地区 1952～2004 年旱涝进行分析的结果（图 5-29 和表 5-4），可以得到以下结论。

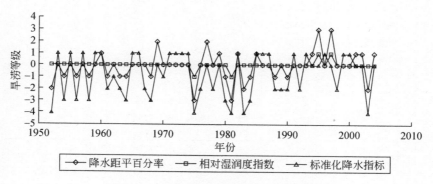

图 5-29　宝鸡地区 3 种指标的旱涝等级图

表 5-4　宝鸡地区 3 种指标对应旱涝发生年份统计

旱涝等级		指标类型		
		降水距平百分率	相对湿润度指数	标准化降水指标
4	特涝			1952、1975、1981、1983、2003
3	重涝	1975、1981		1954、1956、1958、1964、1968、1980、1984
2	中涝	1952、1983、2003		1961、1963、1967、1976、1978、1988、1989、1990、1992、1998

续表

旱涝等级		指标类型		
		降水距平百分率	相对湿润度指数	标准化降水指标
1	轻涝	1954、1956、1958、1961、1963、1964、1968、1980、1984、1988、1990	1975、1981	1962、1970
0	正常	1953、1955、1957、1959、1962、1965、1966、1967、1970、1971、1972、1973、1974、1976、1978、1986、1987、1989、1991、1992、1993、1996、1998、1999、2000	1952、1953、1954、1955、1956、1957、1958、1959、1960、1961、1962、1963、1964、1965、1966、1967、1968、1969、1970、1971、1972、1973、1974、1976、1977、1978、1979、1980、1982、1983、1984、1985、1986、1987、1988、1989、1990、1991、1992、1993、1994、1996、1998、1999、2000、2001、2002、2003、2004	1969、1977、1979、1994、1995、1997、2001、2002、2004
−1	轻旱	1960、1979、1982、1985、1994、2001、2002、2004	1995、1997	1953、1955、1957、1959、1960、1965、1966、1971、1972、1973、1974、1982、1985、1987、1991、1993、1996、1999、2000
−2	中旱	1969、1977		
−3	重旱	1995、1997		
−4	特旱			

对于涝灾，1952~2004 年，标准化降水指标反映出的重涝以上级别年份有 12 年，中涝年份有 10 年；降水距平百分率反映出的重涝以上级别的年份有 2 年，中涝年份有 3 年，其中中涝和特涝年份在标准化降水指标中以特涝体现；而相对湿润度指数对涝灾响应较弱，仅 1975 年和 1981 年发生轻涝；由此可看出，对于旱涝程度中涝灾的敏感度标准化降水指标最强，降水距平百分率次之，相对湿润度指数最弱。

对于干旱，降水距平百分率反映出的重旱年份为 1995 年和 1997 年，中旱年份为 1969 年和 1977 年，而在相对湿润度指数中分别以轻旱和正常级别体现，在标准化降水指标中以正常级别体现；相对湿润度指数和标准化降水指标对于干旱的响应较弱，中旱以上级别的旱灾没有发生。由此可知，降水距平百分率对于干旱响应较快，相对湿润度指数和标准化降水指标次之。

（3）铜川地区

在对铜川地区 1955~1999 年旱涝进行分析的结果（图 5-30 和表 5-5），可以得到以下结论。

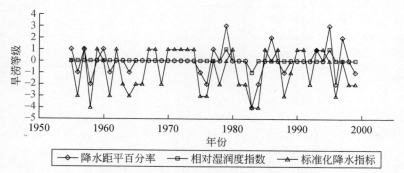

图 5-30　铜川地区 3 种指标的旱涝等级图

表 5-5　铜川地区 3 种指标对应旱涝发生年份统计

旱涝等级		指标类型		
		降水距平百分率	相对湿润度指数	标准化降水指标
4	特涝	1983		1958、1983、1984
3	重涝			1956、1961、1964、1975、1976、1988、1996
2	中涝	1958、1976、1984、1996		1963、1965、1966、1969、1978、1981、1982、1992、1998、1999
1	轻涝	1956、1961、1964、1975、1988、1999	1983	1989
0	正常	1959、1962、1963、1965、1966、1967、1968、1969、1970、1971、1972、1973、1974、1978、1980、1981、1982、1985、1987、1989、1990、1991、1992、1994、1998	1955、1956、1957、1958、1959、1960、1961、1962、1963、1964、1965、1966、1967、1968、1969、1970、1971、1972、1973、1974、1975、1976、1977、1978、1980、1981、1982、1984、1985、1986、1987、1988	1955、1960、1977、1979、1986、1995、1997
−1	轻旱	1955、1957、1960、1977、1993	1979、1995	1957、1959、1962、1967、1968、1970、1971、1972、1973、1974、1980、1985、1987、1990、1991、1993
−2	中旱	1986、1997		
−3	重旱	1979、1995		
−4	特旱			

对于涝灾，1955～1999 年，标准化降水指标反映出的重涝以上级别年份有 10 年，中涝年份有 10 年；降水距平百分率反映出的重涝以上级别的年份有 1 年，中涝年份有 4 年，其中轻涝年份在标准化降水指标中以重涝体现，中涝年份中 1958 年和 1984 年以特涝体现；而相对湿润度指数对涝灾响应较弱，仅 1983 年为轻涝年份。由此可看出，对于旱涝程度中涝灾的敏感度标准化降水指标最强，降水距平百分率次之，相对湿润度指数最弱。

对于干旱，降水距平百分率反映出的重旱年份为 1979 年和 1995 年，中旱年份为 1986 年和 1997 年，而在相对湿润度指数中分别以轻旱和正常级别体现，在标准化降水指标中以正常级别体现；相对湿润度指数和标准化降水指标对于干旱的响应较弱，中旱以上级别的旱灾没有发生。由此可知，降水距平百分率对于干旱响应较快，标准化降水指标次之，相对湿润度指数最弱。

（4）武功地区

在对武功地区 1955～2011 年旱涝进行分析的结果（图 5-31 和表 5-6），可以得到以下结论。

对于涝灾，1955～2011 年，标准化降水指标反映出的重涝以上级别年份有 11 年，中涝年份有 12 年；降水距平百分率反映出的重涝以上级别的年份有 6 年，中涝年份有 1 年，其中 1975 年中涝年份在标准化降水指标中以特涝体现，轻涝年份 1968 年、1970 年和 1988 年以重涝体现；而相对湿润度指数对涝灾响应较弱，轻涝发生年份有 3 年，分别为 1958 年、1983 年和 1984 年。由此可看出，对于旱涝程度中涝灾的敏感度标准化降水指标最强，降水距平百分率次之，相对湿润度指数最弱。

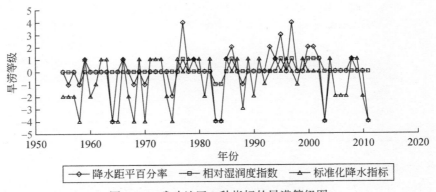

图 5-31　武功地区 3 种指标的旱涝等级图

对于干旱，降水距平百分率反映出的特旱年份为 1977 年和 1997 年，重旱年份为 1995 年，中旱年份为 1986 年、1993 年、2000 年和 2001 年，其中特旱和重旱在相对湿润度指数中以轻旱级别体现，在标准化降水指标中以正常级别体现；相对湿润度指数和标准化降水指标对于干旱的响应较弱，中旱以上级别的旱灾没有发生。由此可知，降水距平百分率对于干旱响应较快，相对湿润度指数和标准化降水指标次之。

表5-6 武功地区3种指标对应旱涝发生年份统计

旱涝等级		指标类型		
		降水距平百分率	相对湿润度指数	标准化降水指标
4	特涝	1958、1964、1983、1984、2003、2011		1958、1964、1965、1975、1983、1984、2003、2011
3	重涝			1968、1970、1988
2	中涝	1975		1955、1956、1957、1960、1967、1974、1981、1990、2005、2006、2007、2010
1	轻涝	1956、1968、1970、1988	1958、1983、1984	1961、1992、1998
0	正常	1955、1957、1960、1961、1962、1963、1965、1967、1969、1971、1972、1973、1974、1976、1978、1980、1981、1982、1987、1989、1990、1991、1992、1996、1998、1999、2004、2005、2006、2007、2009、2010	1955、1956、1957、1959、1960、1961、1962、1963、1964、1965、1966、1967、1968、1969、1970、1971、1972、1973、1974、1975、1976、1978、1979、1980、1981、1982、1985、1987、1988、1989、1990、1991、1992	1977、1986、1993、1995、1997、2000、2001、2002
−1	轻旱	1959、1966、1979、1985、1994、2002、2008	1977、1986、1995、1997、2000、2001、2002	1959、1962、1963、1966、1969、1971、1972、1973、1976、1978、1979、1980、1982、1985、1987、1989、1991、1994、1996、1999、2004、2008、2009
−2	中旱	1986、1993、2000、2001		
−3	重旱	1995		
−4	特旱	1977、1997		

(5) 长武地区

在对长武地区1957～2011年旱涝进行分析的结果（图5-32和表5-7），可以得到以下结论。

对于涝灾，1957～2011年，标准化降水指标反映出的重涝以上级别年份有12年，中涝年份有10年；降水距平百分率反映出的重涝以上级别的年份有2年，中涝年份有4年，其中中涝和重涝在标准化降水指标中以特涝级别体现；相对湿润度指数反映出的重涝以上级别有1年，中涝有1年，中涝在标准化降水指标中以特涝体现。从整体上看，对于旱涝程度中涝灾的敏感度标准化降水指标最强，降水距平百分率次之，相对湿润度指数最弱。

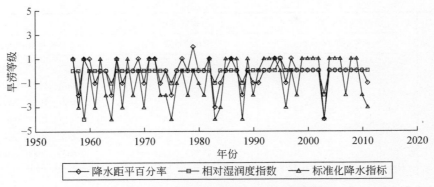

图 5-32　长武地区 3 种指标的旱涝等级图

表 5-7　长武地区 3 种指标对应旱涝发生年份统计

旱涝等级		指标类型		
		降水距平百分率	相对湿润度指数	标准化降水指标
4	特涝	2003	1959	1964、1975、1983、1988、2003
3	重涝	1983		1958、1961、1966、1970、1984、1996、2011
2	中涝	1958、1964、1975、1988	2003	1963、1968、1973、1974、1978、1981、1990、1998、2007、2010
1	轻涝	1961、1966、1970、1973、1984、1990、1991、1996、2011	1964、1975、1983、1988	1976、1980
0	正常	1962、1963、1967、1968、1974、1976、1978、1980、1981、1985、1987、1989、1992、1993、1998、1999、2000、2001、2002、2004、2005、2006、2007、2008、2009、2010	1957、1958、1960、1961、1962、1963、1965、1966、1967、1968、1969、1970、1971、1972、1973、1974、1976、1977、1978、1979、1980、1981、1982、1984、1985、1986、1987、1989、1990、1991、1992、1993、1994、1996、1997、1998、1999、2000、2001、2002、2004、2005、2006、2007、2008、2009、2010、2011	1960、1969、1977、1979、1991、1995、1997

旱涝等级		指标类型		
		降水距平百分率	相对湿润度指数	标准化降水指标
-1	轻旱	1957、1959、1960、1965、1969、1971、1972、1977、1982、1986、1994、1997	1995	1957、1959、1962、1965、1967、1971、1972、1982、1985、1986、1987、1989、1992、1993、1994、1999、2000、2001、2002、2004、2005、2006、2008、2009
-2	中旱	1979		
-3	重旱			
-4	特旱	1995		

对于干旱，降水距平百分率反映出的特旱年份为 1995 年，中旱年份为 1979 年，其中中旱和特旱而在相对湿润度指数中分别以正常和轻旱级别体现，在标准化降水指标中以正常级别体现；相对湿润度指数和标准化降水指标对于干旱的响应较弱，中旱以上级别的旱灾没有发生。由此可知，降水距平百分率对于干旱响应较快，标准化降水指标次之，相对湿润度指数最弱。

根据《中国气象灾害大典》所记载的各地区旱涝灾情和 3 种旱涝评价指标的对比分析可知，相对湿润度指数和标准化降水指标对旱涝灾害的评价结果与真实情况偏差较大，而降水距平百分率的计算结果较为接近实际情况，且计算较为简单，意义明确。

5.2.2　空间分布特征

表 5-8 为渭河平原各地区近 50 年（1955～2005 年）根据降水距平百分率划分的旱涝等级统计结果。由表可知，武功地区出现重涝以上年份最多，为 6 次，频率为 12%；西安出现重涝以上年份为 4 次，频率为 8%；宝鸡和长武出现重涝以上年份各为 2 次，频率为 4%；出现重涝以上年份最少的为铜川，1 次，频率为 2%；出现中涝年份最多的为铜川和长武，4 次，频率为 8%，西安和宝鸡出现中涝年份均为 2 次和 3 次，频率为 4% 和 6%，出现中涝年份最少的为武功，1 次，频率为 2%；出现轻涝年份最多的地区为宝鸡，11 次，频率为 22%，长武出现轻涝年份为 9 次，频率 18%，西安和铜川地区出现轻涝年份均为 6 次，频率为 12%，出现轻涝年份最少的地区为武功，4 次，频率为 8%。出现重旱以上年份最多的为武功，3 次，频率为 6%，宝鸡和铜川出现重旱以上年份为 2 次，频率为 4%，西安和长武出现重旱以上年份最少，各 1 次，频率为 2%；出现中旱年份最多的为武功，4 次，频率为 8%，西安出现中旱年份为 3 次，频率为 6%，宝鸡和铜川出现中旱年份各 2 次，频率为 4%，长武出现最中旱年份最少，1 次，频率为 2%；出现轻旱年份最多的地区为长武，12 次，频率为 24%，宝鸡为 8 次，频率为 16%，武功为 7 次，频率为 14%，西安为 6 次，频率为 12%，最少的地区为铜川，5 次，频率为 10%。

表 5-8　渭河平原各地区旱涝发生年份统计

旱涝等级		西安	宝鸡	铜川	武功	长武	频率（%）
4	特涝	1958、1983、2003		1983	1958、1964、1983、1984、2003、2011	2003	4.4
3	重涝	1952	1975、1981			1983	1.2
2	中涝	1957、1964	1952、1983、2003	1958、1976、1984、1996	1975	1958、1964、1975、1988	5.2
1	轻涝	1970、1975、1981、1984、1988、1996	1954、1956、1958、1961、1963、1964、1968、1980、1984、1988、1990	1956、1961、1964、1975、1988、1999	1956、1968、1970、1988	1961、1966、1970、1973、1984、1990、1991、1996、2011	14.0
0	正常	1951、1953、1954、1955、1956、1960、1961、1962、1963、1965、1966、1967、1968、1971、1972、1973、1974、1976、1978、1979、1980、1982、1985、1987、1989、1991、1992、1994、1998、1999、2000、2004、2005	1953、1955、1957、1959、1962、1965、1966、1967、1970、1971、1972、1973、1974、1976、1978、1986、1987、1989、1991、1992、1993、1996、1998、1999、2000	1959、1962、1963、1965、1966、1967、1968、1969、1970、1971、1972、1973、1974、1978、1980、1981、1982、1985、1987、1989、1990、1991、1992、1994、1998	1955、1957、1960、1961、1962、1963、1965、1967、1969、1971、1972、1973、1974、1976、1978、1980、1981、1982、1987、1989、1990、1991、1992、1996、1998、1999、2004、2005、2006、2007、2009、2010	1962、1963、1967、1968、1974、1976、1978、1980、1981、1985、1987、1989、1992、1993、1998、1999、2000、2001、2002、2004、2005、2006、2007、2008、2009、2010	51.6
-1	轻旱	1969、1986、1990、1993、2001、2002	1960、1979、1982、1985、1994、2001、2002、2004	1955、1957、1960、1977、1993	1959、1966、1979、1985、1994、2002、2008	1957、1959、1960、1965、1969、1971、1972、1977、1982、1986、1994、1997	15.2
-2	中旱	1959、1977、1997	1969、1977	1986、1997	1986、1993、2000、2001	1979	4.8
-3	重旱		1995、1997	1979、1995	1995		2.0
-4	特旱	1995			1977、1997	1995	1.6

从整个区域上看，发生重涝以上频次为 15，占总年份的 5.6%，中涝发生频次为 14，占总年份的 5.2%，轻涝发生频次为 36，占总年份的 14.0%。发生重旱以上频次为 9，占总年份的 3.6%，中旱发生频次为 12，占总年份的 4.8%，轻旱发生频次为 38，占总年份的 15.2%。正常年份频率为 51.6%。

5.2.2.1 典型干旱灾害

南涝北旱或北涝南旱等局部地区干旱的情况几乎每年都有发生，这种局部地区的干旱，往往是连续 3~5 个月不见降水，或在盛夏雨量很少，形成短时间的季节性干旱，如在渭河平原（关中平原）地区经常出现冬春旱和伏旱，这类干旱是常遇的现象，正如"十年九旱，三年一小旱，五年一大旱"所说，这种干旱所带来的灾害为季节性的。

近 50 年来，陕西省曾发生过 5 次较大的旱灾，其中关中平原也为重点受灾地区。

1959~1962 年连续 3 年全省性干旱，关中地区年降水量比正常年份少 50%~70%，出现连续百日无降水的情况。

1965~1966 年连续两年大旱，关中地区自 1965 年秋冬到 1966 年春夏连续干旱 300 多天。

1976~1978 年连续 3 年大旱，1976 年 9 月~1978 年 5 月，关中地区连续干旱 500 多天，形成东起韩城西至凤翔的渭北干旱带，其中 17 县最为严重，连续 20 多个月未降透雨，造成关中地区自 1929 年以来最为严重的一次旱灾。

1979~1980 年连续两年干旱，1979 年 10 月~1980 年 5 月，关中地区连旱 230 天，降水量比正常年份少 60%~80%。

1995 大旱，1994 年 12 月~1995 年 7 月，全省持续干旱 200 余天，1995 年关中大部分县市年降水量仅为 300~400mm，比正常年份降水减少 40%~50%，省内大部分中小河流河水枯竭，渭河、北洛河几近断流。

几乎大部分地区都会出现局部范围不同程度的干旱现象，由于近年来大兴水利建设，每遇干旱，各类水利工程充分发挥作用，减少了干旱的损失，降低了灾害程度。

5.2.2.2 典型洪涝灾害

（1）"54·8"洪涝灾害

1954 年 8 月中旬，渭河流域普遍出现大到暴雨，主雨区覆盖甘肃省境内的渭河流域及陕西省境内的渭河中上游地区，陕西省境内临潼以上汇流区域雨量超过 100mm，受大面积长历时降雨影响，渭河流域干支流相继出现大洪水。"54·8"渭河洪水是林家村站有实测资料以来的最大洪水，仅次于 1933 年 8 月渭河大水。咸阳站洪峰流量仅次于 1898 年历史调查洪水，为建站以来实测最大洪水。

渭河"54"型洪水造成沿岸 15 个县（市）3.14 万 km^2 受灾，受灾人口 18.67 万人，死亡 96 人，直接经济损失 3211 万元（当年价）。

（2）"81·8"洪涝灾害

1981 年 8 月，渭河中下游地区普遍出现暴雨，历时长、雨量大、面积广。主雨区分布在陕西省渭河两岸地区，暴雨中心位于宝鸡市清江河一带，来自林家村以上的水量不大，林家村以下干支流洪水不断叠加，导致魏家堡、咸阳、临潼各段洪峰流量成倍增加，成为自"54·8"洪水以后全流域最大洪水。

"81·8"洪水渭河下游南山支流普遍倒灌，华阴、华县支流出险 11 处。临潼防护堤因排水涵洞与大堤结合不良，被洪水冲决。洪水共淹没土地 41.2 万亩，鱼池 690 亩，机井 1335 眼，钻机 2 台，倒塌房屋 443 间，经济损失 2000 万元（当年价）。

（3）"03·8"洪涝灾害

2003 年 8 月 24 日～10 月 13 日，受大范围暴雨影响，历时 50d，先后出现了 6 次洪峰，形成了"小洪水、高水位、大灾害"的局面。渭河下游遭遇了前所未有的洪涝灾害。防洪工程受到严重损坏，干支流堤防先后发生管涌、裂缝、坍塌等，下游堤防共发生决口 8 处；淹没面积大，渭河 12 条南山支流全部严重倒灌，罗纹河、方山河、石堤河等支堤相继决口，华县、华阴"二华夹槽"地区被淹面积约 200km²；受灾人口多，损失惨重，渭河下游渭南市的华县、华阴、临渭、潼关和大荔等 6 个县（市、区）的 55 个乡（镇）、714 个村受灾，受灾面积 9.19 万 hm²，其中绝收面积 8.13 万 hm²，受灾人口 56.25 万人。

"54·8"洪涝和"81·8"洪涝主雨区为整个渭河流域上中下游，洪水累计降雨过程为 8～10 天，主要由于普遍降水且为短历时暴雨所引起的。而"03·8"洪涝主雨区为渭河陕西段，洪水累计时间长达 50 多天，主要由长历时连续降雨引起的。2003 年渭河上游段没有出现暴雨或强降雨，雨区主要在渭河南岸支流，范围小、降雨强度不大，所形成的洪峰流量不大，但其造成的损失 10 年来最为严重，渭南、华县、华阴沿河岸两岸大面积淹没，两岸公路、桥涵、输电线路、水利设施严重受损。

5.2.3 演变趋势

5.2.3.1 自产水资源量

渭河平原多年平均降水量 601mm，降水总量 403.1 亿 m³；1956～2000 年平均省内自产地表水资源量 56.22 亿 m³，地下水资源量 45.06 亿 m³，两者重复计算量为 28.15 亿 m³，水资源总量 73.13 亿 m³。

渭河平原水资源分布很不均衡，在 10 个水资源四级分区中宝鸡峡至咸阳南岸区、咸阳至潼关南岸区水资源较为丰富，水资源总量分别为 22.23 亿 m³、15.11 亿 m³，占渭河平原水资源总量的 30.4%、20.7%。

5.2.3.2 入境、出境及过境水量

渭河平原流入陕西省境内的河流主要有渭河、泾河、北洛河，年均入境水资源量约 33.9 亿 m³，其中北洛河约 0.532 亿 m³，泾河约 14.01 亿 m³，渭河约 19.34 亿 m³；出境水资源量约 79.97 亿 m³，其中北洛河约 7.74 亿 m³，渭河（含泾河）约 72.23 亿 m³。入、出境水量见表 5-9。

渭河平原自产水资源量与入境水资源量之和为 107.03 亿 m³。

表 5-9 陕西省渭河平原入、出境水量 （单位：万 m³）

流域	入境水量	不同频率年入境水量			
		20%	50%	75%	95%
北洛河	5 315	7 085	4 885	3 545	2 278
泾河	140 128	186 790	128 777	93 465	60 045
渭河	193 436	269 504	170 030	115 239	68 428
流域	出境水量	不同频率年出境水量			
		20%	50%	75%	95%
北洛河	77 432	102 644	71 299	52 220	33 822
渭河（含泾河）	722 293	1 006 333	634 895	430 305	255 511

5.2.3.3 供水量变化趋势分析

1980 年以来渭河平原供水量变化情况见表 5-10。

表 5-10 渭河平原不同时期供水量调查统计

年份	地表水		地下水		其他水源		总供水量 （万 m³）
	供水量 （万 m³）	占总水量 比例（%）	供水量 （万 m³）	占总水量 比例（%）	供水量 （万 m³）	占总水量 比例（%）	
1980	259 297.21	53.07	228 906.43	46.85	354.36	0.07	488 558.00
1985	223 620.30	49.81	224 338.61	49.97	1 032.58	0.23	448 991.49
1990	243 887.25	50.24	240 683.32	49.58	873.80	0.18	485 444.37
1995	204 276.62	40.59	298 035.51	59.22	956.21	0.19	503 268.33
2000	225 927.87	43.73	289 164.94	55.97	1 549.93	0.30	516 642.73
2005	237 579.23	45.23	283 435.23	53.96	4 254.68	0.81	525 269.14
2010	213 688.56	42.26	288 575.62	57.07	3 387.87	0.67	505 652.05

由表可知，自改革开放以来，渭河平原供水量增长缓慢，1980 年总供水量约 48.86 亿 m³，2010 年约 50.57 亿 m³，年平均递增率仅为 0.11%。

引水工程始终是流域内地表水资源供水量中最重要的供水方式。1995 年以前，引水工程占地表供水总量的比例在 50% 以上，1995 年以后流域内蓄水工程供水量有所增加，到 2010 年，蓄水工程供水量达到 8.27 亿 m³，但只占地表水供水比例的 38.7%，由于调蓄能力不足，地表水供水可靠性很低。

5.2.3.4 用水量变化趋势分析

1980 年以来渭河平原各行业用水量变化统计见表 5-11。随着流域经济社会的快速发展，城镇生活、建筑业及第三产业、生态环境用水占总用水的比例越来越大；而伴随着产业结构的不断调整和优化，流域经济发展已由粗放型逐渐向集约型转变。

表5-11 渭河平原不同时期用水量情况分析

年份	项目	农业	工业	城镇生活	农村生活	建筑业及第三产业	生态环境	总计
1980	用水总量（万 m³）	402 273.50	54 073.22	12 076.03	12 711.61	3 031.23	4 693.52	488 859.10
	占总用水比例（%）	82.28	11.06	2.47	2.60	0.62	0.96	100.00
1985	用水总量（万 m³）	352 473.18	57 420.11	15 815.24	14 826.79	3 863.95	4 852.40	449 251.67
	占总用水比例（%）	78.45	12.78	3.52	3.30	0.86	1.08	100.00
1990	用水总量（万 m³）	367 892.10	70 294.45	23 998.24	17 294.28	5 975.27	5 246.58	485 794.40
	占总用水比例（%）	75.73	14.47	4.94	3.56	1.23	1.08	100.00
1995	用水总量（万 m³）	350 219.72	98 134.06	23 022.21	19 596.59	7 304.64	5 440.70	503 768.30
	占总用水比例（%）	69.52	19.48	4.57	3.89	1.45	1.08	100.00
2000	用水总量（万 m³）	337 057.09	115 748.62	26 997.67	21 153.35	10 292.21	6 051.20	517 196.70
	占总用水比例（%）	65.17	22.38	5.22	4.09	1.99	1.17	100.00
2005	用水总量（万 m³）	323 041.45	128 890.54	34 865.13	18 615.77	13 882.95	6 625.95	525 869.20
	占总用水比例（%）	61.43	24.51	6.63	3.54	2.64	1.26	100.00
2010	用水总量（万 m³）	310 419.82	90 966.81	49 553.91	27 052.39	18 506.87	9 152.30	505 652.10
	占总用水比例（%）	61.39	17.99	9.80	5.35	3.66	1.81	100.00
1980～1990年年均变化率（%）		-0.85	3.00	9.87	3.61	9.71	1.18	-0.06

年份	项目	农业	工业	城镇生活	农村生活	建筑业及第三产业	生态环境	总计
1990~2000年	年均变化率（%）	-0.84	6.47	1.25	2.23	7.22	1.53	0.65
2000~2010年	年均变化率（%）	-0.79	-2.14	8.35	2.79	7.98	5.12	-0.22
1980~2010年	年均变化率（%）	-0.76	2.27	10.34	3.76	17.02	3.17	0.11

5.2.3.5　气候变化和人类活动影响下各水循环要素的演变趋势

人类活动影响地表径流可分为水资源开发利用活动的直接影响和流域下垫面渐变累积的间接影响两大类型。前者主要指因支撑河道外社会经济发展用水需求或防汛分洪和洪水利用，通过取水（分洪）设施直接引取利用河川径流，而对河流自然流量和过程造成的直接影响。其又可分为地表水消耗量变化的影响（如蓄、引、提水工程取水及人工河道直接搬运等）和傍河地下水开采对河川径流影响两个子类。后者主要指人类社会大规模土地开发利用和土地覆盖变化活动，渐进式引起流域下垫面变化，最终累积产生流域产汇流变化的水文效应，使流域地表径流伴随过程的变化而增大或减少。例如，水土保持工程、城市化、道路硬化、森林砍伐、农林牧渔垦殖，以及大规模水利工程、地下水超采引起的土壤干化等活动，造成的流域产汇流损失、产汇流速率、降水入渗、下垫面蒸散发等产流特性发生变化，导致河川径流的量和过程发生变化的后置效应。

20世纪90年代渭河陕西省境内地表水资源量比基准期1956~1979年多年平均状况减少39.32亿m³。其中，外省入境水量减少19.46亿m³，占49.5%。省内自产地表水减少19.86亿m³，降水量减少影响9.47亿m³，占47.6%，地表、地下水开发利用消耗量变化影响8.6亿m³，占43.2%（地表水消耗量变化影响3.6亿m³，傍河地下水开采影响5.0亿m³），水保措施减水影响1.5亿m³，占7.5%，流域内植物、作物蒸腾蒸发损失等其他非生产生活用水消耗等因素影响0.33亿m³，占1.7%。图5-33和图5-34对上述变化做出具体示意。

由于形成水旱灾害的基础是水文气象条件。从水文气象学科的角度来看，影响水旱灾害形成和发展的自然因素众多，每个因素又分别有各自的时空分布过程，其遭遇组合几乎可以有无限多的可能性，使灾害过程千变万化而具有明显的随机性。

虽然水文气象学科近年来不断进步，但对来自宇宙、大气层以及地壳深层的运动造成的自然灾害的异常原因还知之甚少，还不能确定太阳黑子活动与地球气候异常的关系。特别对当前影响人类活动最频繁、最严重的自然灾害全球性的气候变暖问题，对其发展趋势及影响还很难确切估计。

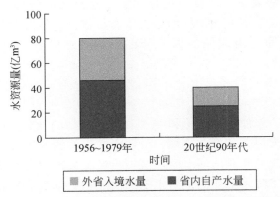

图 5-33　人类活动影响下陕西省境内地表水资源量变化

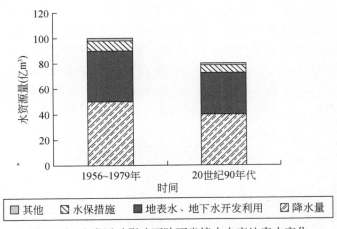

图 5-34　人类活动影响下陕西省境内自产地表水变化

对全球大气有明显影响的赤道太平洋地区海表温度距平出现异常的厄尔尼诺事件认识不足，它的出现可引起全球许多地区的干旱、雨涝等自然灾害。据国家海洋预报中心报道，2008 年前将可能是厄尔尼诺现象的多发期，预计可能发生 3 次。这些复杂的气候变化，加大了水旱灾害的不确定性和监测预报的难度。

人类活动会对气候产生影响，许多国内外专家学者对此进行了较多的研究，联合国政府间气候变化专门委员会（IPCC）指出：自 20 世纪以来全球平均地面气温已升高（0.6±0.2）℃，强降水频率有所增加，变化趋势与全球变暖的总趋势基本一致。高学杰等（2003）利用区域气候模式 RegCM2 预估 CO_2 倍增情景下中国区域未来平均气温升高约 2.5℃，平均降水约增加 12%。水循环要素作为连接大气圈和生物圈的重要纽带，也会受到气候变化引起的降水时空分布、强度和总量的变化，及蒸散发和土壤水等变化的影响。王文春（2013）在 RCPs 排放情景下山西省未来气候预测中显示至 2100 年山西区域降水将增加，由西南向东北递增；平均气温、最高气温、最低气温将上升，北部地区大于南部地区。刘兆飞和徐宗学（2009）应用统计降尺度模型，分析渭河最高气温和最低气温的变化趋势表明，温度呈增加趋势，且日最高气温较日最低气温的增幅较大，日最高气温在冬夏季的变化幅度明显大于春秋季，日最低温度在春季的变化幅度小于其他 3 个季节，空间上由流域的西北部向东南部逐渐变弱。徐宗学（2012）采用 GCMS 和水文模型耦合的方式，基于 SWAT 在渭河流域构建分布式水文模型，模拟未来不同气候变化条件下流域的径流变化的可能，结果表明流域未来径流量呈增加趋势，2046～2065 年的平均径流量为80.4 亿 m^3，2081～2100 年为 104.3 亿 m^3，较基准期多年平均径流量72 亿 m^3增加了12.4% 和45%，而日流量的变化意味着渭河流域枯季流量较基准期更低，洪峰流量较基准期更高，极端水文事件的发生有加剧的趋势。空间上的变化则是上游部分子流域和北洛河上游地区径流量较基准期有所减少，中下游地区有一定增加的趋势。但由于降水引起的地表水资源增加不足以抵消气温升高带来的影响，并且蒸散量呈上升趋势，因此将导致径流量不断降低的总体趋势，并使径流年内分布略趋平缓，而年际分布将越来越不均匀，旱涝威胁日趋严峻。对农作物的影响则是在获得相同的产量情况下会需要更多的灌溉量。在对干旱半干旱地区玉米水分利用效率预测研究中指出在渭河流域雨养玉米作物蒸发蒸腾量呈现增加的趋势，而产量则有所减少，水分利用效率有较大的降低。由于蒸发量的增加，相应增加的降雨量不能满足作物需水量，随着未来气候的变化，温度升高，蒸发蒸腾量增大，土壤缺水矛盾加剧，会造成作物产量的降低，但是针对不同的土壤类型改进灌水技术，对于未来气候变化下面临的农业困境是一个有效的措施。

5.3　旱涝归因分析

旱涝事件是由多种复杂的因子共同作用的结果，包括降水量、降水的空间分布、气温、土壤性质、地形地貌、水利设施以及人类社会的发展状况等。大致可概括为四个方面：地理位置和自然条件、社会和人类的活动、工程和非工程措施的缺失以及全球变化的不确定性。

5.3.1　干旱事件成因

(1) 气候因素

渭河平原夹持于陕北高原和秦岭山脉之间，属大陆性季风气候区、干旱地区和湿润地区的过渡地带。自然生态系统脆弱，对气候变化的反应敏感，降水和气温的变率大。气候变化对干旱灾害的影响占据主要地位，当一年或连续几年降水量减小时，就会发生干旱灾害。发生在 1995 年和 1997 年的大旱，年平均降水量分别为 362mm 和 312mm，与该地区年平均降水量相比显著减少，表明旱灾的发生大多由于当年气候变干引起的。

降水的年内和年际分配不均也是造成渭河平原发生干旱灾害的主要原因。如降水季节与作物生长期需水不同步，降水不能满足作物需水，就会产生干旱灾害。降水主要发生在夏秋两季、春冬两季较少。当降水较多地集中在夏季时，出现洪涝时，同时产生秋季的干旱灾害；当降水较多地集中在秋季时，夏季往往会出现干旱灾害；而春冬两季降水偏少，易发生干旱灾害。这些都是由于降水的年内分配不均所引起的。

（2）水资源分布不均衡

渭河平原（关中地区）水资源缺乏，人均和亩均耕地占有水量分别为 400.5m³ 和 330m³，占全国平均水平的 17% 和 15%（王文科等，2001）。关中地区属典型的资源性缺水区。

关中地区水资源的空间分布不均匀。渭河以南河流占全区河流的 2/3，水资源总量占整个关中地区的 65% 以上，而耕地面积和人口仅占 1/5；渭河以北的河流占 1/3，水资源仅占 32%，耕地面积和人口分别占 4/5。加上水资源的 65% 以上集中在汛期。

水资源在时间和空间上分布的不均衡在一定程度上导致了渭北比渭南缺水，更易发生旱灾，春冬季节比夏秋季节更易发生旱灾。

（3）水利设施不健全

水利设施老化，不能满足抗旱要求。工程性缺水问题比较突出，供水工程不足。现有水利工程调节能力差，蓄水工程少，在丰水季节致使大量水源浪费，而枯水季节时往往水源不足，致使农业受灾。同时，现有一些水利工程老化失修，水库淤积严重，有效库容减少，渠道输水能力下降。

（4）人类活动

由于过度垦殖，尤其是耕种陡坡，破坏了地表植被，引起生态失调；不合理的修路等建设加剧了水土流失；过度放牧，引起草场退化、地表裸露造成沙漠化；严重的水土流失不但破坏了生态平衡，而且造成河道、库、塘、渠淤积，降低了现有工程的效益，加剧了干旱灾害。

同时，随着城镇发展，人口增加、饮用水大增、城市工业用水迅速增加等，导致水资源的大幅度消耗，供需矛盾突出。

5.3.2 洪涝事件成因

（1）气候因素

气候条件是造成洪涝灾害的首要因素。渭河平原属大陆性季风气候区，季风活跃程度和强度大小变化不等，使得降水量变率大。渭河流域降水量年内分配不均和年际变化强烈，是造成渭河流域洪水灾害的主要原因（张琼华和赵景波，2006）。春冬季节降水稀少，夏秋季节降水较多，集中在 7～10 月，约占全年降水的 60% 以上，流域内较长时间阴雨，或大范围暴雨容易产生洪涝灾害。

（2）水土流失严重，河道淤积，河床抬高

由于过度垦殖，尤其是耕种陡坡，破坏了地表植被，引起生态失调；不合理的修路等建设加剧了水土流失；过度放牧，引起草场退化、地表裸露造成沙漠化。由于水土流失严重，造成泥沙淤积，河道坡度变缓，下泄能力降低（张琼华和赵景波，2005）。渭河下游河床的抬高使得堤防的现有防洪标准达不到设计防洪标准，堤防十分薄弱，遇到大水，容易造成洪涝灾害。

南山支流发源于秦岭北麓，向北流入渭河，由于山区高差大、沟谷深，致使支流水流急，含推移质多，加之渭河河床的不断抬升，并受渭河倒灌影响，泥沙淤积，洪水下泄不畅，在各支流中段形成南高北仰的夹槽地势，支流中下游形成地上悬河，给当地群众的生命财产安全带来严重威胁。

（3）三门峡库区泥沙淤积和潼关高程发展变化

三门峡水库自建库以来为下游防洪、防凌、供水、灌溉和发电做出了巨大贡献。但是，由于规划设计原因，加上黄河上中游水土流失严重，泥沙淤积发展迅速，泥沙大量淤积在库尾，潼关高程比建库前抬高，渭河、北洛河等支流河口形成拦门沙，抬高水位，威胁河流两岸的安全。

（4）防洪工程建设薄弱

堤防质量差，隐患多，不达标，遇洪水后容易发生溃决现象。很多现有堤防大多是在不同时期应急设防的基础上加高加厚而成的，堤身质量差，沿堤修建的排水管和放淤闸与堤身结合不良，给洪水泄流带来隐患。

（5）防洪非工程措施不完善

大部分水文站测报设施差，洪水预报预警系统建设滞后，报汛通信手段落后，防汛抢险机械不足，机动抢险能力差。工程管理基础设施陈旧，交通、通信、观测设备及养护机械不足。

（6）"二华夹槽"典型地带洪涝灾害及成因分析

"二华夹槽"地带位于渭河下游地段，距离入黄口很近，包括华县和华阴市两个行政区域，南面为秦岭山脉，北面为地上悬河"渭河"。由于其地势为南北高、东西低，形成狭长的低洼地带，像矩形夹槽一样。2003年8月发生在渭河下游的"03·8"洪水造成了南岸陕西省华县、华阴市支流堤防全面失守，发生了11处决口。渭河大堤和老西潼公路之间几乎全部被淹。华县、华阴市淹没区66个行政村，10万多灾民无家可归。

造成渭河下游"二华夹槽"洪涝灾害的原因是多方面的，具体如下。

首先，受气候因素的影响，连续的降雨次数多、历时长，是导致发生洪涝灾害的直接因素。50d内连续出现了6次大范围的降雨，累计降雨32d，渭河上游降水总量450～550mm，中下游以北地区降水总量为400～500mm，南岸秦岭北麓地区达到500～700mm，较历年同期偏多。

其次，由于泾、洛、渭河上中游水土流失严重，导致下游河床泥沙淤积严重，河床不断升高，使河槽下泄能力减弱，渭河河床已高出"二华夹槽"地带2～4m，形成越来越明显的低洼地带。渭河变成"悬河"，必然成为"二华夹槽"发生洪涝灾害的另一大主要原因。

最后，由于三门峡水库泥沙淤积，黄河潼关高程的抬高，造成渭河下游出水受阻。"二华夹槽"地带以北是高于地面的渭河，以南为秦岭山脉，形成东西走向低、南北两边高的特殊地形。受渭河自身的泥沙淤积和入黄口淤堵的影响，再加上特殊的"二华夹槽"地形条件，大大加重了洪涝灾害损失。

5.4   旱涝影响分析

5.4.1   影响分析概述

5.4.1.1   干旱影响分析概述

(1) 对农业的影响

旱灾对农业的影响主要表现为影响农作物的产量。作物主要通过根从土壤中吸收水分，其中很少一部分水分用于构成新组织，绝大部分都通过叶片蒸发散播到空气中，参加土壤—大气系统的物质与能量交换。一旦土壤缺水，植株体水分收支不平衡，就会引起水分亏缺，造成干旱危害。植物水分亏缺，细胞膨压下降到零，叶片就会出现萎蔫，使植物受到一系列危害（王秀云等，2008）。渭河平原的农业基本属于气候性农业，农作物产量受气候影响很大。同时，部分地区灌溉条件较差，抵御旱灾的能力较弱，因此每年农业受旱灾影响很大。据统计 1994 年和 1995 年，粮食损失量分别占到当年粮食产量的 22.3% 和 24.8%，如此严重的损失情况，严重威胁渭河平原的粮食安全保障。2009 年，渭河平原发生了 30 年一遇的冬春连旱和区域性夏旱，旱情严重，持续时间长。冬春旱期间，咸阳市有 5 万 hm² 冬小麦和油菜严重受旱，占到播种面积的 53%，为近 10 年来同期受旱面积最大的一年。渭河平原中东部地区仅 2009 年 8 月中旬就有 8 万 hm² 作物受旱，其中富平、蒲城、韩城等地 1.33 万 hm² 作物严重受旱，秋玉米等夏田作物生长受阻。2010 年渭河平原累计受旱时间 148d，影响渭河平原 53 个县（区）。其中冬春连旱 88d，作物受灾面积最严重时达到 308.667 万 hm²，灾害主要集中在小麦区；夏播期间再次遭受持续 38d 干旱，影响 396.667 万 hm² 在田农作物。

干旱对农业生产的影响和危害程度与其发生季节、时间长短以及作物所处的生育期密切相关。以 2005 年为例，春旱造成渭北春播整地困难，播种进度缓慢，出苗不齐，没有灌溉条件的田块小麦茎叶发黄发干。4 月底 5 月初，春旱发展到较重程度，小麦抽穗、扬花、灌浆、乳熟和洋芋块茎膨大受阻，旱秋播种推迟，已播旱秋不同程度地存在缺苗断垄现象。2005 年夏旱期间，由于麦收后土地裸露，加之持续高温，致使农田蒸腾迅速加剧，农田失墒严重，土壤墒情急剧下降，渭北旱地干土层达 30mm 以上，下播种子爆裂。旱情严重影响了夏播作物的出苗生长和发育。玉米萎蔫拧绳，苹果等经济果林果实偏小，落果严重，特别是在玉米授粉抽花、结棒的关键时期，急剧发展的旱情造成玉米发育迟缓受阻。关中东部和渭北一带受旱最为严重，受旱面积占到播种面积的 78%，绝收面积 15 万亩，粮食损失 10 亿余元。同时还有 100 多万亩林果田受旱，灾害损失是 2000 年以来最重的一年。

干旱情况下，水产养殖投苗或将延后，造成水产养殖业的损失，间接影响水产饲料企业。随着水产养殖旺季的临近，如果旱情无法缓解，那么农户养殖积极性将受较大影响，对水产饲料生产销售企业构成利空等损失。

（2）对经济的影响

持续干旱会造成水资源短缺、电力供应紧张、用工难等一系列问题，从而对经济运行及增长带来一定的影响。

1）直接影响。持续干旱导致企业缺水限电，企业无法保证正常生产，生产效率下降，生产成本费用增加，以致严重影响工业经济正常增长。随着旱情的进一步加剧，可能会导致工业企业生产用水取水更加困难，用水缺口进一步扩大，将直接导致大部分企业因缺水而限产停产。

干旱同样导致项目建设不能按时投产达效，影响项目建设。由于长期干旱，水库、河流蓄水日益减少，致使一部分项目不得不放慢建设速度，推迟投产时间。2010年，渭河平原因干旱灾害造成直接经济损失就达19.35亿元。

2）间接影响。受大旱影响，蓄水不足，水电企业发电量大幅减少。电力供应的紧张，电力部门不得不实行"保民用、压工业"的政策，使得一些企业处于停产或间歇性停产状态。若停电或电压不稳致使企业设备损坏、产品变质，必定造成严重的经济损失。

持续干旱致使农业生产受灾严重，农产品产量普遍下降，必然严重影响农产品加工企业的生产。因原材料供应不足、价格上涨等因素，不可避免地给企业经济运行带来一定的影响。

（3）对社会的影响

干旱带来的农业减产、绝收以及城市缺水进而可能引发社会动荡。20世纪90年代，西安闹"水荒"直接影响了社会生产生活，"纺织城车间限制空调用水，车间温度高达37℃，造成工人晕倒"，"西安邮电学院数千名师生喝不上水，学校每天给每人发几根冰棍"，"啤酒饮料总厂无水难成酒，几乎停产"，"三学街、东十道巷、麦苋街、丰登路、桃园路、韩森寨、西五路、太华路地区自来水枯竭，数十万人为等候接水彻夜难眠叫苦不迭"。有些人为了攒够一天的水，甚至半夜都不停去打水；有些单位为了解决自己员工的用水，则打起了深井，开采地下水。地下水常年过度开采，形成大量地下水漏斗区，造成地面沉降，当时许多街道以及建筑都出现了塌陷和裂缝，许多民居也因此成为危房，造成了不必要的恐慌，严重影响了人们的正常生活。名胜古迹城墙因此裂缝增多，大雁塔也因此而倾斜。

（4）对生态环境的影响

干旱导致渭河平原地表水匮乏，河川断流、湖泊干涸，使得河道泥沙无法被冲走，河床升高，使得湿地减少，影响生物的多样性。干旱缺水造成地表水源补给不足，只能依靠大量超采地下水来维持居民生活和工农业发展，然而超采地下水又导致了地下水位下降、漏斗区面积扩大、地面沉降等一系列的生态环境问题。至2005年，关中地区地下水年超采量达到5.0亿 m^3 左右，地下水位呈下降趋势，地下水漏斗范围逐年扩大，导致很多环境地质问题，如西安、咸阳、宝鸡等市沉降较严重的地下水漏斗面积达400多平方千米，最大沉降2.3m。干旱使河流丧失纳污能力，使水资源水质恶化加剧，加剧了水资源短缺危机。

5.4.1.2 洪涝影响分析概述

(1) 重点防御区域——渭河下游地区

渭河下游是渭河流域及陕西省的防洪重点区域,长期以来由于受三门峡水库建成运用的影响,河道淤积严重,河床持续抬升,临渭区以下干支流河道已成为地上"悬河",水库泄流排沙能力不足,潼关高程居高不下,导致渭河下游洪水位升高,河势变化加剧,加上现有堤防工程质量差,隐患多,渭河下游大部分堤防实际防洪标准不足 10 年一遇洪水,因此渭河下游 11 个县(市、区)39 个乡镇,62.3 万人和 12.67 万 hm^2 耕地的安全严重受到洪水灾害的威胁。以 2003 年洪涝灾害为例,受南山支流堤防决口影响,二华夹槽石堤河至罗夫河区间长约 25km,宽约 8km 的区域进水受淹,涉及华县、华阴 2 县(市)、15 个乡镇、66 个村庄的 30 万人,导致 2 万 hm^2 秋田绝收。淹没区支流洪水达 5.2 亿 m^3,最大淹没水深达到 4m。降雨造成渭南市的渭北低洼地区发生了大面积内涝,秋田明水面积达到 2.93 万 hm^2,秋收和秋播受到严重阻碍。渭河下游干支流堤防出现 8 处决口,1568 处水毁险情,48 处河道工程的 805 座坝垛出险,华县、华阴市受灾最为严重,直接经济损失达 23.21 亿元,占总经济损失的 83%(陕西省渭河防洪治理工程可行性研究水文分析报告,2012)。

随着三门峡水库防洪运用方式的改变,陕西库区 335m 高程以下的水库淹没区进行滞洪运用的概率很低,淹没区内现已居住着 10 多万返库移民及部队农场的职工,有两处国家级兵器试验场和两处重要公路通过,现有防洪工程的标准是按照水库蓄滞洪运用的标准规划建设的,已不适应现状及未来的要求。

(2) 重点防御城市——西安、咸阳、渭南

西安市:据统计,1996~2012 年,西安市经济以年均超过 12% 的速度递增。同期,西安市洪涝灾害损失达 12.725 亿元。特别是 2003 年,洪涝灾害损失高达 7.16 亿元,创 20 世纪 90 年代以来之最。

咸阳市:城区洪涝灾害主要是河道洪水和北部塬面洪涝。历史上,南面经常受渭、沣河洪水威胁,北部塬面洪水每年成灾。新中国成立后较大洪涝灾害共 6 次,平均 10 年一次,渭河典型的洪水有 3 次,咸阳水文站 1898 年 8 月 1 日出现历史调查最大洪水 11 600m^3/s,1954 年 8 月 16 日出现历史实测最大洪水 7220m^3/s(称"54"型洪水),2003 年 8 月 30 日出现近年来最大洪水 5340m^3/s,洪水总量 8.124 亿 m^3,相应水位 387.86m,创该站建站以来的实测最高洪水位。

渭南市:地处晋陕豫交界的三门峡库区,境内有黄、渭、洛三河及较大支流 27 条,是陕西省洪水灾害影响最严重的地区。长期以来,黄河、渭河、洛河等给沿河人民带来福祉,但也造成了深重的灾难,工程治理速度落后于三门峡库区泥沙淤积发展的速度,灾害损失严重。据不完全统计,渭河干支流近 20 年来相继有 8 个年份发生严重洪涝灾害,造成 42 处堤防决口,直接经济损失 53.6 亿元。

(3) 下游河道排洪影响

1) 下游淤积严重,排洪能力下降。渭河上游位于黄土高原区,水土流失严重,并且河流源远流长，比降大，洪水含沙量大。加之三门峡水库的修建，造成泥沙淤积，河床逐年淤高，造成河床严重萎缩，排洪能力急剧下降。目前渭河临潼以下及二华南山支流河口段堤防临背差普遍达 2~4.4m。"悬河"的加剧和河槽的进一步萎缩，使渭洛河下游防护区地表水丧失了自流排泄条件，河弯上提下挫、自然裁弯、"横河"、"斜河"、"洪水直冲堤防"等变动加剧。

2）黄河顶托倒灌渭河、渭河顶托倒灌南山支流。黄河北干流频繁出现的高含沙洪水顶托倒灌渭洛河下游洪水，而渭河的洪水又顶托倒灌南山支流洪水，顶托倒灌致使渭河尾闾及南山支流河口淤积十分严重。目前黄河龙门站出现 2000m³/s 以上洪水即可倒灌渭河与北洛河，其影响一般在陈村附近，最远可达华县。渭洛河下游洪峰流量 1000m³/s 洪水即可倒灌南山支流，致使支流河口常形成二级水库，增加了"二华加槽"地带"悬河"堤防的抗洪负担。

3）潼关高程回升，导致渭河下游淤积加剧。虽然造成渭洛河下游河道淤积的原因是多方面的，但由于黄河来水偏枯，龙羊峡水库调蓄运用改变了来水过程，致使潼关高程回升，渭洛河下游河道淤积、防洪形势严峻，也是其重要因素之一。

5.4.2 干旱事件对农业发展的影响

渭河平原地区是我国重要的农业生产基地，是国家"七区二十三带"农业发展战略的核心地区。在分析渭河平原农业产业现状的基础上，调查了渭河平原的农业用水状况，结果显示渭河平原的农业种植结构与资源性缺水的现状存在矛盾。2010 年渭河平原农业用水占区域总用水量的 61.7%，而农业总产值仅占到区域总产值的 9.36%，高耗水低产出的农业种植结构亟须调整。此外，随着工业、生活用水量的增加以及耕地面积、粮食播种面积的减少，未来渭河平原的粮食安全将受到严重威胁。基于这种不合理的农业种植结构以及严峻的粮食安全得不到保障的现状，提出今后节水灌溉的主要方向是改变传统渠道灌溉为先进灌溉方式，如管道、滴灌、喷灌等，并进一步调整农业产业结构，适当加大节水灌溉面积，发展旱作农业，实施非充分灌溉，以达到最严格水资源管理的要求。

5.4.2.1 渭河平原农业产业现状

(1) 农业发展的基础

渭河平原地区除了拥有地理位置、人力资源和光热条件等良好的基础条件之外，从民国时期开始我国水利专家李仪祉先生就倡导修筑的关中地区泾、洛、渭、梅、沣、黑、泔、涝八个灌区以及改革开放以后水利设施的续建和改扩建等，为渭河平原地区的农业发展创造了有利的条件。

另外，从新中国成立以来，特别是改革开放以来，渭河平原地区各市县党委、政府和涉农部门始终坚持粮食生产的基础性地位，把确保粮食安全，增加粮食单产，提高农民收入作为粮食生产的重中之重，按照"良种引路，良法跟进，依靠科技，主攻单产"的思路，大力实施科技增粮工程，不断提升粮食综合生产能力，确保粮食总产稳定增长。同时也非常重视果业、蔬菜和畜牧业的发展，农业产业化水平不断提升，农业综合生产能力显著提高。尤其是中央先后出台的涉农"一号文件"，推动了农业发展，为今后进一步发展创造了条件。

（2）农业布局

渭河平原地区是我国重要的农业生产基地，按照地域和灌溉条件渭河平原农业布局主要分为以下两类。

1）关中旱原小麦、花生、甘薯、蚕桑区。该区属关中平原的南北台塬部分，地处渭北高原的南部，秦岭的北部，与关中灌区南北边缘接壤。海拔 600~800m，塬面宽广，地势平坦，光热资源丰富。年平均气温 11.0~12.3℃，≥10℃积温 3000~4400℃，无霜期 180~228d，年降水量 525~600mm，有著名的"旱腰带"之称。耕作制度一年一熟，以旱作农业为主，是陕西省第二个小麦主产区。

该区又可分为三部分：①西部旱原小麦、玉米、油、豆、杂粮区，地势较高，地面倾斜，土质较好，主产小麦、玉米、杂果等。②东部旱原小麦、花生、烟、薯、葡萄、桑蚕区，地势平坦，雨量偏少，多伏旱。旱地一年一熟，水浇地一年两熟。③南部旱原小麦、玉米、花生、桑、果区，位于渭河以南，地貌复杂，土壤多样。耕制多为两年三熟，杏、李、柿、石榴等杂果类较多。

2）关中灌区小麦、玉米、棉花、油菜、杂果、蔬菜、桑蚕区。该区位于陕西省中部，是泾、洛、渭河的冲积平原。海拔 340~600m。北与渭北旱塬毗邻，南靠秦岭，渭水横贯其中，是陕西省农业生产水平较高的地区，地势平坦，土壤肥沃。年平均气温 11.5~12.9℃，年降水量 500~700mm，≥10℃积温 3800~4450℃，无霜期 210~225d。光热水资源及社会经济条件优越，水利设施较好，是陕西省主要的灌溉农业区，一年两熟，也是小麦、棉花等作物的主要商品生产基地。

该区又可分为以下五部分：①西原小麦、玉米、油、豆区，位于渭河以北的平原地区，是陕西省油菜的高产区和主要商品油生产基地之一。②泾河下游小麦、玉米、棉、麻及苹果生产区，主要是泾惠渠和渭河流域部分灌区，是关中灌区农业发展较好的区域。③东部棉、麦、玉米、花生区，主要是洛惠渠及东方红抽渭灌区，是陕西省主要的棉花商品生产基地。④渭河沿岸小麦、玉米、菜区，位于渭河两岸川道。⑤秦岭北麓小麦、玉米、稻、果区，位于渭河以南，西起宝鸡县，东到华阴县，属秦岭北麓山前冲积扇裙带的自流灌区，地貌多样，土壤类型比较复杂，是关中地区重要的粮食生产区，也是陕西省主要的杂果生产区（陕西省地方志编纂委员会，1993）。

（3）农业种植结构

渭河平原是我国重要的粮食产区，其粮食作物的播种面积约占 78.9%（2010 年），远高于全国平均水平，见表 5-12。随着国家和陕西省对农业种植结构调整的要求，农业结构一直在不断地优化。目前粮食作物播种面积保持稳定，大幅度增加了地膜玉米等设施农业种植面积。伴随农业标准化和产业化的调整，以及国家和地区实施"一村一品"等特色农业，先后形成了以周至和眉县为中心的猕猴桃生产加工基地、礼泉和乾县苹果生产基地、三原和泾阳粮食生产基地等一系列特色和产业化的农业种植结构布局。关中地区农业结构的调整，为推动关中乃至陕西省农村经济健康发展起到了关键作用。

表 5-12　2010 年渭河平原地区种植业播种面积构成表

地区	播种总面积 （万 hm²）	粮食作物播种 面积（万 hm²）	经济作物播种 面积（万 hm²）	粮食作物 面积比重（%）	经济作物 面积比重（%）
渭河平原	233. 29	184. 00	49. 29	78. 9	21. 1
全国	15 863. 93	10 898. 58	4 965. 35	68. 7	31. 3

5.4.2.2　渭河平原农业用水分析

统计渭河平原 2010 年农业用水状况，见表 5-13，可知 2010 年农业耗水 296 558.89 万 m³，占区域总用水量的 61.68%，其中种植业耗水量占农业总用水量的 85.21%，占区域总用水量的 52.56%。然而统计 2010 年渭河平原各市（区）农业产值情况见表 5-14，却发现其农业总产值仅占到全年区域总产值的 9.36%。由此可见，这样的农业结构是相当不合理的，农用用水比重过高，会挤占工业、生活乃至生态方面的用水，不利于水资源可持续利用与地区生态环境的持续改善。

表 5-13　渭河平原 2010 年农业用水量调查统计表　　　　（单位：万 m³）

水资源四级区	地区	农业		区域总用水量
		种植业	林木渔畜	
渭河宝鸡峡至 咸阳北岸	西安市	0. 00	0. 00	445. 30
	宝鸡市	34 996. 63	7 617. 91	59 144. 96
	咸阳市	47 168. 38	9 869. 19	85 882. 03
	杨凌区	2 016. 00	269. 00	3 338. 00
	小计	84 181. 01	17 756. 10	148 810. 29
渭河宝鸡峡至 咸阳南岸	宝鸡市	12 979. 23	1 599. 98	21 342. 65
	西安市	15 095. 01	3 936. 75	26 789. 59
	小计	28 074. 24	5 536. 73	48 132. 24
咸阳至潼关 北岸	咸阳市	16 532. 86	1 911. 44	22 615. 44
	西安市	16 076. 78	1 448. 38	22 505. 74
	渭南市	58 835. 00	8 891. 20	77 867. 76
	铜川市	1 841. 81	899. 85	7 838. 90
	小计	93 286. 45	13 150. 87	130 827. 84
咸阳至潼关 南岸	咸阳市	1 693. 19	87. 78	2 624. 34
	西安市	32 903. 29	6 277. 89	126 057. 08
	渭南市	12 545. 69	1 065. 65	24 336. 69
	小计	47 142. 17	7 431. 32	153 018. 11
合计		252 683. 87	43 875. 02	480 788. 48

表 5-14　2010 年渭河平原各市（区）农业产值统计

地区	农业总产值（亿元）	农业总产值占生产总值的比重（%）
西安市	140.06	4.30
渭南市	128.94	16.10
咸阳市	203.30	18.50
宝鸡市	104.20	10.70
铜川市	14.18	7.60
杨凌区	3.75	7.90
合计	594.43	9.36

　　为解决农业耗水量过大的问题，近年来渭河平原大力推广节水灌溉技术，降低农灌用水量，从图 5-35 可以看出，陕西省渭河流域 1980～2010 年农业用水量呈现明显下降趋势。2010 年渭河流域灌区平均灌溉定额达到 344m³/亩，灌溉水利用系数为 0.52，略高于全国平均水平，属于高效用水地区，是全国农业节水灌溉技术示范区。由于农业是渭河流域的用水大户，2010 年占区域总用水量的 61.68%，因此大力推广农业节水仍然是解决渭河平原水资源短缺的有效途径。从总体上看，渭河平原目前节水灌溉面积仍然偏小，水资源利用率仍然不高，因此今后节水灌溉的主要方向是改变传统渠道灌溉为先进灌溉方式，如管道、滴灌、喷灌等，并适当加大节水灌溉面积，达到如表 5-15 的节水指标。

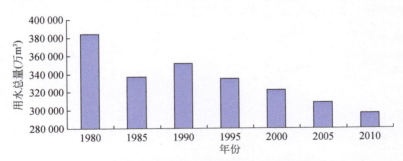

图 5-35　陕西省渭河流域不同时期农业用水情况分析

表 5-15　渭河流域农业节水指标

水平年	节水灌溉达标率（%）	灌溉水利用系数
2010	21	0.52
2020	90	0.55
2030	100	0.58

资料来源：《陕西省渭河流域综合规划报告》

　　随着生活水平的提高及非农行业用水效率大大高于农业水资源利用效率的现实，未来生活用水及非农行业用水必定会大大增加，农业用水必然会被挤占，但是又要保证国家和地区粮食安全，因此，水资源利用和农业结构的矛盾必然形成。要解决存在的这种矛盾，目前除了改进节水灌溉的方式，适当发展有效灌溉面积，适当新建扩建水源工程，提高灌溉供水能力，还可以进一步优化不合理的农业种植结构，发展旱作农业，实施非充分灌溉，以此降低区域农业用水量，对实现水资源可持续利用意义重大。

5.4.2.3 干旱对粮食安全保障的影响

(1) 关中地区粮食产量及供给现状

截至 2012 年年末，关中地区耕地面积为 171.2 万 hm²，占全省耕地面积的 54.72%；粮食总产量 798.03 万 t，占全省粮食总产量的 64.09%。粮食单产平均为 4661kg/hm²，其中西安市粮食单产水平达到 5044kg/hm²。关中地区粮食产量和耕地面积均超过全省总量的 1/2，因此关中地区粮食的稳定与可持续发展对陕西省粮食安全有着举足轻重的作用。

关中地区粮食种植夏粮以小麦为主，秋粮以夏玉米为主，除了部分地区零星种植大豆和马铃薯外，几乎全部为小麦—玉米复种模式。图 5-36 统计分析了关中地区 1997～2012 年耕地面积与粮食产量变化情况。由分析可知耕地面积呈现先下降后持平的趋势，从 1997 年的 170.9 万 hm² 降至 2003 年的 147.2 万 hm²，之后几年均维持在 151 万 hm² 左右，到 2009 年耕地面积又有所增加。粮食产量则呈现波动式上升趋势，2004 年以前随着耕地面积的波动而波动，表明粮食产量主要由其播种面积来决定；2005～2009 年耕地面积基本持平情况下，而粮食产量波动较大，2007 年粮食产量 690 万 t，2009 年粮食产量却达到864.8 万 t，这主要受粮食播种面积和粮食单产变化的影响；2009 年以后粮食面积随耕地面积的变化而变化，此时耕地面积对粮食产量的影响较大。

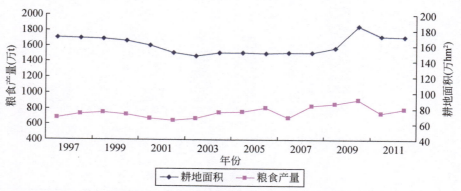

图 5-36　关中地区耕地面积与粮食产量变化态势（1997～2012 年）

(2) 粮食安全保障分析

关中地区干旱事件对农业影响严重，特别是影响粮食产量，根据《陕西省干旱灾害统计年鉴》和《陕西省救灾年鉴》等资料，统计陕西省干旱严重年份及相应粮食减产情况见表 5-16。干旱事件严重年份，粮食减产相对严重，减产比例达到粮食总产量的 10% 以上，特别是 1994 年和 1995 年，分别占到了 22.3% 和 24.8%。如此严重的损失情况，严重威胁渭河平原的粮食安全保障。渭河平原是陕西省主要的粮食生产基地，而干旱灾害的频发以及干旱灾害的严重性，势必影响关中粮食的生产。

表 5-16 干旱灾害造成粮食大减产年份及减产量

年份	比较年份	比较年产量（万 t）	减产（万 t）	减产比例（%）
1960	1958	—	104	
1961	1958	—	137	
1968	1966	—	111	
1972	1971	—	82	
1977	1976	723.00	87	12.0
1978	1976	723.00	82	11.3
1980	1979	757.00	148	19.6
1994	1993	1215.60	271	22.3
1995	1993	1215.60	302	24.8
2009	2006	1041.90	101	9.7

注：受灾年份和比较年份播种面积基本一致

根据《陕西省渭河流域综合规划报告》分析预测，渭河流域要在 2020 年保持现有的人均产粮水平，基本保持粮食供需平衡，需要粮食生产能力在现状基础上增加 40 万 t/a，但是粮食生产面临着比较效益低、耗水量大、耕地面积及粮食种植面积不断减少等制约因素，解决粮食安全只能靠提高粮食单产来解决，农田灌溉是保障粮食稳产及增产的主要措施，但是当前灌溉中存在着灌溉水源严重缺乏，灌溉基础设施薄弱，配套不完善，灌溉水质受到污染，农作物频频受害，农产品中有害残留物不断上升等严重问题。另外，随着耕地面积的减少和种植结构的调整，粮食播种面积预计会减少 160 万亩，需要在保证现有灌溉面积的基础上，继续增加新的灌溉面积才能保持粮食产量的提高。由于水资源短缺，渭河流域现状中等干旱年份灌溉缺水达 18 亿 m³，未来还会遇到工业、生活用水与灌溉争水的问题，如果不采取解决灌溉用水的措施，灌溉用水将会更加紧张；现状灌区的基础设施较为薄弱，现有灌溉面积全部发挥效益的保障难度很大，灌溉水源污染问题也将削弱农业灌溉的保障能力。因此，合理的开发和利用水资源，保障农业生产需水，特别是粮食生产需水，加强灌区设施维修，推进农业节水，减少干旱事件造成的粮食减产，可以有效地缓解关中地区乃至陕西省粮食安全问题。

5.4.3 洪涝灾害对宏观经济的影响

渭河平原是陕西省洪涝灾害频发的地区，近年来随着国家西部大开发的推进，以及区域性政策影响，国民经济快速发展，物质财富不断积累，城市化进程进一步加快，但是频发的洪涝灾害造成的经济损失也在不断增加。为研究洪涝灾害对渭河平原宏观经济的影响程度，有针对性地提出应对手段与办法，在分析关中地区 2001~2010 年近 10 年经济发展状况的基础上，结合 5 市 1 区产业发展类型及国民生产总值变化情况，利用哈罗德-多马经济增长模型定量评估了洪灾对渭河平原宏观经济增长的影响及造成的 GDP 损失。研究结果表明洪灾严重程度与洪灾对经济增长的影响呈现一定的正相关关系。

5.4.3.1 历史洪涝对宏观经济的影响

(1) 数据来源

从《陕西省统计年鉴》《陕西省水利年鉴》《陕西省灾害年鉴》和《陕西省救灾年鉴》等收集渭河平原 2001～2010 年近 10 年的 GDP、固定资产投资、经济增长重置投资（包括洪涝灾害损失、救灾及重建支出）3 项数据，整理如下表 5-17。

表 5-17　渭河平原 GDP、固定资产投资规模、洪涝灾害损失　　（单位：亿元）

年份	GDP（Y_t）	固定资产投资（I_t）	洪涝灾害损失	救灾及重建支出
2001	1396.21	430.16	0.72	0.34
2002	1635.54	543.40	1.45	0.58
2003	1932.67	686.69	43.43	10.5
2004	2219.75	868.03	3.58	1.07
2005	2625.99	1097.62	81.19	19.42
2006	3055.21	1388.36	0.91	0.26
2007	3546.07	1756.66	1.20	0.31
2008	4194.22	2430.20	1.52	0.38
2009	4871.74	3340.02	1.80	0.44
2010	5564.17	4560.55	51.26	10.27

注：表中数据均以 2010 年的价格作为基期价格

(2) 计算模型——哈罗德-多马经济增长模型

1）模型原理。现代西方经济学中把经济增长作为一个独立的领域，是从英国经济学家哈罗德（R. F. Harrod）和美国经济学家多马（E. Domar）开始的。哈罗德 1939 年发表《论动态理论》一文，试图把凯恩斯采用的短期静态均衡分析所提出的国民收入决定理论长期化和动态化，并于 1948 年出版了《动态经济学》一书。在同一时期，多马也进行了类似的研究，完全独立地提出了与哈罗德基本一致的经济增长模型（朱兴龙，2011）。

哈罗德-多马模型有如下基本假设：①社会只生产一种产品；②社会生产只使用资本 K 与劳动 L 两种生产要素；③在经济增长过程中资本—劳动比率保持不变，从而资本—产出比率也保持不变；④不存在技术进步，规模报酬不变；⑤资本存量没有折旧。

按照凯恩斯的理论，将经济因素抽象为以下几个变量。

储蓄率 s：$s=S/Y$，其中 S 表示储蓄量，Y 表示国民收入；I 表示净投资，只有当 $I=S$ 时，也就是说多余储蓄全部用作投资时，经济活动才达到平衡状态。从投资来看，根据假定条件，社会资本存量（K）和国民收入（Y）之间存在着固定的比例 $v=K/Y$。v 为常数，表示 1 个单位产量（收入）所花费的资本存量，即 $K=vY$。

在技术没有进步的假设下，资本—产出比和边际资本—产量比相同，即

$$\Delta K = v\Delta Y \tag{5-1}$$

因为假设不计算折旧，资本增量 ΔK 与投资 I 相等，即 $\Delta K = I$，因此式（5-1）可以写成

$$I = v\Delta Y \tag{5-2}$$

从储蓄方面来看，有

$$S = sY \tag{5-3}$$

式中，S 为储蓄量；s 为储蓄率。根据式（5-2）和式（5-3），当 $I=S$ 的经济均衡增长条件为

$$v\Delta Y = sY \tag{5-4}$$

令经济增长率 $G = \dfrac{\Delta Y}{Y}$，式（5-4）可以写成

$$G = \Delta Y / Y = s/v \tag{5-5}$$

式（5-5）为哈罗德–多马经济增长模型。模型的经济含义是，要实现经济均衡增长，国民收入增长率 G 就必须等于社会储蓄率 s 与资本—产出比 v 之比。

2）计算公式推导。哈罗德–多马经济增长模型表示，要求经济增长率保持稳定增长，必须具有稳定的储蓄率和稳定的资本—产出率作为保证。当社会所有储蓄用来投资，并且等于社会的需求，经济增长将实现稳定增长。

假定灾害损失的全部经济量用作投资，主要包括灾害造成的直接实物损失和防灾救灾、重建的资本投入两部分，也就是说，如果灾害不发生，这些实物性、货币性资本将全部用于社会生产与扩大再生产。

设若 Y_t 和 Y_{t-1} 分别为第 t 年和第 $t-1$ 年国民收入，ΔY 为国民收入的增量 $Y_t - Y_{t-1}$，t 年灾害损失中重置投资部分为 L_t，在没有灾害发生的情况下 L_t 将全部用来投资，根据哈罗德–多马经济增长模型得到经济增长率公式

$$G' = (I_t + L_t)\sigma / Y'_t \tag{5-6}$$

式中，G' 为无灾时的经济增长率；Y'_t 为无灾时的国民收入；$\sigma = 1/v$，为投资效率。通过：

$$G' = (Y'_t - Y_{t-1}) / Y'_t \tag{5-7}$$

得到：

$$Y'_t = (I_t + L_t)\sigma + Y_{t-1} \tag{5-8}$$

$$G' = (I_t + L_t)\sigma / \{(I_t + L_t)\sigma + Y_{t-1}\} \tag{5-9}$$

因此，由灾害造成的国民收入净损失（NL）为

$$NL = Y'_t - Y_t = (I_t + L_t)\sigma + Y_{t-1} - Y_t \tag{5-10}$$

经济增长率（GF）降低为

$$GF = G' - G \tag{5-11}$$

即为洪涝灾害对经济增长率的影响。

3）计算过程。根据哈罗德–多马经济增长模型，对关中地区 2001～2010 年 10 年间洪涝灾害对宏观经济影响进行评估计算。以 2002 年计算过程为例。

投入产出比：

$$\sigma_{2002} = \frac{1}{v} = \frac{\Delta Y}{I_{2002}} = \frac{1635.54 - 1396.21}{543.40} = 0.440$$

经济增长率：

$$G_{2002} = \frac{Y_{2002} - Y_{2001}}{Y_{2002}} \times 100\% = \frac{1635.54 - 1396.21}{1635.54} \times 100\%$$
$$= 14.633\%$$

无灾害时经济增长率：

$$G'_{2002} = \frac{(I_{2002} + L_{2002}) \times \sigma_{2002}}{(I_{2002} + L_{2002}) \times \sigma_{2002} + Y_{2001}} \times 100\%$$
$$= 14.680\%$$

GDP 损失量：

$$NL_{2002} = Y'_{2002} - Y_{2002} = (I_{200} + L_{2002}) \times \sigma_{2002} + Y_{2001} - Y_{2002} = 0.894$$

经济增长率下降比率：

$$GF = G' - G = 14.680\% - 14.633\% = 0.047\%$$

关中地区是陕西省洪涝灾害频发的地区，近年来随着国家西部大开发的推进，以及区域性政策影响，国民经济快速发展，物质财富不断积累，城市化进程不断加快，同时，一旦发生洪涝灾害，造成的经济损失也在不断增加。2001~2010 年渭河洪涝灾害对宏观经济影响计算结果见表 5-18。

表 5-18　渭河平原洪涝灾害对关中地区经济增长影响

年份	实际经济增长率（%）	无灾经济增长率（%）	经济增长率下降（%）	GDP 损失（亿元）
2001	—	—	—	—
2002	14.633	14.680	0.047	0.894
2003	15.374	16.384	1.010	23.335
2004	12.933	12.993	0.060	1.538
2005	15.470	16.652	1.182	37.237
2006	14.049	14.059	0.010	0.362
2007	13.842	13.853	0.010	0.422
2008	15.453	15.464	0.010	0.507
2009	13.907	13.915	0.008	0.454
2010	12.444	12.591	0.147	9.342

从近 10 年渭河洪涝灾害对关中地区经济发展影响分析来看，2003 年和 2005 年洪涝灾害对经济影响最大，造成经济增长率下降分别为 1.010% 和 1.182%，造成原因主要为 2003 年和 2005 年渭河流域分别发生较大洪水灾害。

图 5-37 是渭河洪涝灾害造成的 GDP 损失占当年 GDP 的比例，由图可知，就洪涝灾害造成 GDP 损失占 GDP 的比例年度之间存在较大的差异，2003 年和 2005 年，关中地区发生较大洪水，造成两岸各地区严重的洪涝灾害，给人民群众生产生活带来极大影响，表现

在对 GDP 的影响上，2003 年和 2005 年洪涝灾害造成 GDP 损失分别占到当年 GDP 的比例为 1.427% 和 1.678%。

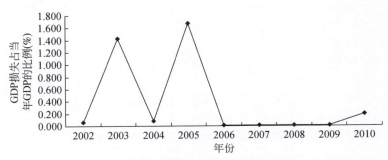

图 5-37　渭河平原洪涝灾害造成的 GDP 损失占当年 GDP 比例图

　　由图 5-38 可以看出，受洪涝灾害影响，渭河平原经济增长率随灾害发生呈现一定规律的变化。2002 年未发生较大洪灾，对经济增长率影响不大，2003 年发生较大洪灾，经济增长下降率明显增大，随后呈下降趋势，2005~2009 年变化趋势明显，2005 年受较大洪灾影响，当年经济增长下降率接近 1.2%，随后几年逐渐下降，直到趋于平衡。当然，影响经济增长的因素除洪涝灾害之外，还包含其他自然灾害以及政策性和国际大环境等因素，如 1997 年的亚洲金融危机，导致我国的经济增长增速下滑。本书所选取的研究时段内（2001~2010 年）渭河平原未发生较大的其他自然灾害，国内外经济运行相对平稳，干扰性相对较弱，陕西省政策稳健，因此在这种背景下可以判断出洪涝灾害造成的经济增长率下降与实际经济增长率存在着一定的正相关关系，如图 5-39 所示。

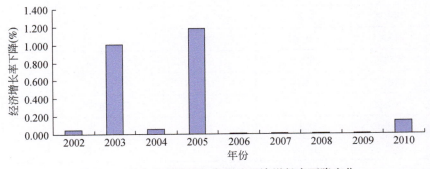

图 5-38　关中地区洪涝灾害影响经济增长率下降变化

5.4.3.2　典型洪涝对各地宏观经济的影响

（1）洪涝资料统计

2003 年渭河平原发生了 40 年来罕见的特大洪涝灾害，给渭河下游两岸造成了较大的损失，本书从《陕西省统计年鉴》《陕西省水利年鉴》《陕西省灾害年鉴》和《陕西省救

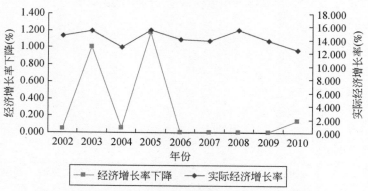

图 5-39 实际经济增长率和灾害造成经济增长率降低关系

灾年鉴》等收集了 2002 年、2003 年渭河平原各市（区）国民收入、固定资产投资、洪涝灾害损失等数据整理见表 5-19。

表 5-19 2002 年、2003 年渭河平原各市（区）国民收入、固定资产投资、洪涝灾害损失

（单位：亿元）

年份	地区	国民收入（Y_t）	固定资产投资（I_t）	洪涝灾害损失	救灾及重建支出
2002	西安市	826.68	278.96	0.27	0.14
	宝鸡市	250.37	63.67	0.24	0.11
	咸阳市	281.89	69.55	0.48	0.15
	渭南市	201.53	80.88	0.35	0.15
	铜川市	40.90	47.10	0.11	0.03
	杨凌区	9.29	3.24	0.01	0.01
2003	西安市	946.65	392.95	12.29	2.33
	宝鸡市	287.35	94.33	8.53	2.18
	咸阳市	316.77	111.08	6.31	1.55
	渭南市	230.39	64.68	10.93	2.48
	铜川市	48.69	19.47	5.25	1.46
	杨凌区	12.33	4.18	0.12	0.04

注：表中数据均为 2002 年、2003 年当年的价格

（2）计算过程

选取 2003 年作为典型年份，根据哈罗德-多马经济增长模型，对关中地区各市（区）2003 年洪涝灾害对宏观经济影响进行评估计算（计算过程以西安为例）。

1）投入产出比 σ：

$$\sigma_{西安} = \frac{1}{v} = \frac{\Delta Y}{I_{西安}} = \frac{946.65 - 826.68}{392.95} = 0.305$$

2）实际经济增长率：

$$G_{西安} = \frac{Y_{西安03} - Y_{西安02}}{Y_{西安03}} = \frac{946.65 - 826.68}{946.66} \times 100\%$$
$$= 12.674\%$$

3）无灾害时经济增长率：

$$G'_{西安03} = \frac{(I_{西安03} + L_{西安03})\,\sigma_{西安03}}{(I_{西安03} + L_{西安03})\,\sigma_{西安03} + Y_{西安02}} \times 100\%$$
$$= 13.084\%$$

4）GDP 损失量：

$$NL_{2003} = Y'_t - Y_t = (I_t + L_t)\sigma + Y_{t-1} - Y_t = 4.464（亿元）$$

5）经济增长率下降：

$$GF = G' - G = 13.084\% - 12.674\% = 0.410\%$$

分析 2003 年关中地区各市（区）洪灾对宏观经济的影响，结果见表 5-20。

表 5-20　关中地区 2003 年各市（区）洪涝灾害对经济增长的影响

地区	实际经济增长率（%）	无灾经济增长率（%）	经济增长率下降（%）	GDP 损失（亿元）
西安市	12.674	13.084	0.410	4.464
宝鸡市	12.869	14.124	1.255	4.199
咸阳市	11.011	11.699	0.688	2.468
渭南市	12.527	14.741	2.214	5.983
铜川市	15.999	20.389	4.390	2.685
杨凌区	24.655	25.360	0.704	0.116
平均	14.956	16.566	1.610	3.319

2003 年渭河流域发生全流域性大洪水，从评估结果来看，洪涝灾害对渭南、铜川经济增长影响最大，如图 5-40 所示，分别造成经济增长率下降 2.214% 和 4.390%，远高于平均降低率 1.610%，对西安影响较轻。这主要是由于渭南处于渭河下游，受洪涝灾害损失很大，所以经济增长率下降很大；而铜川，相对而言年均国民经济总产值较低，因此经济增长率受洪涝灾害影响更明显。

在 5.2.2 节中通过对洪涝灾害灾情评估，得出渭河下游地区，特别是渭南地区洪涝灾害最严重。2003 年渭河流域出现了近 40 年来没有的大范围、长历时、高强度降水过程，关中地区主要河流普遍发生洪水过程，灾害影响到整个地区。通过图 5-41，可以清楚地看出，在关中地区发生普遍性洪水过程时，渭河下游渭南地区受到灾害损失最严重，高达 5.983 亿元，西安、宝鸡地区次之，咸阳、铜川、杨凌地区影响较轻。说明渭南地区为关中地区洪涝灾害重点区域，这一结论与第 5 章灾情评估结果一致。

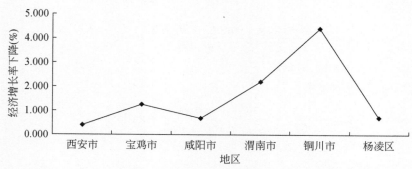

图 5-40　关中地区 2003 年各市（区）洪涝灾害对经济增长率影响

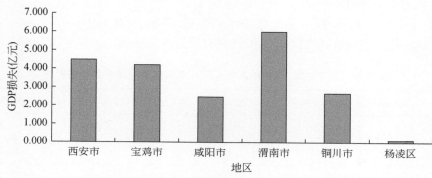

图 5-41　关中地区 2003 年各市（区）GDP 损失严重

5.4.4　渭河水沙特性及其对下游洪涝的影响

渭河下游地区属于典型的洪涝并发区。多年来由于三门峡水库的高水位蓄水运行，造成库区泥沙严重淤积，渭河下游河床抬高，临背差加大，形成悬河。主槽断面的萎缩，过洪能力的锐减，河口的上移，使黄河水倒灌渭河，引起南山支流洪水下泄不畅，造成"二华夹槽"地带及西安、大荔等低洼易涝地区完全丧失了自流排泄条件，形成内涝灾害，引发大面积盐渍化。同时由于渭河洪水具有暴涨暴落、含沙量大、冲淤变化剧烈及峰量大等特点，加之下游泥沙淤积严重，河槽过洪能力低，易造成"小洪水、高水位、大灾害"。

5.4.4.1　渭河水沙特征及变化情况

渭河属于雨源性河流，径流量随降雨而变化，具有年内分配不均，年际间变化大的特点。依据林家村站 1950～2010 年实测河道流量资料，魏家堡、咸阳、华县站 1950～2010 年实测流量资料，临潼站 1961～2010 年实测流量资料统计分析得出渭河干流各站年径流特征值和多年平均径流量年内分配情况见表 5-21 和表 5-22。

表 5-21　渭河干流各站年径流量特征值统计表

站名	控制面积（km²）	年平均径流量（亿 m³）	C_v	C_s/C_v	实测最大		实测最小		变幅 $\dfrac{W 大}{W 小}$
					W 大	年份	W 小	年份	
林家村	30 661	16.63	0.72	2.0	48.82	1964	0.840 1	1997	58.1
魏家堡	37 012	28.52	0.60	2.0	78.55	1964	3.99	2002	19.7
咸阳	46 827	40.49	0.60	2.0	111.7	1964	5.279	1995	21.2
临潼	97 299	64.49	0.60	2.0	176.4	1964	18.19	1997	9.7
华县	106 498	68.05	0.48	2.0	187.6	1964	16.83	1997	11.1

注：W 为年径流量

表 5-22　渭河干流各站多年平均径流量年内分配表

站名	1 月	2 月	3 月	4 月	5 月	6 月	7 月	8 月	9 月	10 月	11 月	12 月
林家村	2.24	2.35	3.80	5.56	8.11	7.67	14.26	15.47	17.74	13.76	6.28	2.74
魏家堡	2.09	2.08	3.38	5.92	8.11	7.42	14.41	14.41	18.32	14.78	6.28	2.80
咸阳	2.78	2.62	3.51	5.98	8.46	6.69	13.32	12.87	18.23	14.86	7.11	3.57
临潼	2.61	2.67	3.99	6.17	8.69	6.13	13.04	12.85	17.77	15.15	7.35	3.58
华县	2.50	2.59	3.56	5.77	8.23	6.22	13.66	14.17	17.75	15.06	7.22	3.27

从表 5-21 和表 5-22 中可知，渭河中游咸阳站多年平均径流量为 40.49 亿 m³，实测最大年径流量 111.7 亿 m³（1964 年），最小年径流量 5.279 亿 m³（1995 年），最大值和最小值分别是平均值的 2.76 倍和 0.13 倍；汛期 7~9 月径流量占全年径流量的 44.4%，枯水季节 12 月~次年 2 月径流量仅占全年径流量的 8.96%。渭河下游华县站多年平均径流量为 68.05 亿 m³，实测最大年径流量 187.6 亿 m³（1964 年），最小年径流量 16.83 亿 m³（1997 年），最大值和最小值分别是平均值的 2.76 倍和 0.094 倍；汛期 7~9 月径流量占全年径流量的 45.6%，枯水季节 12 月~次年 2 月径流量仅占全年径流量的 8.35%。

渭河是多泥沙河流，据渭河咸阳站 1950~2010 年实测资料统计，多年平均输沙量为 1.08 亿 t，最大年输沙量 3.89 亿 t（1973 年），最小年输沙量 0.0391 亿 t（2009 年），多年平均含沙量 25.7kg/m³，实测最大含沙量 729kg/m³（1968 年 8 月 3 日）。据渭河下游华县站 1950~2010 年实测资料统计，多年平均输沙量为 3.20 亿 t，最大年输沙量 10.6 亿 t（1964 年），多年平均含沙量 50.5kg/m³，实测最大含沙量 905kg/m³（1977 年 8 月 7 日）。

由以上分析可知，渭河咸阳站最大年输沙量为最小年输沙量的 99.5 倍，而最大年径流量仅为最小年径流量的 21.2 倍；渭河下游华县站最大年输沙量为最小年输沙量的 21.3 倍，而最大年径流量仅为最小年径流量的 11.1 倍。咸阳站年均水量（40.49 亿 m³）和年均输沙量（1.08 亿 t）分别占华县站年均水量（68.05 亿 m³）的 59.5% 和年均输沙量（3.20 亿 t）的 33.8%。泾河张家山站年均水量（13.04 亿 m³）和年均输沙量（2.23 亿 t）分别占华县站年均水量（68.05 亿 m³）的 19.2% 和年均输沙量（3.20 亿 t）的 69.7%。因此，渭河下游具有明显的水沙异源的特点，水量主要来自干流咸阳以上，沙量主要来自泾河。

另外，据统计近些年渭河中下游水沙量明显减小，渭河中游咸阳站近年来（1991~2010 年）平均水沙量分别为 21.91 亿 m^3 和 0.34 亿 t，分别较 1950~1990 年平均值减少了 55.8% 和 76.3%；渭河下游华县站近年来（1991~2010 年）平均水沙量分别为 43.5 亿 m^3 和 2.00 亿 t，分别较 1950~1990 年平均值减少 45.6% 和 47.3%。水沙条件的变化给渭河中下游治理和防汛工作带来了一系列新的问题。

5.4.4.2 渭河下游防洪存在的主要问题

（1）防洪体系不完善，防洪安全问题最为突出

由于渭河干支流堤防大多数是 20 世纪六七十年代由群众投劳兴建，工程标准低、质量差，隐患多，虽然经过多次加高、加固，但随着河床的不断淤高，防洪能力很难有质的提升，与国家的设防标准相差很远。截至 2010 年渭河下游干流 196.24km 堤防中仍有部分达不到规划防洪标准，还存在支流河口、穿堤路口、废弃穿堤建筑物等薄弱环节，支流泾河、北洛河等河流的重点防洪河段，防洪体系不健全，防洪工程不完整，部分河段尚无防洪规划。此外，洪水监测预警系统仍不完善，洪水调度体系尚未形成。

渭河下游控导工程不完善，河势没有得到有效控制，"横河"、"斜河"时有出现，特别是近年来水沙条件变化较大，河势上提下挫严重，不时危及地方安全。2003 年洪水期间，渭河下游洪峰量级不到 5 年一遇，但发生干支流地方决口达到 11 处，造成 56.25 万人受灾，137 万亩农田被淹，121.96 万亩农田绝收，18.72 万间房屋倒塌，直接经济损失高达 28 亿元。

此外，随着三门峡水库防洪运用方式的改变，库区 335m 高程以下的水库淹没区进行滞洪运用的概率很低，淹没区内现已居住着 10 多万返库移民及部队农场的职工，有两处国家级兵器试验场和两处重要公路通过，现有防洪工程的标准是按水库蓄滞洪运用的标准规划建设的，已不适用现状及未来的要求，需要进一步加强库区防洪安全建设，研究加强防洪工程强度或提高防洪工程标准的问题。

（2）水资源总量不足，配置设施有限，生态用水没有保障

渭河流域属于资源型缺水地区，中下游地区水资源时空分布极为不均，地域分布总体趋势为由南向北递减，年内约有 60% 的水量集中于 7~10 月。对泾河、渭河下游主要站点多年径流量进行统计分析，见表 5-23。从表中可以看出，泾河、渭河下游的年径流量呈现逐渐减少趋势，渭河干流咸阳站 1991~2000 年来水量为 19.19 亿 m^3，仅占多年平均的 50.4%，为 1961~1970 年水量的 0.30 倍；泾河张家山站 2001~2009 的来水量为 9.29，仅占多年平均的 68.7%，为 1961~1970 年水量的 0.48 倍。另外，流域内控制性工程设施不足，调蓄能力低，农业用水保证率低，常常挤占河道冲沙用水，造成下游河道淤积严重，河床抬高，使渭河中下游排洪能力下降，洪水位上升，中小洪水易形成"横河"、"斜河"，防洪大堤出险的概率增加，防洪形势十分严峻。随着流域经济社会的快速发展，用水量持续增加，1995~2005 年，国民经济各行业用水增加了 4 亿 m^3，年均增长 0.53%，已严重挤占生态环境用水。河流低限生态用水的不足，造成渭河中下游水体自净能力下降，水环境恶化，地下水回补不足，河道干涸、湿地减少等问题严重。

表 5-23　泾河、渭河下游不同时期径流量变化表

时段	咸阳站		张家山站		临潼站	
	径流量均值（亿 m³）	占多年平均（%）	径流量均值（亿 m³）	占多年平均（%）	径流量均值（亿 m³）	占多年平均（%）
1961~1970 年	64.67	168.8	19.17	141.8	97.09	150.3
1971~1980 年	34.16	89.7	12.30	91.0	56.77	87.9
1981~1990 年	46.74	122.7	13.96	103.3	79.01	122.3
1991~2000 年	19.19	50.4	12.45	92.1	39.95	61.8
2001~2009 年	24.28	63.8	9.29	68.7	48.63	75.3
多年平均	38.08		13.52		64.61	

（3）水沙异源特征明显，河道淤积压力沉重

明显的水沙异源特征常引起洪峰和沙峰不同步、小水大沙等不协调的水沙过程，造成渭河下游滩槽的严重淤积。2003 年 8 月洪水中沙峰在前、洪峰在后，造成了渭淤 10~28 断面滩地严重淤积的局面，这也是临潼到华县滞洪严重和洪水位居高不下的重要原因之一。典型的有 1994 年、1995 年汛期的多次高含沙小洪水过程，分别在渭河下游淤积泥沙 0.8436 亿 t、0.8244 亿 t（陕西省水利厅，2012）。

5.4.4.3　水沙特性对下游洪涝影响分析

渭河属于雨源性河流，径流量随降雨变化，年内分配不均，年际间变化大，同时渭河也是多沙的河流，水量主要来自干流咸阳以上，沙量主要来自泾河，显著的水沙异源的特点，给渭河下游防洪带来了一系列不利影响。

（1）洪水位的影响

渭河水沙特性，造成了渭河下游河道淤积严重。三门峡水库运行初期，潼关高程大幅度抬升，汇流区壅水滞沙和渭河河口拦门沙的增长，致使渭河下游发生了严重的溯源淤积；1974~1990 年，渭河下游来水来沙条件有利，且随着三门峡水库泄流设施的两次改建和采用蓄清排浑的运行方式，潼关高程基本控制在 327m 左右，渭河下游淤积减缓（蒋建军等，2007）。1991 年以后，渭河水量大幅减少，洪峰流量降低，高含沙小洪水场次增多，水沙搭配失衡，输沙水量严重不足，并且黄河干流来水偏枯以及龙羊峡水库调蓄运行改变了来水过程，造成潼关高程回升。与此同时，渭河下游河道的断面形态也发生了很大变化，河床全断面抬升，滩地也发生了大量淤积（张翠萍等，2006）。

2007 年汛后，渭河下游累计淤积泥沙 12.92 亿 m³，其中渭淤 26 断面以下淤积泥沙 13.06 亿 m³，占渭河下游总淤积量的 101.1%。大量的泥沙淤积造成渭河下游河床大幅度抬升，2007 年汛前临潼站、华县站河底平均高程分别较 1965 年汛前抬升 0.94m、1.87m，见表 5-24。

表 5-24　渭河下游临潼站、华县站典型年河床平均高程统计　　（单位：m）

时间	全断面平均河底高程		滩面高程	
	临潼站	华县站	临潼站	华县站
1965 年汛前	355.58	337.04	356.32	337.00
1977 年汛前	356.03	337.72	356.67	339.70
1981 年汛前	356.13	338.73	356.90	340.10
1992 年汛前	356.32	339.46	357.21	340.65
1996 年汛前	356.19	339.95	357.21	340.80
2003 年汛前	356.43	340.16	357.25	341.15
2007 年汛前	356.52	338.91	357.50	341.30

河床的抬升，造成渭河洪水位大幅抬升。1965 年临潼站流量 3393m³/s，洪水位 355.03m。2003 年临潼站第一次洪峰流量为 3200m³/s，洪水位 357.80m，高出 1965 年洪水位 2.77m；华县站 1965 年流量为 3200m³/s，洪水位 337.48m。2003 年华县站第二次洪峰流量为 3570m³/s，洪水位 342.76m，高出 1965 年洪水位 5.28m。

（2）对洪水传播时间的影响

河道的过流能力与过水断面面积与河道比降成正向比例关系。三门峡水库建库以后，由于溯源淤积的发展使渭河下游河道比降变缓导致水流比降减小。渭河下游的河道比降随着年代的发展变得越来越缓，河槽的宽度与过水面积随着年代的发展也变得较小，因此河道过水能力较历史年份变小。随着河道过洪能力减弱，洪水传播时间延长，根据统计分析，华县站河道的主槽过洪能力每减小 1000m³/s，临潼到华县的洪水传播时间就延长大约 2h。而渭河下游淤积是造成河道主槽断面过洪能力减弱的主要原因，也是渭河下游洪水传播时间延长的主要原因。

（3）对洪峰变形的影响

渭河水沙特性导致河床淤积，河床抬高，河槽萎缩，进而导致河道主槽过洪能力减弱，对洪峰变形造成了很大影响。

以"03·8"洪水为例，从表 5-25 可以看出，2003 年洪水的传播时间不但达历史之最，洪峰的削峰率也创历史之最，特别是第一次洪峰的削峰率达到 53.1%，流量由临潼站到华县站削减一半以上，是历史上同流量级洪水（1965 年临潼站流量 3390 m³/s，削峰率 5.6%；1974 年临潼站流量 3300 m³/s，削峰率 4.54%；1986 年临潼站流量 3120 m³/s，削峰率 4.48%）统计平均（削峰率 4.87%）的 10 倍以上。

2003 年洪水第一次洪峰含沙量较高，虽然洪峰流量不大，洪水却漫出滩外。这是由于不利的河道边界条件使 2003 年洪水流动较慢，在滩地几乎完全停滞下来，滩地滞蓄的水量较大造成第一次洪峰传播时间较长，洪峰削峰率较大。2003 年第二次洪峰洪水流量较大，临潼站最大流量 5100m³/s 是 1981 年以来的最大洪水，接近 3 年一遇洪水。华县站最大流量 3570m³/s，接近 2 年一遇洪水。由于本次洪水流量较大，加上与第一次洪峰重合使得水位较高，全部南山支流倒灌，倒灌历时长达 300 多小时，倒灌最大水深达 2.7m。如此严重的倒灌使隐患众多的南山支流堤防不堪重负，造成尤孟支堤、罗纹河东堤、方山河西堤、石堤河东堤等多处堤防先后出现决口，由于本次洪峰的大量漫滩，倒灌南山支流，再加上支流决口流失的水量，造成了二号洪峰的削峰较大，并发生较大的变形。受滩地蓄水与支流决口的影响，第三、第四次洪峰削峰率也较大，第三次洪峰削峰率达到 40%。第四次洪峰削峰率为 21.3%。第五、第六次洪峰主要来自渭河下游两岸支流，且流量较小，大部分在主槽内流动，因此其削峰较小（黄修山，2005）。

表 5-25 2003 年渭河洪峰削峰率情况表

洪峰	站名	流量（m³/s）	削峰率（%）	传播时间（h）
第一次洪峰	临潼	3200	53.1	52.3
	华县	1500		
第二次洪峰	临潼	5100	30.0	25.0
	华县	3570		
第三次洪峰	临潼	3820	40.6	27.3
	华县	2270		
第四次洪峰	临潼	4320	21.3	27.5
	华县	3400		
第五次洪峰	临潼	2660	5.3	18.5
	华县	2520		
第六次洪峰	临潼	1790		14
	华县	2010		

（4）对洪水宣泄的影响

渭河下游泥沙严重淤积，河床抬高约 5m，临背差加大，形成悬河，主槽断面萎缩，过洪能力锐减，河口上移，使黄河水倒灌渭河，引起了南山支流洪水下泄不畅，对河流行洪能力有很大的阻碍。渭河下游主槽行洪能力在三门峡水库建库前为 5000 m³/s，1995 年以后最小平滩流量只有 800 m³/s；经过 2003 年及 2005 年渭河较大洪水冲刷后，目前平滩流量虽然恢复到了 2000～3000 m³/s，但若遇小流量高含沙洪水，主槽仍将逐渐回淤，使"二华夹槽"地带及西安、大荔等低洼易涝地区 300 万亩耕地完全丧失了自流排泄条件，形成灾害；河槽过洪能力降低，洪涝灾害频繁，成为全国洪涝灾害高发区之一（张翠萍等，2006）。

5.4.5 地下水环境演变及河流生态健康影响

渭河平原是一个水文地质结构完整、含水系统与水流系统相对独立、水循环开放的地下水系统。2010 年地下水可开采量为 28.26 亿 m³，采集区主要集中在渭河及其支流沿岸河漫滩及一、二级阶地。2010 年地下水开采量已接近饱和，特别是在铜川和咸阳，地下水开采系数已经达到 1.26 和 1.11，属严重超采地下水，西安开采系数也达到 0.92。地下水的超采以及灌区不合理的水资源利用模式，导致地下水位持续下降，引起地面沉降，形成区域降落漏斗，加剧地裂缝的发展，诱发滑坡崩塌等一系列地质问题以及地下水环境恶化问题。

经济社会的快速发展带来的用水量的持续增加，流域内的生态用水量严重不足，水环境容量变得很小，水体自净能力严重下降，造成河流生态健康受到严重威胁。近年来，渭河干流杨凌以下河段全部成为V类或劣V类水，基本丧失了使用功能，水污染已对流域经济社会可持续发展和饮水安全构成了严重威胁。引汉济渭工程的建设，对今后流域水环境将有较大的改善。

5.4.5.1 地下水资源分布及开发利用现状

（1）地下水分布规律

渭河平原是新生代断陷盆地，沉积了巨厚的陆相松散堆积物，蕴藏着丰富的地下水，尤其以第四系为重要的含水层，是储运地下水的良好场所。渭河横贯其中，地势低平，雨量适中，含水层分布广而连续，补给条件好，水资源较丰富。南北两侧山区，地下水接受补给后均向盆地中心汇集（王文科等，2006）。从地质、地貌及水文地质条件来看，构成了一个完整的盆地型地下水流系统。依据渭河平原地形地质特征及地下水分布，将渭河平原地下水系统分为秦岭北麓山前洪积平原地下水亚系统、渭北北山山前冲积扇及黄土台塬地下水亚系统、渭河两岸冲积平原地下水亚系统。

（2）地下水开发利用现状

1）地下水可开采量状况。渭河平原南倚秦岭，北界北山，西起宝鸡，东止潼关。地势西高东低，自山前向盆地中心，分布着冲洪积扇—黄土台塬—河流阶地等地貌类型。关中盆地是一个三面环山向东敞开的断陷盆地，沉积了大量巨厚的松散岩类沉积物，为地下水储存和运移提供了良好的空间。其与南北两侧及西断山区之间的地下水联系微弱，可视为隔水边界或弱透水边界，黄河是南北向的东部排泄边界，故关中盆地是一个水文地质结构完整、含水系统与水流系统相对独立、水循环开放的地下水系统。经过计算可知，2010年渭河平原地下水可开采量为28.26亿 m³，其中平原区26.67亿 m³，山丘区1.59亿 m³。渭河平原五市一区地下水可开采量如图5-42所示，从图中可知，西安地区可开采量最大，达到10.421亿 m³，杨凌区可开采量最小，仅为0.067亿 m³。

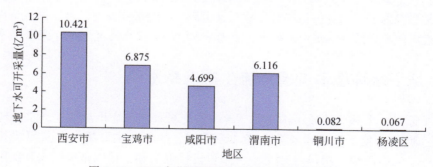

图5-42 2010年渭河平原各地区地下水可开采量

2）地下水开发利用概况。渭河平原地下水采集区主要集中在渭河及其支流沿岸河漫滩及一、二级阶地，这里是浅层地下水最富集地区之一，也是傍河修建大中型集中供水水源地的理想地区。傍河地区含水层厚度大，透水性强，补给条件好，水位埋藏浅，容易开采。西安、宝鸡、渭南等大中城镇供水，多取自渭河及其支流岸边地下水，开采时间系列长，地下水动态监测研究程度高（陕西省水利厅，2012）。

统计渭河平原地区地下水开采情况见表 5-26，从表中可以看出渭河平原地区地下水开采已接近饱和，特别是在铜川市和咸阳市，地下水开采系数已经达到 1.26 和 1.11，属严重超采地下水，西安市开采系数也达到 0.92，已经不能再继续扩大开采量，并且必须实施地下水保护政策，以恢复地下水水位。

表 5-26 2010 年渭河平原各地市地下水资源量及开采情况

地区	地下水总补给量（亿 m³）	可开采量（亿 m³）	多年平均开采量（亿 m³）	开采系数
西安市	12.528	10.421	9.798	0.92
宝鸡市	8.645	6.875	3.224	0.47
咸阳市	5.866	4.699	5.213	1.11
渭南市	8.678	6.116	5.363	0.88
铜川市	0.115	0.082	0.103	1.26
杨凌区	0.093	0.067	0.052	0.78
合计	35.925	28.260	23.753	0.83

注：杨凌区水资源量单独计算；表中数据是按各城市累计计算所得

5.4.5.2 地下水环境演变规律及影响分析

(1) 地下水环境演变规律

1）地下水水位变化。经过对渭河平原 557 个动态观测孔，近 20 年来约 10 万个水位动态数据的分析得知，地下水水位在不同地貌和水文地质条件的地段有较大的差异，这种差异性既受地质地貌、气象与水文变异的影响，也受到人类活动的干扰与叠加，形成了自然与人类双重作用下的区域水循环模式。

地下水位年际变化与气象周期相一致，具有多年的丰、平、枯变化周期。主要表现在：年内一般出现两个峰值（3~4 月、7~9 月），受地表径流暴涨暴落的影响变幅较大（可达 4~10m）；潜水位动态受河水位升降的影响，洪水期河水位上升时，潜水位表现为高水位期，当河水处于枯水期时，则表现为低水位期；受傍河水源地开采影响，地下水与河水补排关系发生局部变化，以傍渭河龙背水源地为例，区内潜水位由 1992 年、1993 年前以降水量和水文影响为主，到 1997 年基本转化为开采型；受人工开采增加和渭河流量减少的影响，潜水水位呈持续下降趋势，而降水量和河水位的季节性和年周期性变化，又引起潜水位升降呈季节性和年周期性变化，使该区潜水位动态成波状下降趋势；灌区由于缺乏水资源合理分配和科学管理，长期处于灌大于排，引起地下水水位上升，如泾惠渠、洛惠渠等普遍上升 5~10m，冯家山、宝鸡峡等灌区普遍上升 10m 左右，个别地区上升 28.2m。

2）地下水离子变化。渭河平原地下水水化学场的时空演化是自然因素和人为因素相互作用的结果。前者受地质、地貌、水文地质条件和气象、水文等自然因素的制约，在统一相互联系的水动力场驱动下，地下水中的化学组分与其围岩介质发生溶解、氧化还原、交替与吸附以及积累、迁移、分异等作用，形成了区域地下水地球化学场的分布总体规律，它是一种缓慢的、渐变式的演化；后者受人类活动影响，在自然演化的基础上叠加了人类活动的干扰。当人类活动或自然因素发生变异，引起地下水埋深条件和水动力场变化超过一定限度后，将促进地下水化学环境在不同时空尺度上演变，甚至发生突变，对生态环境产生影响。

离子含量的分布特征在不同分区差异性明显，呈现出一定规律性。渭北自西向东按水文地球化学分区 Ca^{2+} 含量呈波动减小趋势，HCO_4^-、Mg^{2+}、Na^+、Cl^-、SO_4^{4-} 含量均呈现先升后降趋势，其中易溶组分 Na^+、SO_4^{4-} 增加极为迅猛。渭河以南从山前洪积扇到河谷阶地，Ca^{2+} 含量减小，其余离子含量均增加。伴随着离子含量的变化，pH、矿化度、硬度也表现出一定的规律性，均随 Na^+、Mg^{2+}、SO_4^{4-}、Cl^- 含量的增加而增加，渭北在石川河—洛河之间达到区内最大值，而洛河以东又有所减小；渭河以南从山前洪积扇到河谷阶地硬度、矿化度不断增加。总体来看，渭北 Na^+、Mg^{2+}、SO_4^{4-}、Cl^-、HCO_4^- 含量及硬度、矿化度均大于渭河以南；而渭河以南 Ca^{2+} 含量较渭北高（孙胜祥，2006）。

3）地下水污染状况。受人类活动引起的污染影响，关中盆地城市周边地下水中有毒元素不同程度地被检出，不仅使潜水受到不同程度的污染，而且也威胁到承压水。例如，西安、宝鸡、渭南、咸阳等城市的地下水有毒元素均有不同程度地检出，如西安市近郊潜水中 1980~1986 年酚、六价铬、汞、砷、氟等有害物质含量均有加重趋势；咸阳市潜水中砷、六价铬、氟超标率分别为 8.7%、21% 和 78%，最高检出值为 0.04mg/L、0.24mg/L 和 2.3mg/L。承压水中砷、六价铬、氟超标率分别为 9%、13% 和 65%；宝鸡市承压水中六价铬、砷、酚超标率分别为 50%、47.5% 和 25%（王文科等，2006）。

据 2008 年 235 个水样监测结果发现，磷酸盐与 COD 普遍检出，检出率分别为 94.1% 和 100%，而且具有一定的成片分带性，磷酸盐主要分布在渭河冲积平原、黄土台源中前部的地下水中，COD 是表征有机物污染的综合指标——化学需氧量，反映了有机物的污染程度（陕西省水利厅，2012）。除了关中盆地西部岐山、凤翔、宝鸡等地，地下水中 COD 含量小于 1mg/L 外，其余大部分地段地下水中 COD 含量为 1~1.5mg/L，而在长安县以南、高陵县以北、固巾洼地以及富平县洪积扇与黄土台源交汇的低洼处地下水中 COD 含量为 1.5~2mg/L，甚至出现大于 2mg/L 地段。有一定量磷酸盐和一定量 COD 的存在以及普遍含量很高的"三氮"，标志着人类活动对地下水污染的强度在增强。

（2）地下水环境演变影响

地下水环境演化的影响主要表现在由于地下水位的上升和下降导致一系列环境地质问题的产生与加剧。主要表现在以下方面。

1）引起地面沉降，加剧地裂缝的活动。地下水过量开采，导致地下水位持续下降，形成区域降落漏斗。据陕西省地质环境监测总站资料，开采地下水已在西安、咸阳、渭南、宝鸡等城市供水水源地形成区域下降漏斗。虽然近年来西安、宝鸡等城市控制地下水开采，采取了封井等限制地下水开采量措施后，地下水位多年持续下降趋势得到了缓解，但目前许多漏斗仍然向纵深方向发展。地下水位持续下降，尤其承压水水位下降诱发了地面沉降产生，加剧了地裂缝活动。就西安市而言，包括已出露地面的地裂缝和未在地表出露的隐伏型地裂缝，共发现 14 条，均分布在黄土梁洼地貌范围内，面积覆盖约 150km²，地裂缝出露总长度 72km，延伸长约 103km，单条地裂缝出露最长达到 11.38km，最短也达到 2km（王文科等，2006）。咸阳市、渭南市也不同程度地出现地面沉降与地裂缝问题。西安市、咸阳市区由于地裂缝活动造成道路变形，错断供水、供气管道，毁坏地面建筑物及跨地裂缝带建筑物设施采用的防护处理等，每年耗资高达数百万元。

2）诱发滑坡崩塌。灌区引地表水灌溉，采补地下水失调，造成地下水位上升，引起地面渍水，诱发滑坡、崩塌等地质灾害。以关中盆地渭北灌区为例，该灌区由于包气带和含水层多为垂向节理发育的黄土层，曾于 20 世纪 70 年代初至 90 年代中期，在泾惠、冯家山、宝鸡峡等灌区大量引地表水灌溉，采补失调，造成地下水动力场变异，引起地下水位上升接近地表。在塬面洼地、土壕等地形低洼处多处形成地面渍水，积水深度 2～5m，导致部分村庄宅基土体含水量达到饱和、强度降低，房屋倒塌，公路多处因明水浸泡使路基路面变形。与此同时，黄土台塬地下水位上升，坡边斜坡地带地下水水力坡度加大，导致斜坡稳定性降低，诱发了多处滑坡、崩塌等地质灾害的发生。2004 年夏秋以来区内雨水较多，叠加灌溉，又出现地下水位上升，9 月岐山县益店镇等地势低洼处仍出现地面渍水迹象（王文科等，2006）。

3）造成水质恶化。当地下水位上升时，会造成包气带厚度变薄，进而引起地下水质恶化，这种情况主要出现在灌区。目前仍有部分灌区采用地面灌溉，水源大部分来自过境地表水，由于灌溉水质较差，大多是Ⅳ类以上水质，会带来地下水的污染，并且随着地下水流动，使得下游的水质更加恶劣。人类活动是水资源与生态系统发生变化的一个主要原因，一旦人类活动造成水资源的分配和格局发生变化，必然破坏水资源与生态环境之间的平衡。地下水水位下降，引起劣质水入侵，造成水质恶化，严重影响城市供水水源地的安全。

(3) 引汉济渭工程对地下水环境的改善

引汉济渭工程是由汉江向渭河关中地区调水的省内南水北调骨干工程，是缓解 2020 年前关中渭河沿线城市和工业缺水问题的根本性措施，是陕西省有史以来供水量最大、受益范围最广、效益功能最多的水资源配置战略工程。引汉济渭工程，首先是解决关中地区城市生活和工业缺水问题，供水能力的增加将减轻原有供水工程的压力，使其有条件调整开发目标，增加下泄生态水量。加上超采地下水夺取的河道基流、用水量增加后达标排放的回归水量，将使渭河枯水期流量明显增加，生态基流得到较好保证，从而显著提高其纳污和自净能力，改善渭河水生态环境，维护渭河健康生命。引汉济渭工程调水能力中考虑了部分生态水量，加上增加的中水回用量和相关支流增加的下泄流量，辅以必要的工程措施，可在渭河相关支流和城市周边形成相当面积的景观水面，从而增加地下水补给，促进生态环境改善。据测算，通过替代超采地下水、归还生态水等措施，可增加渭河生态水量7亿~8亿 m³，折合流量20多立方米每秒，而增加渭河干流生态水量保证渭河的生态基流，可使渭河干流的 COD 容纳能力提高约3万 t。引汉济渭供水量中已考虑了部分城市生态用水，此外随着供水总量的大幅增加，为通过中水回用等提供城市生态水量提供了空间。经测算，引汉济渭工程建成后每年可增加城市生态用水量2.7亿 m³，城市生态环境因此将得到明显改善，"八水绕长安"盛况有望重现。规划水平年引汉济渭主体工程净调水量分配情况见表5-27。

表5-27　规划水平年引汉济渭主体工程净调水量分配情况　　（单位：万 m³）

行政级别	城市	2020 年				2030 年			
		城镇生活	生产	河道外生态	小计	城镇生活	生产	河道外生态	小计
调水总量		27 970	62 080	0	90 050	25 926	108 325	770	135 020
重点城市	西安	17 461	23 123	0	40 584	8 714	37 319	0	46 033
	宝鸡	0	0	0	0	0	0	0	0
	咸阳	2 662	8 559	0	11 221	1 491	11 472	0	12 964
	渭南	2 227	8 141	0	10 368	2 536	8 602	0	11 138
	杨凌	597	906	0	1 503	672	1 401	0	2 073
	小计	22 947	40 729	0	63 676	13 413	58 794	0	72 208
县级城市	兴平	1 193	1 641	0	2 834	851	4 473	0	5 324
	武功	523	1 449	0	1 972	809	2 519	0	3 328
	周至	126	840	0	966	313	1 704	0	2 017
	户县	1 028	3 231	0	4 259	1 587	4 668	0	6 255
	长安	708	4 187	0	4 895	1 438	5 134	0	6 572
县级城市	临潼	740	2 914	0	3 654	1 383	5 811	0	7 194
	泾阳	213	1 362	0	1 575	513	2 644	0	3 158
	三原	123	2 077	0	2 200	564	3 539	0	4 103
	高陵	305	1 249	0	1 554	647	2 193	0	2 839
	阎良	64	2 401	0	2 466	0	3 942	0	3 942
	华县					564	1 583	0	2 147
	小计	5 023	21 351	0	26 375	8 669	38 210	0	46 879

续表

行政级别	城市	2020 年				2030 年			
		城镇生活	生产	河道外生态	小计	城镇生活	生产	河道外生态	小计
工业园区	陈仓区阳平工业园区					389	1 984	80	2 453
	蔡家坡经济技术开发区					990	3 155	192	4 336
	眉县常兴纺织工业园区					335	1 241	70	1 646
	扶风绛帐食品工业园区					487	2 392	96	2 975
	泾阳工业密集区					535	1 260	120	1 915
	高陵泾河工业园区					1 106	1 290	211	2 607
	小计					3 842	11 322	769	15 932

5.4.5.3 渭河水污染对河流生态健康影响

渭河生态健康是以稳定河床的维持、水域功能的实现、良好生态的维系、人水和谐关系的建立为目标，重新审视河流水文循环中的水沙量过程及其搭配关系在河流生命维持中的作用和重塑方向，重新认识河流湿地和水域功能等河流非生物环境的重要地位，重新把握洪水风险和水沙资源利用问题，进而采取必要的工程和非工程措施，维护河流的生命维持机制。结合国务院关于《最严格水资源管理制度》中对于确立水功能区限制纳污红线的要求，即到 2030 年主要污染物入河湖总量控制在水功能区纳污能力范围之内，水功能区水质达标率提高到 95% 以上，严格控制入河湖排污总量，包括严格水功能区监督管理，加强饮用水水源地保护，推进水生态系统保护与修复加强水功能区限制纳污红线管理，严格控制入河湖排污总量，实现水资源的有效保护。

（1）地表水水功能区划分

依据《陕西省水功能区划报告》，渭河水系水功能区划包括渭河干流和 24 条支流，总长度为 2250.6km，其中干流长 515km，支流总长 1790.9km，见表 5-28 和表 5-29。其中，一级功能区划共分为 42 个河段，其中保护区 15 个，河长 525.2km，占总河长的 23.34%；保留区 3 个，河长 131.3km，占总河长的 5.83%；开发利用区 20 个，河长 1451km，占总河长的 64.5%；缓冲区 3 个，河长 132.5km，占总河长的 6.36%。二级功能区划共分为 52 个河段，功能区 66 处，其中饮用水源区 12 处，工业用水区 15 处，农业用水区 20 处，渔业用水区 1 处，景观娱乐用水区 4 处，过渡区 4 处，排污控制区 10 处。

表 5-28　渭河干流一级、二级水功能区划分及水质目标

一级功能 区名称	二级功能 区名称	起始断面	终止断面	长度 （km）	现状水质	水质目标
甘陕缓冲区		太碌	颜家河	83		II
陕西开发 利用区	宝鸡坪头工业农业用水区	颜家河	林家村	43.9	IV	III
	宝鸡景观娱乐用水区	林家村	卧龙寺	20.0	V	IV
	宝鸡排污控制区	卧龙寺	虢镇	12.0	V	IV
	宝鸡过渡区	虢镇	蔡家坡	22.0	>V	III
	宝眉工业农业用水区	蔡家坡	汤峪入渭口	44.0	>V	III
	杨凌农业景观用水区	汤峪入渭口	漆水河入口	16.0	>V	III
	咸阳市工业用水区	漆水河入口	咸阳公路桥	63.0	>V	IV
	咸阳市景观娱乐用水区	咸阳公路桥	咸阳铁路桥	3.8	>V	IV
	咸阳排污控制区	咸阳铁路桥	沣河入渭口	5.4	>V	IV
	咸阳、西安过渡区	沣河入渭口	210国道渭河桥	19.0	>V	IV
	临潼农业用水区	210国道渭河桥	零河入口	56.4		IV
	渭南农业用水区	零河入口	王家城子	96.8		IV
华阴缓冲区		王家城子	入黄口	29.7		IV

表 5-29　渭河支流一级水功能区划分

河流	一级功能 区名称	起始 断面	终止 断面	长度 （km）	水质 目标	区划 依据
通关河	甘陕缓冲区	省界	入渭口	30.4	II	甘陕省界
小水河	陈仓区开发利用区	源头	入渭口	43	III	取水
清姜河	宝鸡市源头水保护区	源头	杨家湾	21.0	III	源头水
	宝鸡市开发利用区	杨家湾	入渭口	12.0	III	取水
金陵河	宝鸡市开发利用区	源头	入渭口	56.5	III	取水、排污
千河	甘陕源头水保护区	省界	固关	13.6	II	源头水
	宝鸡市开发利用区	固关	入渭口	111.5	III	取水、排污
石头河	太白山源头水保护区	源头	鹦鸽嘴	34.6	II	源头水
	眉县开发利用区	鹦鸽嘴	入渭口	34.0	III	取水、排污
汤峪河	眉县保留区	源头	入渭口	43.9	III	基本未开发利用
漆水河	麟游县源头水保护区	源头	良舍	23.8	III	源头水
	武功县开发利用区	良舍	入渭口	127.8	III	取水、排污
黑河	周至县源头水保护区	源头	陈家河	76.0	II	源头水
	周至县开发利用区	陈家河	入渭口	49.8	III	取水、排污

河流	一级功能区名称	起始断面	终止断面	长度（km）	水质目标	区划依据
涝河	户县源头水保护区	源头	涝峪口	35.0	Ⅱ	源头水
	户县开发利用区	涝峪口	入渭口	47.0	Ⅳ	取水、排污
沣河	西安市源头水保护区	源头	沣峪口	30.3	Ⅱ	源头水
	西安市开发利用区	沣峪口	入沣口	47.7	Ⅲ	取水、排污
潏河	长安区源头保护区	源头	大峪口	18.7	Ⅱ	源头水
	长安区开发利用区	大峪口	入沣口	45.5	Ⅲ	取水、排污
滈河	长安区源头保护区	源头	石砭峪口	23.0	Ⅱ	源头水
	长安区开发利用区	石砭峪口	入决口	23.4	Ⅲ	取水、排污
辋川河	蓝田县源头水保护区	源头	九间房	35.2	Ⅱ	源头水
	西安市开发利用区	九间房	入渭口	68.9	Ⅲ	取水、排污
浐河	西安市源头水保护区	源头	鸣犊镇	40.1	Ⅱ	源头水
	西安市开发利用区	鸣犊镇	入灞口	24.5	Ⅲ	取水、排污
石川河	铜川市源头水保护区	源头	金锁关	15.0	Ⅱ	源头水
	耀州区、富平县开发利用区	金锁关	入渭口	122.0	Ⅲ	取水、排污
冶峪河	淳化县开发利用区	源头	入清口	78.4	Ⅲ	取水、排污
沮河	耀州区源头水保护区	源头	柳林	40.0	Ⅱ	源头水
	耀州区开发利用区	柳林	入石川河口	29.0	Ⅲ	取水、排污
清峪河	三原县源头水保护区	源头	洪水乡	60.0	Ⅲ	源头水
	三原县开发利用区	洪水乡	入石川河口	87.4	Ⅲ	取水、排污
零河	临潼区源头水保护区	源头	龙河入口	35.0	Ⅲ	源头水
	临潼区开发利用区	龙河入口	入渭口	18.9	Ⅲ	取水、排污
沈河	渭南市源头水保护区	源头	史家村	23.9	Ⅲ	源头水
	渭南市开发利用区	史家村	入清口	21.4	Ⅲ	取水、排污
赤水河	渭南市保留区	源头	入清口	40.2	Ⅲ	基本未开发利用
罗夫河	华阴市保留区	源头	入清口	47.2	Ⅲ	基本未开发利用

（2）渭河生态需水量计算

目前，渭河流域中下游的生态环境问题突出表现为水量急剧减少、河床不断淤高，不合理排污及产业用水挤占生态用水导致的水质污染严重。故河道生态环境需水组成表示如下：①保持水体一定的稀释与自净能力，能够对来自上游河段和段内接受的污染物进行稀释以满足目标水质；②黄土高原水土流失区大量入河泥沙使渭河面临巨大的行洪压力，为使河流的淤积和冲刷在不断的变化中达到基本持平、优化河床形态、保持泄洪通畅的要求，必须预留用于输沙的水量；③渭河河道污染严重，水生生物较少，地下水水位经过持续的治理已有所回升，将两者及蒸发所需水量等统一考虑为河道基本生态需水。

渭河干流陕西段自上而下共分为 12 个二级水功能区，设有林家村、魏家堡、咸阳、临潼、华县 5 个水文站。按照水功能区要求的水质目标，结合水文站的位置以及各行政区界对渭河干流进行分区，分区遵循以下原则：①分区内部自然条件相似，河流的功能基本相同；②分区与水资源规划和水功能区划的空间单元相协调，使计算结果具有较强的适用性；③分区内具有可靠的水文数据资料。按照如上原则，这里以颜家河、林家村、虢镇、汤峪入渭口、咸阳铁路桥及零河入口处为节点断面，将渭河干流陕西段生态环境需水量计算共分为 7 个分区，如图 5-43 所示。

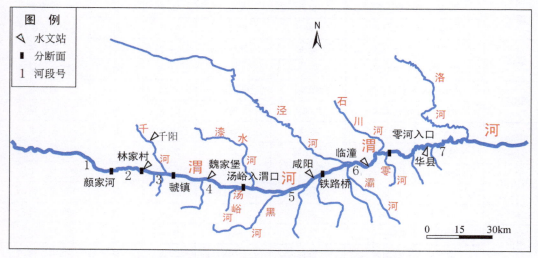

图 5-43　渭河干流生态环境需水量计算分段方案图

利用 1965～2001 年水文、泥沙及陕西省水功能区划资料，以 2020 年为目标年，计算各分段的生态环境需水量，结果如图 5-44 和图 5-45 所示。

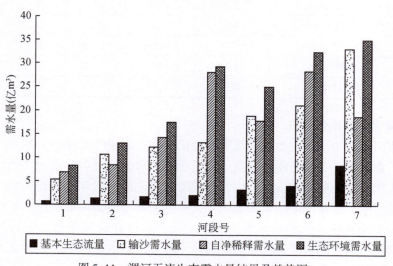

图 5-44　渭河干流生态需水量结果及趋势图

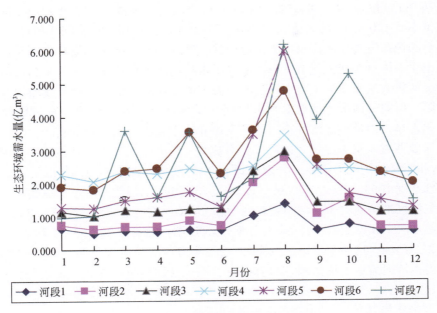

图 5-45　各河段年内生态需水过程

各河段计算结果表明，生态需水量沿程呈总体增大趋势，其中输沙需水量和基本生态需水量分别与泥沙含量和径流量呈正相关，而水体稀释自净需水量与沿河经济发展所产生的废污水排放密切相关。其中河段 4 因包含宝鸡市若干新兴工业园区，排污口众多，废污水排放量大，年总生态需水量达 29.3 亿 m³，且主要由水体自净及稀释需水量构成，使该段生态环境需水量大于下游河段 5。渭河干流各分段需水量的年内过程基本保持一致，体现了干流各分区所面临的生态环境问题的相似性，其中春汛和主汛期内的生态需水量均大于其他月份。

（3）水量减少对纳污能力的影响分析

水功能区纳污能力是指在设计流量条件下，按确定的水质目标、来水水质以及入河排污口、支流口概化情况，依据水体稀释和污染物自净规律，利用水质数学模型计算功能区允许最大容纳的污染物质量。对于河流而言，其流速的快慢影响污染物在流域水体中的降解变化，影响污染物的降解过程，也影响着水体的交换周期；流量的大小影响水域的需水量的变化过程，水域的水量过程也会直接影响水域容积变化，影响水域纳污能力的大小。在丰水年、平水年、枯水年以及汛期和非汛期的水域流量、流速的不同，都会影响水域纳污能力的变化。

渭河是流域内唯一的废污水承纳和排泄通道，渭河流域内结构性工业污染突出、城市污水处理水平低、面源影响日渐显著、水污染事件频发。流域内占全省 78% 的工业废水和 86% 的生活污水通过渭河排泄，尚有部分排污企业不能稳定达标排放，城镇生活污水处理率偏低，尚不足 40%。然而渭河平原属于资源型缺水地区，年内降水分布不均，年际降水量差异大，河流水量不足，甚至出现断流现象。1991～2010 年华县站多年平均水量 43.5

亿 m³，不足 20 世纪 60 年代的 45%，1997 年曾出现断流现象，2005 年渭河支流漆水河安头断面流量不足 1.0 m³/s 的天数达到 40d，千河千阳站达 4d，石头河鹦鸽站达 8d。再加上经济社会的快速发展带来用水量的持续增加，流域内的生态用水量严重不足，水环境容量变得很小，水体自净能力严重下降，造成了水环境的极度恶化。近年来，渭河干流杨凌以下河段全部成为 V 类或劣 V 类水，基本丧失了使用功能。目前，处于流域内关中地区的宝鸡、咸阳、西安、渭南等地地下水水质同样受到污染，西安市地下水污染面积已达到 470km²，水污染已对流域经济社会可持续发展和饮水安全构成了严重威胁。

根据《陕西省水资源保护评价》的计算成果，渭河干流二级水功能区中渭南市农业用水区 COD 和氨氮纳污能力最强，分别达到 14 613.5t/a、629.15t/a，其次是临潼县农业用水区，分别达到 10632.5t/a、460.99t/a，均是合理利用纳污能力的主要控制地区。渭河流域水资源三级区纳污能力中，渭河宝鸡峡至咸阳 COD 纳污能力约 33 800.13 万 t/a，氨氮纳污能力约 1852.28 万 t/a；渭河咸阳至潼关 COD 纳污能力约 44 097.56 万 t/a，氨氮纳污能力约 0.23 万 t/a，这两个三级区的 COD 纳污能力占渭河流域总纳污能力的 83.2%，氨氮纳污能力占渭河流域总纳污能力的 78.6%，因此合理利用河流纳污能力主要是控制这两个三级区。

（4）渭河水质状况

1）监测断面现状水质。渭河横贯关中地区，已成为关中地区的排污河，大量未经处理的工业废水和生活污水的直接排入，使渭河深受其害。在渭河干流的 13 个监测断面中，耿镇桥、天江人渡、潼关吊桥、卧龙寺桥和咸阳铁桥为国控断面，其余为省控断面。除干流外，支流上还有灞河口和王谦村两个国控断面。根据《渭河流域水污染防治专项计划》成果，国控断面 2010 年的水质状况及主要污染物状况见表 5-30。

表 5-30　陕西省渭河流域 2010 年国控断面水质状况表

水系		断面名称	断面所在地	2009 年水质	2010 年水质	水质标准	主要污染物
渭河干流		耿镇桥	西安市高陵县	>V	>V	IV	高锰酸盐指数、COD、BOD₅、氨氮
		天江人渡	西安市未央区	>V	>V	III	溶解氧、高锰酸盐指数、COD、挥发酚、BOD₅、氨氮、石油类
		潼关吊桥	潼关县吊桥渡口	>V	>V	IV	BOD₅、氨氮
		卧龙寺桥	宝鸡市金台区	III	III	III	
		咸阳铁桥	咸阳市渭城区	>V	>V	IV	高锰酸盐指数、COD、挥发酚、生化需氧量、氨氮
渭河支流	灞河	灞河口	西安市灞桥区浐灞生态园	IV	IV	III	石油类
	北洛河	王谦村	大荔县石槽乡	>V	V	IV	BOD₅

从表中可以看出，渭河干流宝鸡卧龙寺桥断面在 2009 年、2010 年均为 III 类水质，符合水质标准，但除卧龙寺桥以外其余各断面均一直处于劣 V 类，均未达到水质标准，其主

要污染物为氨氮、溶解氧、石油类、COD 和 BOD_5，属于有机污染。支流灞河口断面 2009 年、2010 年均为Ⅳ类水质，主要污染物为石油类。

2）河流水质综合评价。渭河水系干、支流评价河长总计 1110.7km。全年平均：Ⅰ～Ⅲ类水质的河长占评价河长的比例为 45.2%；Ⅳ～Ⅴ类水质的河长占评价河长的比例为 19.2%；劣Ⅴ类水质的河长占评价河长的比例为 35.6%。主要污染物有氨氮、COD、生化需氧量。与 2009 年同水期相比，Ⅰ～Ⅲ类的水质类别比例有所减少。

|第6章| 汾渭平原旱涝集合应对战略

6.1 旱涝集合特征

6.1.1 旱涝事件周期性分析

水文事件的严重程度通常用超过值的重现期表示。本书根据标准化降水指数划分的旱涝等级（表6-1），统计不同旱涝等级下的水文事件重现期。

水文事件单变量 X 的值超过 x 的重现期可表示为

$$T(X, x) = \frac{E(L)}{1 - F(x)} \tag{6-1}$$

式中，$T(X, x)$ 为随机变量 X 的值超过 x 的重现期；$E(L)$ 为水文事件间隔时间期望值（年）；$F(x)$ 为水文事件单变量 X 的值不超过 x 的概率。

（1）汾河平原

本书根据汾河平原历史旱涝情势（表6-1），计算汾河平原不同等级下的旱涝事件重现期，结果显示：1951～2012年汾河平原发生特重旱、中轻旱、中轻涝和特涝的年数分别为3年、15年、8年和6年；特重旱、中轻旱、中轻涝和特涝年发生的重现期分别为22年、4年、5年和11年；整体上汾河平原干旱重现期比洪涝重现期短，干旱情势比洪涝情势严重。

表6-1　汾河平原水文事件重现期统计

旱涝等级	特重旱	中轻旱	正常	中轻涝	特涝
重现期（年）	22	4	2	5	11

（2）渭河平原

本书根据渭河平原历史旱涝情势（表6-2），计算渭河平原不同等级下的旱涝事件重现期，结果显示：1951～2012年渭河平原发生特重旱、中轻旱、中轻涝和特涝的年数分别为1年、9年、12年和5年；特重旱、中轻旱、中轻涝和特涝年发生的重现期分别为68年、7年、4年和13年；整体上渭河平原干旱重现期比洪涝重现期长，洪涝情势比干旱情势严重。

表6-2　渭河平原水文事件干旱重现期统计

旱涝等级	特重旱	中轻旱	正常	中轻涝	特涝
重现期（年）	68	7	2	4	13

6.1.2 旱涝事件异步性分析

旱涝事件的异步性分析主要是为了揭示汾河平原和渭河平原的旱涝特征在空间上的差异性，以明确旱涝"空间集合应对"的可能性。如果汾渭平原的旱涝事件发生具有异步性，即汾河平原和渭河平原发生同旱（或同涝）的可能性较小，则可以考虑在两大平原的结合点上建设一个大型调节水库，"一点挑两边"，实现空间上的互补供水，哪边旱，供水配额就偏向哪一边。本小节的研究是基于前述汾河平原和渭河平原旱涝事件的特征分析数据。为了简化分析过程，将前述 1951～2012 年的旱涝特征的 9 级评级结果合并为 5 级评级结果，即将"特涝"和"重涝"合并为"特重涝"，将"中涝"和"轻涝"合并为"中轻涝"，将"特旱"和"重旱"合并为"特重旱"，将"中旱"和"轻旱"合并为"中轻旱"。分别用"1"，"2"，"3"，"4"，"5"代表"特重旱""中轻旱""正常""中轻涝""特重涝"，合并后的干旱事件见表 6-3。表中"同丰"表示汾河平原和渭河平原降水同时高于"正常"年份；"偏丰"表示一个为"正常"年，另一个高于"正常"年份；"同平"表示两个均为"正常"年份；"丰枯异步"表示一个高于"正常"年份，另一个低于"正常"年份；"偏枯"表示一个为"正常"年份，另一个低于"正常"年份；"同枯"表示两个都低于"正常"年份。由于汾渭平原位于缺水地区，"同丰"、"偏丰"、"丰枯异步"皆有利于"集合应对"，"正常"年旱涝事件不严重，旱涝应对任务不重；"偏枯"和"同枯"是不利情景。从表中可见较为有利的"同丰"、"偏丰"、"丰枯异步"年份共 27 年，所占的比例为 43.5%，具备"空间集合应对"的前提条件。

表 6-3 汾渭平原 1951～2012 年旱涝特征及其组合分析

年份	渭河平原	汾河平原	同丰	偏丰	同平	丰枯异步	偏枯	同枯
1951	3	3			√			
1952	5	3		√				
1953	3	3			√			
1954	3	3			√			
1955	3	2					√	
1956	3	5		√				
1957	4	2				√		
1958	5	3		√				
1959	2	4				√		
1960	3	3			√			
1961	3	3			√			
1962	3	3			√			
1963	3	4		√				
1964	4	5	√					

年份	渭河平原	汾河平原	同丰	偏丰	同平	丰枯异步	偏枯	同枯
1965	3	2					√	
1966	3	5		√				
1967	3	3			√			
1968	3	2					√	
1969	2	5				√		
1970	4	2				√		
1971	3	3			√			
1972	3	1					√	
1973	3	5		√				
1974	3	2					√	
1975	4	3		√				
1976	3	3			√			
1977	2	4				√		
1978	3	3			√			
1979	3	4		√				
1980	3	2					√	
1981	4	2				√		
1982	3	3			√			
1983	5	3		√				
1984	4	2				√		
1985	3	4		√				
1986	5	1				√		
1987	3	3			√			
1988	4	4	√					
1989	3	3			√			
1990	2	3					√	
1991	3	3			√			
1992	3	3			√			
1993	2	3					√	
1994	3	3			√			
1995	1	3					√	
1996	4	5	√					
1997	2	1						√
1998	3	2					√	

续表

年份	渭河平原	汾河平原	同丰	偏丰	同平	丰枯异步	偏枯	同枯
1999	3	2					√	
2000	3	3			√			
2001	2	2						√
2002	2	3					√	
2003	5	4	√					
2004	3	3			√			
2005	3	2					√	
2006	2	3					√	
2007	3	4		√				
2008	4	2				√		
2009	4	2				√		
2010	4	3		√				
2011	4	3		√				
2012	3	3			√			
合计	—	—	4	13	19	10	14	2
比例	—	—	6.5%	21.0%	30.6%	16.1%	22.6%	3.2%

注：第二列和第三列数字的代表含义如下——1，特重旱；2，中轻旱；3，正常；4，中轻涝；5，特重涝

进一步的分析将 1951～2012 年的旱涝分级数做成逆序双坐标轴图如图 6-1 所示，汾河平原的旱涝特征数采用左边的正序坐标轴标注，渭河平原的旱涝特征数采用右边的逆序坐标轴标注。这种坐标图上点据完全重合的点即是汾河平原和渭河平原旱涝特征相互耦合的年份，称为旱涝"共轭年"，在 1951～2012 年 62 年里，这样的"共轭年"有 28 年，占 45.2%。这也从另一个侧面证明汾渭平原具备进行"空间集合应对"的有利条件。

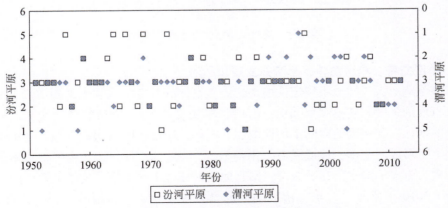

图 6-1 汾渭平原 1951～2012 年旱涝事件异步性分析
注：1 为特重旱；2 为中轻旱；3 为正常；4 为中轻涝；5 为特重涝

6.2 集合应对的战略需求

6.2.1 应对水文情势演变的需求

随着气候变化和人类活动影响的加剧，汾渭平原的水文情势也发生了明显的演变，主要体现在三个方面。

（1）区域性旱化趋势明显

1951～2012 年的降水系列分析表明：汾渭平原的西安、宝鸡、铜川、武功、长武、太原、介休和临汾等绝大部分地区历年降水整体呈下降趋势。Mann-Kendall 突变分析和滑动 t-检验突变分析均说明这种趋势没有发生明显的突变。R/S 趋势相关性分析结果也显示：除侯马、长武之外的绝大部分地区呈正相关，表明这种趋势还将持续。

（2）极端旱涝事件发生的概率明显增加

20 世纪以来极端旱涝灾害发生的概率明显增加，以汾河流域的旱灾为例，重大旱灾发生的概率从 10 世纪前的平均每 10 年发生一次，增加到 20 世纪末的每两年发生一次，旱灾出现的概率明显增加，如图 6-2 所示。由于汾河流域社会经济的发展，承灾体经济容量的增加，灾害造成的损失也大幅攀升，每年因干旱造成的损失高达 60 亿元。

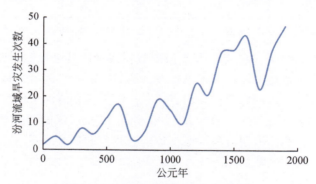

图 6-2　汾河流域旱灾发生频次演变

（3）旱涝交替、旱涝急转、旱涝并发现象凸显

全球升温造成大气环流不稳定性增加，天气事件的时空不均性也大幅增加，从而导致水文极值事件的强度和转换频率加快，出现"旱涝交替"、"旱涝急转"现象。同时由于人类活动的增强，下垫面的空间不均性增加。例如，城市化区域快速升温形成的上升流极易在城市上空形成对流雨，造成城市"雨岛效应"和"城市内涝"，由于区域水汽通量总体变化不大，更多的降水落在了城市，则其他地区往往出现干旱，这就是常说的"旱涝并发"现象。2010 年渭河"二华夹槽"地区的洪涝灾害就属于典型的"旱涝急转"现象。当年关中地区春、秋累计受旱时间 148 天，影响关中地区 53 个县（区）及陕北地区 12 个县（区）。到 7 月下旬开始出现一轮强降水过程，7 月 22～24 日，渭河流域上中游大部分地方降雨量 25～200mm, 其中陇县局部降水量超过 300mm。渭河支流千河、泾河上游地区也出现暴雨天气过程, 致使渭河干流洪水与支流泾河洪水在临潼站遭遇, 洪水合流后演进到华县形成超警戒水位 0.65m 的洪峰, 临潼以下河段不同程度地发生漫滩, 在华阴河段倒灌南山支流, 与罗敷河自产洪水遭遇后导致罗敷河堤防决口。

汾渭平原水文情势的新变化要求防旱排涝的思路必须作新的调整, 即要统筹旱涝事件, 开展集合应对。

6.2.2　社会经济发展的战略需求

6.2.2.1　汾河平原社会经济发展用水需求

山西省"十二五"规划纲要中 2015 年地区生产总值 17 000 亿元, 年均增长 13%, 人口自然增长率小于 6.5‰, 农田灌溉水有效利用系数 0.53。假设汾河流域在"十二五"中的发展指标同山西省水平值, 主要用水指标值同 2010 年汾河流域主要用水指标值, 汾河流域 2015 年总用水量估算公式为

总用水量=2010 年 GDP 用水量+（2015 年 GDP-2010 年 GDP）×万元 GDP 增加值用水量

式中, 2015 年汾河流域地区生产总值（GDP）根据山西省"十二五"规划中山西地区生产总值和 2010 年汾河流域地区生产总值占山西省生产总值的比例确定, 万元 GDP 增加值参考水资源公报（表 6-4 和表 6-5）。

表 6-4　山西省"十二五"规划指标

指标名称	2010 年	2015 年	年均增长	属性
GDP	9 088.1 亿元	17 000 亿元以上	13%	预期性
人口自然增长率	5‰	<6.5‰	—	约束性
农业灌溉用水有效利用系数	0.5	0.53	—	预期性

表 6-5　2010 年汾河流域主要用水指标

流域分区	人均用水量（m³/人）	万元 GDP 用水量（m³/万元）	农田灌溉亩均用水量（m³/亩）	人均生活用水量（L/d）	
				城镇生活	农村生活
汾河上中游	229	69	266	91	51
汾河下游	185	89	196	62	43

按照规划, 2015 年汾河上中游地区生产总值为 5258.1 亿元, 汾河下游地区生产总值为 1781.6 亿元, 汾河平原总用水量为 36.26 亿 m³, 见表 6-6。

表 6-6　2015 年汾河流域用水量计算结果

流域分区	2010 年GDP（亿元）	2015 年 GDP（亿元）	万元 GDP 增加值用水量（m³）	总用水量（亿 m³）
上中游	2738.2	5258.1	27	36.26
下游	928.1	1781.6		

6.2.2.2　渭河平原社会经济发展用水需求

（1）供用水现状

2001～2010 年，渭河流域关中地区年平均总用水量为 46.75 亿 m³，其中农田灌溉平均用水量 24.91 亿 m³，林牧渔畜平均用水量 4.22 亿 m³，城镇公共和居民生活平均用水量 7.77 亿 m³，生态环境平均用水量（2003～2010 年）为 0.62 亿 m³。2006～2010 年，关中地区年平均总用水量基本稳定，约为 50 亿 m³，见表 6-7 和图 6-3。

表 6-7　2001～2010 年渭河流域关中地区用水量统计表　　（单位：亿 m³）

年份	农田灌溉	林牧渔畜	工业	城镇公共	居民生活	生态环境	总用水量	备注
2001	17.87	2.55	8.95	6.11 *			35.48	渭河
2002	24.97	4.02	9.76	4.49	0.88	—	46.12	关中
2003	21.67	4.25	10.29	1.33	5.59	0.08	43.21	关中
2004	22.73	4.24	9.8	1.66	5.94	0.58	44.95	关中
2005	24.65	4.13	9.73	1.66	6.09	0.63	46.89	关中
2006	27.76	4.55	9.96	1.72	6.15	0.66	50.82	关中
2007	27.75	4.545	9.67	1.72	6.32	0.69	50.705	关中
2008	27.74	4.54	9.38	1.72	6.49	0.72	50.59	关中
2009	27.64	4.61	7.64	1.09	7.94	0.74	49.67	关中
2010	26.36	4.75	8.29	1.70	7.14	0.84	49.08	关中

＊2001 年只有城镇总用水量，没有区分城镇公共、居民生活和生态环境用水

2001～2010 年，渭河流域较干旱的两年分别为 2001 年和 2008 年，年降水量分别为 531.3mm 和 495.1mm，水资源量分别为 34.1 亿 m³ 和 43.13 亿 m³，当年缺水量分别为 1.38 亿 m³ 和 7.46 亿 m³。

引汉济渭工程从汉江干流规划的黄金峡水库和子午河三河口水库取水，调水跨越秦岭，入渭河支流黑河金盆水库，总调水量 15.5 亿 m³，其中一期调水（2017 年）5.0 亿 m³，二期调水 10.5 亿 m³。

（2）社会经济发展用水需求

渭河平原又称关中平原，主要包括的行政区有西安市、铜川市、宝鸡市、咸阳市、渭南市和杨凌区，各市的"十二五"主要规划指标，见表 6-8，结合 2010 年各市用水指标，

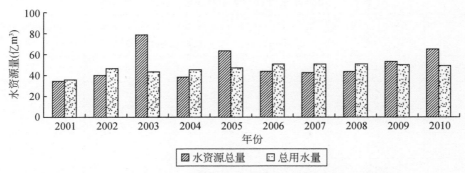

图 6-3　2001～2010 年渭河流域水资源量及总用水量统计图

见表 6-9，计算出渭河平原五市一区的用水量，见表 6-10。其中假定：地区生产所需水量均能满足，且万元 GDP 增加值用水量等于 2010 年规模以上工业万元工业增加值用水量。

表 6-8　"十二五"规划渭河平原各市（区）社会经济指标（部分）

地区	指标名称	2010 年	2015 年	年增长率	属性
西安市	GDP（亿元）	3241.49	6400	13%	预期性
	常住人口（万人）	850	900		预期性
铜川市	GDP（亿元）	187.73	455	15%	预期性
	常住人口（万人）	84.7	86.7		约束性
渭南市	GDP（亿元）	801.42	2000	15%左右	预期性
	常住人口（万人）	528	545	<6‰	约束性
咸阳市	GDP（亿元）	1098.7	2000	13.5%以上	预期性
	常住人口（万人）	501.69	513	<6‰	约束性
杨凌区	GDP（亿元）	42	126	18%	预期性
	常住人口（万人）	20	22		预期性
宝鸡市	GDP（亿元）	976.1	2000	13%以上	预期性
	耕地保有量（万亩）	535.4	530.1		约束性
	农业灌溉用水有效利用系数	0.5	0.55		预期性
	总人口（万人）	375	390	6.5‰	约束性

渭河平原用水量计算公式为

总用水量＝2010 年 GDP 用水量＋（2015 年 GDP−2010 年 GDP）×万元 GDP 增加值用水量

在 2010 年用水水平和 2001～2010 年序列典型年份的水资源量水平下，参考表 6-10 关联数据 2015 年渭河流域缺水情况为：2003 年为该序列中的丰水年，水资源量为 78.76 亿 m³，2015 年需水水平情况下年不缺水；2010 年为 2001～2010 年中的平水年，水资源量为 49.08 亿 m³，2015 年需水水平情况下年缺水量为 12.44 亿 m³；2008 年为近十年中的枯水年，水资源量为 43.13 亿 m³，2015 年需水水平情况下年缺水量为 18.39 亿 m³。

表 6-9　2010 年陕西省渭河平原各市（区）用水指标

地区	人均用水量 （m³/人）	万元 GDP 用水量 （m³/万元）	规模以上工业万元增加 值用水量（m³/万元）	农田灌溉亩均用水量 （m³/亩）
西安市	184.9	46.6	21.1	235.6
铜川市	102.9	44.6	12.0	111.0
宝鸡市	169.8	63.8	10.0	173.6
咸阳市	234.9	103.1	21.2	222.6
渭南市	274.7	180.0	27.8	243.1
杨凌区	166.2	67.9	3.9	331.0

表 6-10　2015 年陕西省渭河平原各市（区）用水量预测

地区	2015 年 GDP（亿元）	用水总量（亿 m³）
西安市	6 400	21.78
铜川市	455	1.16
宝鸡市	2 000	7.25
咸阳市	2 000	13.23
渭南市	2 000	17.75
杨凌区	126	0.35
渭河平原	12 981	61.52

6.2.3　生态文明建设和新时期治水方略的战略需求

　　水是生命之源、生产之要、生态之基。无论水多或者水少都会影响到整个自然生态系统和社会经济系统。就自然生态系统而言，洪涝对其破坏不单是从水量上打断原有的平衡，更是在地表产汇流过程中，携带有害有毒物质对河流湖泊直接造成污染。另外洪涝形成的整个过程中，土壤侵蚀和泥沙问题也是危害自然生态系统的重要因素。同样的，持续干旱也能严重破坏自然生态系统平衡。干旱造成河流湖泊干涸萎缩，泥沙淤积严重，湿地原有的调节水量、削减洪峰、调节气候和生物多样性等方面的生态功能逐步被削弱，甚至丧失。长期的干旱，造成地表水量严重下降，导致河湖自净能力严重下降甚至丧失，加剧了环境问题。同时，地表水补给地下水严重不足，加速了地下水位下降和漏斗的形成。相对于单纯的旱灾或涝灾而言，旱涝急转对生态系统的破坏更甚。长期干旱导致河流破坏调蓄功能丧失，如果水利工程措施不到位的话，便极易形成"无雨是旱、有雨成涝，水少必旱、水多必涝"的局面。

就社会经济系统而言，洪涝灾害直接淹没引起人员死亡或因水灾冲击建筑物的倒坍致死、致伤。同时，洪涝极易淹没农田，形成农田的盐渍化，毁坏作物，导致粮食大幅度减产甚至绝收，人民因灾饥荒或疾病引起灾民饿死或病死。这是洪涝灾害对人群的最直接的危害。干旱对国民经济最大的危害就是造成农牧业的减产。我国是一个人口大国，粮食问题始终是关系国家安全、社会稳定的重大战略问题，与其他自然灾害相比，旱灾是影响我国粮食生产的主要因素，因为旱灾造成的粮食损失要占全部自然灾害粮食损失的一半以上。除此之外，长期持续的干旱引起人畜饮水发生困难，使农牧民群众陷于贫困之中。在社会经济高速发展、水资源短缺的背景下，旱涝灾害的频发更加剧了人水矛盾，大大增加了社会损失，严重制约了社会的发展。

在人水矛盾日益激化、现有水情严重制约发展的现实情景下，十八大提出了生态文明建设的战略性部署，强调发展要以尊重和维护自然为前提，以人与人、人与自然、人与社会和谐共生为宗旨，把生态文明建设放在突出地位，融入经济建设、政治建设、文化建设、社会建设各方面和全过程（国家林业局，2013）。水作为基础性的自然资源和战略性的经济资源，体现在自然和社会发展的各个方面。针对目前我国水安全新老问题交织特别是水资源短缺、水生态损害、水环境污染等新问题严重的严峻形势，习近平提出了"节水优先、空间均衡、系统治理、两手发力"的治水思路。旱涝是直接危及到人类生命财产安全的灾害，如果不能很好地解决旱涝灾害问题，就无法保障人民的生命安全和幸福生活，将加速生态系统的恶化，无法保障人与自然的和谐共生，生态文明也将无从谈起，治水方略将难以发挥成效。

汾渭平原是国家"七区二十三带"农业发展战略的重要组成部分，是我国专用小麦和专用玉米生产基地；承载着黄河中游能源重化工基地和"关中—天水"、"太原"两大城市群的建设、发展重任，是连接东西的关键枢纽。因汾河平原南北狭长，气候纬向差异明显，"十年九旱"；渭河平原降雨东西差异较大，下游"二华夹槽"地区涝灾频发，是国家重点防汛地段之一。因此，汾渭平原的旱涝集合应对是国家能源安全、粮食安全保障的基本需求，是促进区域人水和谐共生，构建生态文明社会的战略需求，也是新时期实施"十六字"治水方针的迫切需求。

6.2.3.1 资源紧缺的现实需求

随着社会经济飞速发展，水资源短缺成为汾渭平原未来发展的制约因素。现状年，汾渭平原当地人均水资源量仅为 269m³，加上引黄入晋、引汉济渭等外调水，人均水资源量也仅为 350m³，属于典型的资源型缺水地区。为解决日益增长的水资源供需矛盾，近些年来不得不牺牲农业用水和生态用水，汾渭二河的廊道生态系统日趋脆弱。

由于区域降雨时空分布很不均匀，使得在时间上，一方面，冬春季少雨，形成连旱，供需矛盾突显；另一方面，夏季为了防汛，雨洪资源无利用下泄；空间上，渭河平原西多东少，东部却易形成涝灾的矛盾局面。由旱涝事件异步性分析可知，渭河流域和汾河流域干旱并不同步，流域之间的水资源相互调度、互为补给的抗旱对策大有作为。如何从时间上合理收集利用洪涝资源、空间上合理调蓄配置水资源，将旱灾和涝灾进行集合应对，是缓解区域水资源紧缺的现实需求。同时，这一现实需求也体现了实施"节水优先"这一保障水安全之根本方针的迫切性和重要性。

6.2.3.2 空间均衡的路径需求

通过汾渭平原水文要素演变趋势分析可知：区域性干旱化趋势明显，极端旱涝事件发生概率增加，旱涝交替、旱涝急转、旱涝并发现象凸显；而原有的单一措施和技术以及单一落后的体制和制度已经不能应对旱涝这种不利趋势和变化。而在水资源总量控制前提下和以水定城、以水定地、以水定人、以水定产的刚性约束条件下，更是对极端水文情势的应对提出了更高的要求。

"空间均衡"是从生态文明建设高度，审视人口经济与资源环境关系，在新时期现代化进程中做到人与自然和谐的科学路径，是新时期治水工作必须始终坚守的重大原则（陈雷，2014）。把握这一原则需要以"节水优先"为基本方针，强化包括水质水量安全在内的水资源环境刚性约束，让自然能够休养生息，让生态逐步修复。这就需要充分集合运用法律、经济、技术、行政等手段，给自然生态以必要的人文关怀和时间空间，使自然生产力逐步得以恢复（周生贤，2014）。因此，只有通过不同措施、不同方法、不同手段、不同时空尺度以及不同涉水领域的集合，才能综合应对未来更加严峻、更高风险的旱涝事件，才能保证极端水文情势下的水安全和水生态文明建设，进而提高区域全时空尺度的生产、生活和生态用水保证率。因此说，旱涝事件的集合应对是进一步保障经济、社会以及自然生态各空间均衡的战略需求。

6.2.3.3 系统治理的布局需求

"系统治理"是立足山水林田湖生命共同体，统筹自然生态各要素，构建生态文明社会，治水工作须坚持的哲学方法，也是旱涝灾害等复杂水问题系统治理的根本出路（陈雷，2014）。只有以系统治理为基本思想方法，将防治旱涝灾害从上下游、左右岸、地上地下、城市乡村进行空间集合应对；通过河湖连通涵养水源，提升水资源调蓄能力，丰枯调蓄、以丰补歉进行时间集合应对；将水灾害与水资源、水环境、水生态协调解调解决，优化水土资源匹配进行不同领域集合应对，打造自然积存、自然渗透、自然净化的"海绵区域"才能从根本上有效防治汾渭平原的旱涝问题；才能有序推动河湖休养生息进而再现"汾河流水哗啦啦"以及关中"八水润西安"的美丽景象；才能有效治理地下水的超采，逐步实现地下水采补平衡。因此，旱涝事件的集合应对是构建生态文明社会，系统治理水问题的布局需求。

6.2.3.4 两手发力的机制需求

在汾渭平原这种资源型缺水区域，水是社会中的一种稀缺资源，特别在干旱时期；这就意味着水资源分配不可能无限地满足所有人的需求和增长。经济学中，通常把市场机制看做是稀缺资源实现效率最优、促进稀缺资源高效分配的资源配置机制。而水又是一种公共资源，管理和保护公共资源涉及公共事务和公共服务，就需要有效的政府（樊安顺，

2006）。"两手发力"，这是从水的公共产品属性出发，充分发挥政府作用和市场机制，提高水治理能力的重要保障，是新时期治水工作必须始终把握的基本要求（陈雷，2014）。这就需要在机制上将政府调控和市场机制进行集合，应对旱涝的灾害发生。只有政府调控和市场机制的集合发挥作用，才能使得水权流转成为可能，进而使得跨流域调水等空间集合应对旱涝措施得以实施；才能使得城镇居民阶梯水价以及非居民用水超计划、超定额累进加价制度得以推行，进而使得地表水置换地下水，水源涵养，以丰补歉的时间集合应对旱涝措施得以实施。因此，旱涝事件的政府调控和市场机制集合应对是构建生态文明社会的机制需求。

总之，汾渭平原旱涝的集合应对是遵循人水和谐理念，实现水资源可持续利用，支撑经济社会和谐发展的现实需求；是新时期治水方略的政策需求，更是实现生态文明"努力建设美丽中国，实现中华民族永续发展"这一建设目标的战略需求。

6.3 旱涝应对现状及问题

6.3.1 汾河平原旱涝应对现状

6.3.1.1 供用水现状

2001～2010 年《山西省水资源公报》统计结果显示：2001～2010 年汾河流域供水总量呈增加趋势，其中，2007～2010 年，地表水供水量呈上升趋势，地下水供水量呈下降趋势，其他水源供水量呈下降趋势，见表 6-11 和图 6-4。

表 6-11　2002～2010 年汾河流域供水量统计表（缺 2003 年）　（单位：亿 m³）

年份	供水量			
	地表水	地下水	其他水源	总供水量
2002	7.4637	6.0408	0.4599	24.5468
2004	7.7200	16.3700	0.4600	24.5500
2005	6.7245	19.4742	0.0059	26.2046
2006	6.9934	18.1342	0.0201	25.1477
2007	9.7062	15.9466	2.0290	27.6818
2008	10.0685	15.7927	1.6073	27.4685
2009	11.6046	14.3459	1.6141	27.5648
2010	12.7750	14.3823	1.4560	28.6106

2001～2010 年汾河流域用水总量呈增加趋势，其中 2006～2010 年，农业灌溉用水量和林牧渔畜用水量呈减少趋势，城镇工业用水量、城镇公共和居民生活用水量，以及生态环境用水量呈增加趋势，见表 6-12 和图 6-5。

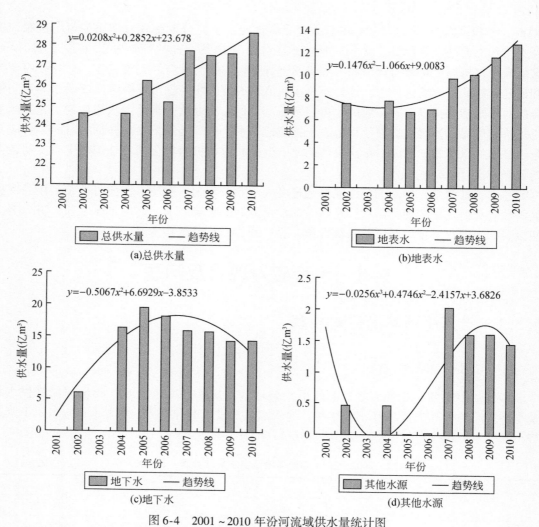

图 6-4　2001～2010 年汾河流域供水量统计图

表 6-12　2001～2010 年汾河流域用水量统计表（缺 2003 年）　（单位：亿 m³）

年份	用水量						
	农田灌溉	林牧渔畜	城镇工业	城镇公共	居民生活	生态环境	用水总量
2002	14.9800		5.1932	3.9139			24.0869
2004	13.6400	0.8700	5.6600	1.0400	2.7100	0.1700	24.0900
2005	5.5666	0.4618	0.8689	0.1344	0.4278	0.0368	26.1988
2006	6.3850	0.4404	1.0005	0.0679	0.4406	0.0281	25.1276
2007	14.6726	0.8034	5.8575	1.2083	2.9005	0.2106	25.6529
2008	14.9852	0.7133	5.5251	1.0485	3.0527	0.5364	25.8612
2009	15.7745	0.7119	4.1535	1.0906	3.1061	1.1141	25.9507
2010	14.9617	0.7218	4.8446	1.1769	3.1710	2.2182	27.1542

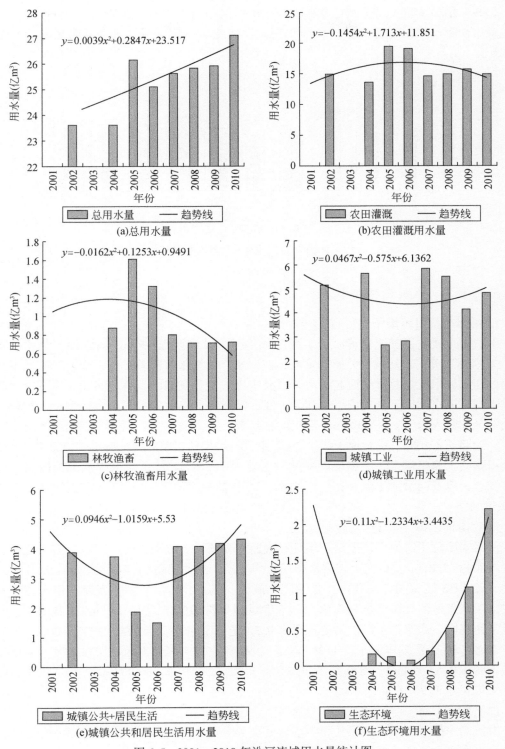

图 6-5　2001～2010 年汾河流域用水量统计图

2001~2010 年系列资料中，2001 年、2003 年无用水资料；2007 年和 2009 年，汾河流域总用水量小于水资源总量，其余年份，汾河流域总用水量均大于水资源总量，如图 6-6 所示。

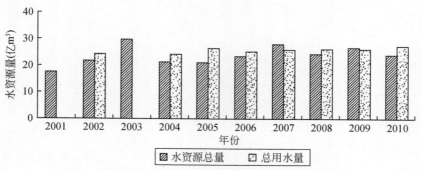

图 6-6　2001~2010 年汾河流域水资源总量及用水量统计图

6.3.1.2　水利工程现状

(1) 万家寨引黄南干线

引黄南干线是万家寨引黄入晋工程的一部分，设计扬程 636m，向太原年供水 6.4 亿 m^3。万家寨引黄工程从黄河万家寨水利枢纽取水，由取水首部总干线、南干线、北干线和连接段四部分组成。总干线西起黄河万家寨水库，沿偏关县北部东行 44km 至下土寨附近设分水闸，分水闸以下分成南干线和北干线；其中南干线由分水闸向南经偏关、神池，在宁武县马头营入汾河，长 102km；连接段北起南干线 7#隧洞头马营出口，南至太原市呼延水厂，线路长 139km。引黄南干线于 2002 年 10 月 18 日实现全线试通水，2003 年 10 月 26 日起正式向太原市供水。工程现状实际供水能力 3.2 亿 m^3，目前工程供水范围为太原市中心区域，以及向汾河干流补充生态用水，其中 2009 年供给太原市城市生活及工业用水 0.99 亿 m^3。

(2) 汾河水库

汾河水库位于汾河干流上游，坝址在太原市娄烦县下石家庄村，1960 年投入运行，控制流域面积 5268km^2，拦河大坝为水中填土均质坝，最大坝高 61.4m，总库容 7.21 亿 m^3，兴利库容 2.52 亿 m^3（表 6-13），是一座以灌溉、供水、防洪、调蓄万家寨引黄南干水量为主，兼顾发电的大型综合利用水库。水库承担着汾河灌区近 10 万 hm^2 灌溉用水，并向太原钢铁集团、太原第一厂供给工业用水 0.38 亿 m^3。水库正常蓄水位 1129.00m，校核洪水位 1129.20m，汛期限制水位 1126.00m。1997 年完成水库大坝除险加固工程。2009 年有效灌溉面积 9.83 万 hm^2，实际灌溉面积 6 万 hm^2，工业供水 3300 万 m^3，生活供水 364 万 m^3，发电供水 1.93 亿 m^3。

(3) 汾河二库

汾河二库位于太原市阳曲县和尖草坪区交界处的玄泉寺、汾河水库下游 80km 处，控制汾河水库以下区间流域面积 2348km^2，总库容 1.33 亿 m^3，兴利库容 0.48 亿 m^3。水库设计向太原市城市生活年供水 0.40 亿 m^3，同时，在紧急情况下可采取临时应急措施，以汾河水库为供水水源，挤占汾河灌区农业用水，年可向太原市工业供水 1.08 亿 m^3。

(4) 蔡庄水库（中小型）

蔡庄水库位于寿阳县城西 23km 的蔡庄村附近白马河上，属潇河上游一级支流，控制流域面积 229km^2，总库容 2070 万 m^3，兴利库容 960 万 m^3，是一座以防洪为主，兼顾灌溉、养殖综合利用的中型水库。水库于 1959 年 12 月兴建，1960 年 8 月拦洪，1962 年 4 月竣工，设计灌溉面积 0.2 万 hm^2。

(5) 文峪河水库（大型）

文峪河水库位于吕梁市文水县开栅镇北峪口村北，坝址以上流域面积 1876km^2，总库容 1.13 亿 m^3。水库于 1959 年始建，1961 年拦洪蓄水，设计灌溉面积 3.41 万 hm^2。水库正常蓄水位 836.6m，校核洪水位 840.30m，主汛期限制水位 825.5m，非主汛期限制水位 826.5m。2009 年水库有效灌溉面积 3.31 万 hm^2，实际灌溉面积 0.77 万 hm^2，灌溉供水 5507 万 m^3，工业供水 1125 万 m^3，发电供水 6060 万 m^3。

(6) 郭堡水库（中型）

郭堡水库位于太谷县王公村汾河支流的象峪河上，水库控制流域面积 229km^2，总库容 2927 万 m^3，是一座以防洪、灌溉为主，兼顾养鱼、发电等综合利用的多年调节中型水库。水库于 1958 年动工兴建，设计灌溉面积 0.59 万 hm^2，工业供水 72 万 m^3。水库正常蓄水位 942.00m，校核洪水位 948.40m，主汛期限制水位 938.60m，非主汛期限制水位 940.00m。2009 年水库有效灌溉面积 0.59 万 hm^2，实际灌溉面积 733.3hm^2，灌溉供水 214 万 m^3。

(7) 庞庄水库（中型）

庞庄水库位于汾河一级支流乌马河上，太谷县城东 20km 处的庞庄村附近，控制流域面积 278km^2，总库容 1520 万 m^3，是一座以灌溉、防洪为主，兼顾发电、养鱼的综合利用中型水库。水库于 1971 年 8 月动工兴建，1972 年拦洪蓄水，1974 年 11 月竣工。水库设计灌溉面积 0.63hm^2，并向工业供水 150 亿 m^3。2008 年，通过除险加固，庞庄水库总库容达到了 2300 万 m^3，水库防洪运用标准可达 50 年一遇洪水设计，保护下游 48 个村镇、9.3 万人口、0.6hm^2 耕地的防洪安全。同时，可保证农业灌溉用水 891 万 m^3，城市生活用水 408 万 m^3。水库正常蓄水位 931.00m，校核洪水位 941.00m，主汛期限制水位 927.00m，非主汛期限制水位 930.00m。2009 年水库有效灌溉面积 0.63 万 hm^2，实际灌溉面积 0.12 万 hm^2，灌溉供水 205 万 m^3，生活供水 155 万 m^3。

(8) 子洪水库（中型）

子洪水库位于晋中市祁县县城东南 25km、汾河一级支流昌源河中游子洪口处，坝址以上流域面积 576km^2，总库容 1660 万 m^3，是一座以防洪为主、兼顾农田灌溉和县城供水的中型水库。设计灌溉面积 1.23 万 hm^2，工业供水 300 万 m^3。水库正常蓄水位 887.00m，校核洪水位 890.53m，主汛期限制水位 885.20m，非主汛期限制水位 886.50m。2009 年水库有效灌溉面积 1.11 万 hm^2，实际灌溉面积 353.3hm^2，灌溉供水 150 万 m^3，生活供水 203 万 m^3。

（9）尹回水库（中型）

尹回水库位于汾河一级支流惠济河东西支交汇处，平遥县城东南 3.5km 处的尹回村东，控制流域面积 274km^2，总库容为 2630 万 m^3，是一座以防洪、灌溉为主，兼顾县城供水、养殖的年调节中型水库。设计灌溉面积 0.33 万 hm^2，工业供水 100 万 m^3。水库正常蓄水位 777.72m，校核洪水位 784.32m，汛期限制水位 777.72m。2009 年水库有效灌溉面积 0.27 万 hm^2，实际灌溉面积 180hm^2，灌溉供水 34 万 m^3，生活供水 40 万 m^3。

（10）张家庄水库（中型）

张家庄水库位于文峪河支流孝河中游、孝义旧城西 2km 处，水库控制流域面积 465km^2，总库容 3751 万 m^3，是一座以防洪、灌溉为主的中型水库。水库于 1959 年动工兴建，1961 年拦洪蓄水，设计灌溉面积 0.39 万 hm^2。水库正常蓄水位 764.62m，校核洪水位 766.92m，主汛期限制水位 762.00m，非主汛期限制水位 764.00m。2009 年水库有效灌溉面积 0.39 万 hm^2，实际灌溉面积 780hm^2，灌溉供水 122 万 m^3。

（11）曲亭水库（中型）

曲亭水库位于临汾市洪洞县城东南 15km 曲亭镇吉恒村南、汾河一级支流曲亭河上，于 1959 年动工兴建，控制流域面积 128km^2，总库容 3710 万 m^3。水库设计灌溉面积 0.63 万 hm^2。水库正常蓄水位 560.30m，校核洪水位 561.04m，主汛期限制水位 554.00m，非主汛期限制水位 555.00m。2009 年水库有效灌溉面积 0.7 万 hm^2，实际灌溉面积 0.7 万 hm^2，灌溉供水 2057 万 m^3。

（12）涝河水库（中型）

涝河水库位于临汾城东 20km 的大阳镇东河堤村东、汾河一级支流涝河中游，坝址以上流域面积 451km^2，总库容 5960 万 m^3，兴建于 1975 年 11 月，是一座以防洪、灌溉为主，兼顾供水、养殖及旅游综合利用的中型水库。水库设计灌溉面积 0.49 万 hm^2。水库正常蓄水位 550.00m，校核洪水位 559.92m，主汛期限制水位 542.00m，非主汛期限制水位 544.00m。2009 年水库有效灌溉面积 0.31 万 hm^2，实际灌溉面积 0.2 万 hm^2，灌溉供水 700 万 m^3。

（13）汜河水库（中型）

汜河水库位于临汾市尧都区大阳镇陈埝村南、汾河二级支流汜河中游，控制流域面积 311 km^2，总库容 4867 万 m^3，是一座以防洪、灌溉为主，兼顾养鱼等综合效益的中型水库。水库设计灌溉面积 0.49 万 hm^2。水库正常蓄水位 521.12m，校核洪水位 524.70m，汛期限制水位 521.12m。

（14）七一水库（中型）

七一水库位于襄汾县西贾乡万东毛村东北，控制流域面积 140km^2，总库容 5578 万 m^3，水库以灌溉及工业供水为主，兼顾防洪、养殖等。水库流域内天然来水较少，主要靠引蓄七一渠、跃进渠灌溉余水，是一座旁引式水库。水库设计灌溉面积 0.91 万 hm^2。水库正常蓄水位 471.30m，校核洪水位 471.30m，汛期限制水位 466.00m。2009 年水库有效灌溉面积 0.58 万 hm^2，实际灌溉面积 0.45 万 hm^2，灌溉供水 1585 万 m^3，工业供水 423 万 m^3。

（15）小河口水库（中型）

小河口水库位于临汾市翼城县王村乡新村汾河一级支流浍河上，控制流域面积 338km²，总库容 4430 万 m³，是一座具有防洪、灌溉、养殖等综合利用功能的中型水库。水库于 1960 年拦洪蓄水，设计灌溉面积 0.55 万 hm²。水库正常蓄水位 677.70m，校核洪水位 68.77m，汛期限制水位 676.30m。2009 年水库有效灌溉面积 0.31 万 hm²，实际灌溉面积 0.25 万 hm²，灌溉供水 419 万 m³。

（16）浍河水库（中型）

浍河水库位于曲沃县史村镇西必村附近的汾河一级支流浍河干流上，控制流域面积 1301km²，总库容 7500 万 m³，是一座以灌溉、防洪为主，兼有养殖、旅游等综合效益的中型水利工程。水库于 1957 年 12 月动工兴建，1959 年正式拦洪蓄水，设计灌溉面积 1.07 万 hm²。水库正常蓄水位 480.76m，校核洪水位 485.81m，主汛期限制水位 480.56m，非主汛期限制水位 480.76m。2009 年水库有效灌溉面积 0.77 万 hm²，实际灌溉面积 0.12 万 hm²，灌溉供水 364 万 m³，生活供水 290 万 m³。

汾河平原水库总库容约 14.4 亿 m³。2010 年汾河流域水资源总量为 23.88 亿 m³，供水量为 28.61 亿 m³，在 2010 年供水水平下，2015 年汾河流域缺水量达到 7.65 亿 m³。

表 6-13　汾河流域主要水库参数统计表

序号	水利工程名称	总库容（亿 m³）	兴利库容（亿 m³）	设计灌溉面积（万 hm²）
1	汾河水库	7.21	2.52	9.95
2	汾河二库	1.33	0.48	
3	蔡庄水库	0.21	0.096	0.20
4	文峪河水库	1.13	0.40	3.41
5	郭堡水库	0.29	0.14	0.59
6	庞庄水库	0.15		0.63
7	子洪水库	0.17		1.23
8	尹回水库	0.26		0.33
9	张家庄水库	0.38		0.39
10	曲亭水库	0.37		0.63
11	涝河水库	0.60	0.32	0.49
12	洰河水库	0.49		0.49
13	七一一水库	0.56	0.50	0.91
14	小河口水库	0.44		0.55
15	浍河水库	0.75		1.07
	合计	14.34		

在山西大水网中，山西中部引黄工程（第四横）可向临汾供水区供水 0.55 亿 m³（生活 0.03 亿 m³、工业 0.06 亿 m³、农业 0.46 亿 m³）。晋中东山供水工程（第五横）一期工程从浊漳河供给晋中南部太谷、祁县、平遥、介休和灵石 5 县（市）供给生活、生产用水

0.63 亿 m³。黄河古贤供水工程（第六横）向临汾盆地供水区、汾河下游谷地供水区和涑水河供水区设计供水 20 亿 m³/a。禹门口东扩工程（第七横）向襄汾县井灌区提供 2250 万 m³ 农业灌溉用水。以上总供水量为 21.405 亿 m³。基本可以缓解汾河平原缺水情势。

6.3.1.3　管理现状

汾河平原因为其地理位置和地形地貌特征，形成了"十年九旱"的基本灾情。常年的干旱使得平原内，特别是北部地区缺林少绿，水土流失严重。近年来，经济高速的发展，伴随的是人类对水资源、林木资源和矿山资源的掠夺性利用和开发，更加速了区域生态环境的破坏，整个汾河平原水、土、林生态环境已经较为脆弱。水和生态问题已成为制约区域乃至整个山西经济社会可持续发展的突出障碍。生产之长在于煤，发展之短在于水，已成为全流域甚至全山西上下的共识。痛定思痛，经过各项治理和制度改革，汾河平原防汛抗旱及水资源综合管理水平有了较大的改善和提高。

（1）治汾已见成效，制度逐渐规范

1998 年，山西省政府对汾河进行了系统综合治理。综合治汾以后，汾河平原市、县两级先后成立了独立的河道站，使河道防洪、排涝工程建设及管理逐步走向了规范化和专业化。通过几年的建设，市县两级河道管理机构基本健全。河道站主要围绕防汛抗旱工程建设及管理、防汛法案法规宣传、防洪抗旱预案编制、涉河项目审批等开展工作，随着河道治理工作取得阶段性成果，汾河的防汛抗旱工程应急能力也得到了相应提高（张引栓，2008）。

随着流域经济快速发展，干旱态势的常态化，使得水资源供需矛盾日益增强。汾河管理主要围绕这一矛盾展开，并在体制机制上积极探索、勇于改革，实行汾河河道分段管理，明确了各个管理部门的职责与权力，逐步理顺了分割管理的不合理现象。初步建立了流域管理与区域管理相结合的体制，流域河道管理系统和河道治理系统职责上更加分明；制度上更加规范，并以国家河道管理条例为基础，针对汾河不同地段的具体情况，制定了一系列汾河河道管理条例，同时，成立了河道管理局、河道水库管理局、河道水资源管理局、河道旅游资源管理局等一系列管理机构（王煜倩，2010；向红梅，2010）。由于在上述各级管理部门的内部都已设立或逐渐成立了相应的防汛抗旱指挥办（处），河道的分段管理使得防汛抗旱管理的责权关系更加明晰，进而提高了防汛抗旱指挥办（处）的管理效率。

（2）严格取水许可，各区协商发展

长期以来，由于水资源管理体制存在着严重的弊端和漏洞，汾河流域形成取水口各自为政、盲目无序取水的混乱现象；当遇到枯水年或者连旱时，不仅增加了河流左右岸和上下游的争水矛盾，还极易形成为了发展工业挤占农业用水和生态用水的局面，威胁粮食安全、破坏河道生态环境。为此，在加强流域管理机构和地方水行政主管部门对取水许可管理的前提下，强化流域管理机构的统管职能，按取水量大小，分级分类划定登记管理的权限和责任；特别明确了干旱年份（枯水年）和连旱年份（特枯年）取水量的极值以及相应的管理权限。如此，使得水的配置权有统有分，突出流域机构对干旱年取水以及干流和主要支流上大额量取水的审批、监督管理权力。可以说实施取水许可制度，彻底扭转了长期形成的取水混乱状况，减缓了干旱期各用水户的潜在矛盾。实践证明，有关地方政府和水行政主管部门，在登记、发证、监督管理的各个环节，都能对流域机构的管理给予协作和支持，使水资源统一管理工作取得突破性进展。

汾河平原管理取得的另一个创新机制就是建立了流域机构与地方市（区）间的协调、协商机制。在对新建、改建、扩建取水许可项目的审查、审批中，按照管理权限，流域管理机构与地方水行政主管部门都能认真通过协商履行职责。在严格依法办事的原则下，充分听取各方面的意见，特别是流域管理机构加强与地方市（区）建立有效的协调、协商机制，相互合作支持，调动地方水行政主管部门的积极性，使行政审查与审批建立在公开、公正、实事求是和科学合理的基础之上，形成了流域管理机构行使水资源统管工作的良好氛围（王煜倩，2010）。

（3）风险意识增强，技术手段拓展

近年来，汾河水量急剧减少，水质污染严重，在某些区域持续发生了严重干旱，供水矛盾十分紧张，相关工业、农业用水部门积极采取有效措施，实行节约用水、保护水资源等方针，也体现了加强水资源管理的极大潜力。在开展节水和防汛抗旱宣传上，改变传统运动式宣传模式，在围绕世界水日、中国水周、全国城市节约用水宣传周等开展集中式宣传的基础上，重视宣传的日常性、有效性、广泛性和连续性，多部门联合，多途径并进，深入持久地开展节水型社会建设宣传和防汛抗旱应急预案的宣传，普通公民的节水意识和防汛抗旱的风险意识逐渐增强。

除了管理制度和管理机制上有所改善外，汾河管理技术和信息化建设也得到大大提高，汾河沿岸设立的水位站、水文站、雨量站等实现了水信息的自动化采集，为防汛抗旱决策及时提供了信息依据。汾河中游河段的洪水预报、防洪调度、决策支持系统等非工程措施建设进一步加快，主要包括下垫面信息、多普勒雷达信息、降雨信息、河道实时水情信息、地下水水位信息等信息采集系统，上述信息管理的数据库适应干支流现状特性的水文、水力学预报模型。防洪调度系统和防洪调度决策支持系统主要包括工程实时工情 GIS 系统、工程设计信息、工程调度原则、工程实时工况、防洪工程调度模型、防洪工程实时调度系统、不同防洪调度方案下的洪水风险分析及方案比选方法、专家防洪经验集成、防洪决策方案生成模型、防洪方案（或预案）的虚拟现实系统等（刘平喜，2007）。

另外，在供水调度方面，万家寨引黄工程已经实现了全线水资源的自动化分配以及水信息的自动采集；并实现了全线各泵站自动流量平衡控制，保证了引黄干线水资源的合理有效配置和优化调度。一旦发生干旱，供水系统的自动化可以及时向防汛抗旱指挥部信息中心提供可调水量和相应水量分配方案，为决策提供信息支撑。

6.3.2 渭河平原旱涝应对现状

6.3.2.1 现状水源工程

截至 2010 年年底，渭河平原地区共建成水库 365 座（表 6-14），总库容 18.92 亿 m³，兴利库容 12.50 亿 m³，现状供水能力 11.76 亿 m³；引水工程 1371 座，现状供水能力 14.59 亿 m³；自提水工程 3218 座，现状供水能力 8.59 亿 m³。配套机电井 12.52 万眼，其中城镇自来水和企事业单位自备水源井 7524 眼。建成污水处理厂 47 座，日处理能力 195.1 万 t。集雨工程 11.92 万座，年利用量 585.84 万 m³。

（1）地表水源工程

截至 2010 年，渭河平原共建成大型水库 4 座，中型水库 17 座，小型水库 344 座，大、中、小型水库总库容 18.92 亿 m³，兴利库容 12.50 亿 m³。设计供水能力 15.90 亿 m³，现状供水能力 11.76 亿 m³。共有塘坝 1560 座，总容积 3250 万 m³，设计供水能力 3888 万 m³，现状供水能力 3444 万 m³。

共有大型引水工程 2 处，中型引水工程 4 处，小型引水工程 1365 处，设计供水能力 23.01 亿 m³，现状供水能力 14.59 亿 m³。驰名全国的宝鸡峡引渭工程、泾惠渠灌溉工程、洛惠渠灌溉工程，担负着陕西全省 500 万亩农田灌溉的供水任务。

共有大型提水工程 3 处，小型提水工程 3215 处，设计供水能力 10.58 亿 m³，现状供水能力 8.59 亿 m³。交口抽渭工程担负着 110 多万亩农田灌溉供水任务，见表 6-14。

（2）地下水源工程

截至 2010 年，渭河平原共有配套机电井 12.22 万眼，其中浅层井 11.98 万眼，深层井 0.24 万眼。浅层井现状供水能力 24.08 亿 m³，其中自备井 0.54 万眼，供水能力 3.90 亿 m³；自来水水源井 0.25 万眼，供水能力 1.92 亿 m³；农用井 11.20 万眼，供水能力 18.27 亿 m³。深层井现状供水能力 7.92 亿 m³，其中自备井 0.22 万眼，供水能力 5.59 亿 m³；自来水水源井 0.02 万眼，供水能力 1.93 亿 m³；农用井 0.005 万眼，供水能力 0.04 亿 m³，见表 6-15。

（3）其他水源工程

共有集雨工程 11.92 万座，年利用量为 585.84 万 m³。共建成污水处理厂 47 座，分别是西安市邓家村污水处理厂、西安市北石桥污水净化中心、宝鸡市十里铺污水处理厂、咸阳市东郊污水处理厂、铜川市污水处理厂、渭南市污水处理厂、杨凌区污水处理厂和礼泉县污水处理厂等污水大处理厂 47 座，日处理污水能力 195.1 万 t，年污水再生利用量 2812 万 m³。

以上水利工程在为流域内 1337 万亩有效灌溉农田、327.66 万亩节水灌溉农田提供农业灌溉用水的同时，还承担着渭河两岸城乡生活和工业基地的供水任务，在陕西省经济社会发展中发挥着重要作用。自改革开放以来，陕西省渭河流域供水量增长缓慢，1980 年总供水量为 48.86 亿 m³，2010 年为 50.57 亿 m³，年平均递增率仅为 0.11%。渭河平原地区供水构成中，1980 年以前以地表水为主，20 世纪 90 年代以后则以地下水为主，1995 年以后地下水供水比重减少，到 2010 年地下水超采现象已有所控制，但仍需调整用水结构，增加地表水的用水比例，适当采用地下水。

表6-14 渭河平原2010年地表水供水基础设施情况

水资源四级分区	工程规模	蓄水工程					引水工程				提水工程			
		数量(座)	总库容(万 m³)	兴利库容(万 m³)	现状供水(万 m³)	设计供水(万 m³)	数量(座)	引水规模(m³/s)	现状供水(万 m³)	设计供水(万 m³)	数量(座)	提水规模(m³/s)	现状供水(万 m³)	设计供水(万 m³)
渭河宝鸡峡至咸阳北岸	大型	2	50 900	33 820	20 869	30 420	1	105	49 900	81 806.06				
	中型	8	26 307	15 907	5 782.6	7 107								
	小型	105	25 795.47	19 425.82	8 955.78	15 421.84	161	18.89	1 867.75	2 572.26	959	29.65	11 502.4	16 923.24
	塘坝	548	1 593.4	1 313.4	1 467.35	1 563.35								
渭河宝鸡峡至咸阳南岸	大型	2	34 700	29 790	52 100	69 310								
	小型	66	8 425	3 317.33	4 187.3	4 074.56	297	64.3	9 570.6	12 278.09	101	5.57	776.8	1 202
	塘坝	297	393	393	520	520								
咸阳至潼关北岸	大型						1	46	24 600	45 000	3	137	55 988	65 000
	中型	5	12 200	5 976	7 582.5	8 274	2	37	16 383	33 000				
	小型	66	8 748.3	4 407.96	3 612.27	5 793.06	160	20.01	5 687.05	7 398.72	1 466	65.07	13 337.6	18 919.98
	塘坝	260	662.35	477.35	620.01	900.06								
咸阳至潼关南岸	中型	4	11 219	5 906	9 276	12 812.4	2	23.5	6 000	10 000				
	小型	107	10 874	6 482.24	5 203.86	5 678.16	747	85.35	31 843.43	38 030.39	689	11.89	4 267.6	3 788.05
	塘坝	455	601.69	601.69	837.03	904.8								
渭河平原合计	大型	4	85 600	63 610	72 969	99 730	2	151	74 500	126 806.06	3	137	55 988	65 000
	中型	17	49 726	27 789	22 641.1	28 193.4	4	60.5	22 383	43 000				
	小型	344	53 842.77	33 633.35	21 959.21	30 967.62	1 365	188.55	48 968.83	60 279.46	3 215	112.18	29 884.4	40 833.27
	塘坝	1 560	3 250.44	2 785.44	3 444.39	3 888.21								

表6-15 渭河平原2010年地下水供水基础设施情况

水资源四级分区	浅层地下水								深层地下水								
	井数量(眼)	其中配套机电井							井数量(眼)	其中配套机电井							
		自备井		自来水水源井		农用水		配套机电井数量(眼)		自备井		自来水水源井		农用水		配套机电井数量(眼)	
		数量(眼)	供水能力(万m³)	数量(眼)	供水能力(万m³)	数量(眼)	供水能力(万m³)			数量(眼)	供水能力(万m³)	数量(眼)	供水能力(万m³)	数量(眼)	供水能力(万m³)		现状供水能力(万m³)
渭河宝鸡峡至咸阳北岸	27 641	2 582	19 486	2 171	15 224	21 657	48 243	26 410	现状供水能力82 953 ／ 170	129	3 799	28	1 504	10	49	167	5 352
渭河宝鸡峡至咸阳南岸	14 779	1 056	7 317	45	354	13 619	22 239	14 720	29 910 ／ 761	722	5 633	39	4 435	0	0	761	10 068
咸阳至潼关北岸	47 018	1 330	4 685	206	2 108	44 008	53 478	45 544	60 271 ／ 291	232	8 389	30	1 825	41	320	303	10 534
咸阳至潼关南岸	33 381	388	7 411	38	1 500	32 738	58 767	33 164	67 678 ／ 1 199	1 085	41 709	111	11 516	3	7	1 199	53 232
渭河平原合计	122 819	5 356	38 899	2 460	19 186	112 022	182 727	119 838	240 812 ／ 2 421	2 168	59 530	208	19 280	54	376	2 430	79 186

6.3.2.2 现状供水能力

2010 年,渭河平原地区总供水量 48.08 亿 m³(表6-16),其中地表水供水量 20.10 亿 m³,占总供水量的 41.82%;地下水供水量 27.66 亿 m³,占供水总量的 57.53%,其他供水水源供水量 0.31 亿 m³,占供水总量 0.65%。2010 年地表水供水总量 20.10 亿 m³。其中引水工程和蓄水工程供水量分别为 7.96 亿 m³ 和 7.77 亿 m³,分别占地表水供水量的 39.59% 和 38.66%,是主要的供水方式;其次是提水工程,供水量 4.37 亿 m³,占地表供水量的 21.73%。2010 年地下水供水总量 27.66 亿 m³。其中浅层地下水供水量 21.90 亿 m³,占地下水供水量的 79.17%,深层承压水供水量 5.51 亿 m³、微咸水供水量 0.25 亿 m³,分别占地下水供水量的 19.94% 和 0.90%。2010 年流域内其他水源供水量 0.31 亿 m³,包括污水处理再利用量 0.28 亿 m³,集雨工程供水量 0.03 亿 m³。

2010 年陕西省渭河流域总用水量 48.08 亿 m³,其中农业、工业、城镇生活、农村生活、建筑业、第三产业和生态用水量分别为 29.66 亿 m³、8.44 亿 m³、4.82 亿 m³、2.46 亿 m³、0.76 亿 m³、1.06 亿 m³ 和 0.89 亿 m³,其比例如图 6-7 所示。

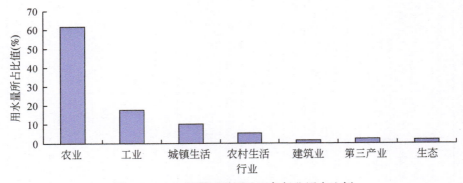

图 6-7　2010 年渭河平原地区各行业用水比例

6.3.2.3 防洪排涝工程

(1) 防洪减淤工程

针对渭河下游在三门峡水库修建后产生的防洪问题,从 20 世纪 60 年代开始逐步修建了渭河干支流两岸的堤防,随着下游河道淤积的发展,对堤防先后进行了多次加高培厚,对河道进行了整治,修建了蒲峪、箭峪等南山防洪水库,初步形成了较为完整的防洪工程体系,保证了关中平原的稳定发展;初步建成了三门峡库区移民防洪保安工程,返库移民的生命财产安全有了基本保障。在渭河中游河段完善了堤防工程和河道整治工程,对河道进行了初步治理。在北洛河、泾河下游修建了部分护岸工程,保护了岸上村庄、农田、道路的安全对流域内的防洪重点城市和城镇进行了防洪建设,初步建成了重要城市的防洪排涝体系。

表 6-16 渭河平原 2010 年总供水量调查统计表

（单位：万 m³）

水资源四级区	地区	地表水源供水量					地下水源供水量				其他水源供水量			总供水量
		蓄水	引水	提水	人工运载水量	小计	浅层淡水	深层承压水	微咸水	小计	污水处理再利用	集雨工程	小计	
渭河宝鸡峡至咸阳北岸	西安市	0.00	0.00	0.00	0.00	0.00	445.30	0.00	0.00	445.30	0.00	0.00	0.00	445.30
	宝鸡市	19 974.42	7 920.58	1 915.24	0.00	29 810.24	29 273.51	0.00	0.00	29 273.51	0.00	61.21	61.21	59 144.96
	咸阳市	3 750.23	26 263.09	3 805.79	4.00	33 823.11	46 450.89	4 135.81	0.00	50 586.70	1 457.00	15.22	1 472.22	85 882.03
	杨凌区	0.00	351.00	139.00	0.00	490.00	2 848.00	0.00	0.00	2 848.00	0.00	0.00	0.00	3 338.00
	小计	23 724.65	34 534.67	5 860.03	4.00	64 123.35	79 017.70	4 135.81	0.00	83 153.51	1 457.00	76.43	1 533.43	148 810.29
渭河宝鸡峡至咸阳南岸	宝鸡市	5 213.68	4 459.58	225.49	0.00	9 898.75	11 360.45	0.00	0.00	11 360.45	5.00	78.45	83.45	21 342.65
	西安市	3 264.75	660.38	67.47	0.00	3 992.60	17 850.71	4 946.28	0.00	22 796.99	0.00	0.00	0.00	26 789.59
	小计	8 478.43	5 119.96	292.96	0.00	13 891.35	29 211.16	4 946.28	0.00	34 157.44	5.00	78.45	83.45	48 132.24
咸阳至潼关北岸	咸阳市	1 857.93	5 285.89	6 378.98	1.00	13 523.80	8 512.93	566.74	2.00	9 081.67	0.00	9.97	9.97	22 615.44
	西安市	158.84	2 214.04	1 525.91	0.00	3 898.79	14 925.81	1 544.60	1 699.00	18 169.41	432.27	5.27	437.54	22 505.74
	渭南市	2 275.18	13 948.19	24 954.46	19.2	41 197.08	30 844.04	4 997.72	778.00	36 619.76	0.00	50.92	50.92	77 867.76
	铜川市	1 859.53	1 373.99	937.95	9.09	4 180.56	3 424.83	141.00	0.00	3 565.83	1.00	91.51	92.51	7 838.90
	小计	6 151.48	22 822.11	33 797.30	29.29	62 800.23	57 707.61	7 250.06	2 479.00	67 436.67	433.27	157.67	590.94	130 827.84
咸阳至潼关南岸	咸阳市	0.00	0.00	0.00	0.00	0.00	2 624.34	0.00	0.00	2 624.34	0.00	0.00	0.00	2 624.34
	西安市	34 756.41	16 337.58	956.62	0.00	52 050.61	35 226.98	37 968.03	0.00	73 195.01	796.73	14.73	811.46	126 057.08
	渭南市	4 609.86	789.85	2 782.08	0.00	8 181.79	15 192.50	842.40	0.00	16 034.90	120.00	0.00	120.00	24 336.69
	小计	39 366.27	17 127.43	3 738.70	0.00	60 232.40	53 043.82	38 810.43	0.00	91 854.25	916.73	14.73	931.46	153 018.11
渭河平原合计		77 720.83	79 604.17	43 688.99	33.29	201 047.30	218 980.30	55 142.58	2 479.00	276 601.87	2 812.00	327.28	3 139.28	480 788.50

截至 2010 年，渭河中游两岸已经修建了各类堤防 299km，占河岸线总长的 86.4%，修建护基坝 2895 座，使渭河中游的防御洪水灾害能力有了一定的提高。在千河、石头河、漆水河、黑河等较大的支流上建成了冯家山、羊毛湾、石头河及黑河金盆水库等大型水库，对于渭河中游河段的防洪也有一定的作用。

渭洛河下游主要属陕西省三门峡库区范围，是陕西省、渭河流域的重点防洪区域，目前已初步形成了以堤防及河道整治工程为主的防洪工程体系。截至 2010 年共修建各类堤防工程 408km（干流 196.24km，移民围堤 51.64km，支流堤防 132.92km，洛河围堤 27.2km），渭河河道整治工程 66 处，排水沟 10 条，排水站 13 座，修建南山支流水库 4 座，布设渭洛河淤积监测断面 84 个。这些防洪工程对于缓解渭洛河下游的防洪压力，保护人民生命财产安全发挥着重要作用。

到"十一五"末，渭河流域已经完成石头河、羊毛湾、冯家山 3 座大型水库和 22 座中型重点病险水库的除险加固，重点小型病险水库除险加固逐步展开。

(2) 城市排水工程

渭河平原地区城市排水系统大多修建于 20 世纪，由于社会发展和规划的局限性，排水系统排水能力普遍不高。近些年城市发展较快，新建城区和扩建城区面积不断扩大，道路硬化快速增长，生活生产污水量不断增大，城市排水工程面临的压力也不断地增大。现有的排水系统根本不能满足排水的要求，以西安市为例，城市防洪排涝工程涉及六大流域，即渭河流域、皂河流域、漕运明渠、浐河流域、灞河流域和幸福渠流域。由于城市防洪建设所需资金投入大，受资金、体制和认识上的限制，西安城市防洪建设已严重滞后于经济发展的要求，而已建的工程又缺少正常运行维护经费，排水渠桥、涵建筑物阻水严重，缺少抽排设施，全市存在小寨十字、南梢门、西梢门、兴庆路等 19 个易涝积水点，尤其是曲江、明德门等开发区，排水设施跟不上城市发展的需要，致使区内雨涝洪水无出路。

6.3.2.4 流域管理现状

鉴于陕西省渭河流域的重要性和特殊性，2006 年，为了加强对陕西省江河水库统一管理，同时为了加强对渭河流域统一管理，陕西省编制委员会批准成立陕西省江河水库管理局、陕西省渭河流域管理局。7 月 1 日，陕西省江河水库管理局、陕西省渭河流域管理局正式挂牌成立，和原陕西省三门峡库区管理局合署办公，三块牌子，一套人马，为副厅级全额事业单位。近年来，陕西省渭河流域管理局行使流域管理机构的职能，渭河流域初步建立了流域管理与区域管理相结合的流域涉水事务管理体制；开展了流域管理信息化的建设，初步建成了防汛、工程管理、水文监测、办公自动化、渭河基础地理信息等应用系统。初步形成了水资源管理、保护、监测体系，开展了渭河水资源统一调度工作，为有效保护水资源、维护渭河健康生命、保障人民引水安全提供了管理保障和技术支持。

陕西省渭河流域管理局发展历程如图 6-8 所示。

近年来，在流域治理规划及水资源管理方面，陕西省渭河流域管理局先后编制出台了《陕西省渭河流域综合规划》《陕西省渭河流域综合治理五年规划（2008~2012）》《陕西

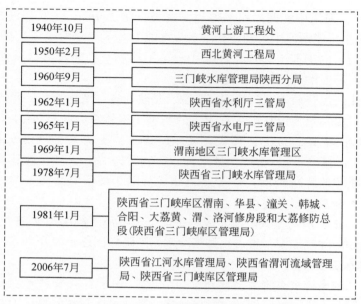

图 6-8　陕西省渭河流域管理局历史变迁过程

省绿色生态渭河建设规划》《渭河近堤绿化林带工程建设规划》等一系列多领域的重大治渭规划，提出了"健康渭河、生态渭河、文化渭河"、将渭河打造成横贯陕西的新的生态长廊等新的治河理念，进一步完善了渭河治理的基本方略，为陕西省加快实施渭河治理、建设生态渭河的总体部署提供了重要的决策依据。依据《陕西省渭河水量调度办法》，开展了陕西省黄河取水许可总量控制指标细化方案编制，完成了渭河水量调度管理系统可研报告，积极实施渭河日常水量调度和管理工作，连续五年实现了渭河不断流。

面对渭河严峻的防汛形势，陕西省渭河流域管理局坚持抓早动快，全面落实各级防汛责任制，实行领导包片、职工包段；认真开展了隐患排查、物料清查、抢险设备检修、防抢技术预案编制等工作；组织召开沿渭地方水利部门防汛技术联席会议，加强了沟通与衔接；加大防汛信息化建设力度，建立了渭河流域水情信息系统，完成了《陕西省防汛工情视频监控系统建设指导意见》中 12 个固定站的建设，实现了网上报汛，初步建成了渭河防洪减灾工程体系。渭河防洪减灾工程体系发挥较大作用，2010 年全面战胜了近 10 年最大的洪水，有效遏制了 30 余处河道工程发生的 50 余次险情，实现了渭河安全度汛。渭河流域管理机构不断强化流域防汛技术服务职能，编制了《陕西省渭河流域大中型水库错峰调度研究》《渭河下游洪水应急分洪方案研究》《渭河中下游重点险工河段河势演变分析》以及《渭河防汛技术手册》等一系列重要成果。

6.3.3　汾渭平原旱涝应对存在的问题

6.3.3.1　干旱缺水是汾渭平原的主要问题

基于 6.3.2 汾河平原和渭河平原旱涝应对的现状分析，归总发现干旱缺水仍是汾渭平原的主要问题。汾河流域水资源总量约为 24 亿 m³，2010 年供水量为 28.6 亿 m³（含万家寨引黄供水、引沁入汾供水等），在 2010 年供水水平下，2015 年汾河流域缺水量达到 7.7 亿 m³。渭河流域 2001～2010 年平均水资源量约 50 亿 m³，在 2010 年供水水平下，2015 年渭河流域缺水为 12.4 亿 m³。根据《引汉济渭受水区配置规划》（2009），渭河平原 2030 年的缺水量将达到 16.8 亿 m³。因此，尽管汾渭平原还有少部分地区（渭河平原"二华夹槽"地区和汾河平原"新（绛）稷（山）河（津）"地区）面临季节性的洪涝威胁，但总体看来，干旱缺水仍是汾渭平原的主要问题。

6.3.3.2 地下水超采及其造成的生态环境问题

汾渭平原地下水资源量约 40 亿 m³，可开采量 28 亿 m³，地下水实际供水量在 25 亿～31 亿 m³，供水比例也逐步上升，由 1980 年的 47% 上升到 2010 年的 54%，地下水总体处于超采的边缘。由于地下水开采区域分布不平衡，除部分地区还存在一定的开采潜力外，一些区域超采严重，整个渭河平原地下水位呈下降趋势。汾河平原地下水超采形势更加严峻，区域内的太原盆地、临汾盆地等，累计超采量高达 40 亿 m³。其中，地下水水位下降最大的为太原盆地、累计下降 6.95m，年平均下降速率 0.46m/a，中心漏斗区面积 175km²。地下水的超采同时带来一系列生态环境问题和地质灾害。

6.3.3.3 渭河下游淤积严重，防洪形势仍然严峻

自 1960 年三门峡水库投运以来，渭河下游淤积日益严重，至 2009 年已淤积泥沙 15.3 亿 t（合 12.21 亿 m³），渭河入黄口的潼关高程抬升了约 5m，2005 年汛前潼关高程为 328.25m（大沽高程，以下同），虽然经过 2005 年 10 月渭河洪水的冲刷，2006 年、2007 年汛前潼关高程仍接近 328m，分别为 327.99m、327.97m。渭河下游河道比降由建库前的 1/5000 减缓至近 1/10 000，溯源淤积及延伸至咸阳附近，临渭区以下河床高出两岸地面 2～4m。随着渭河干流河床的淤高，南岸 12 条南山支流下端也成地上悬河。潼关高程长期居高不下，渭河下游河道淤积严重，主槽逐渐萎缩，主槽行洪能力建库前约 5000m³/s，1995 年以后最小平摊流量只有 800m³/s；经过 2003 年及 2005 年渭河较大洪水的冲刷后，目前平摊流量虽然恢复到 2000～3000m³/s，但若遇小流量高含沙洪水，主槽仍将逐渐淤积，洪水威胁问题突出。渭河部分干支流河段堤防建设相对滞后，防洪体系尚不健全，防洪工程不完善，区内防洪需求迫切，防洪问题仍然突出。

6.3.3.4 旱涝应对管理措施及决策服务需要进一步加强

水行政主管部门及流域管理部门对旱涝事件应对的管理措施主要体现在水资源管理、节水型社会建设以及防汛抗旱体系建设等方面。当前，国家实行最严格水资源管理制度，对汾渭平原地区水资源管理提出了更高要求，相对于流域经济社会可持续发展对水资源可持续利用的要求而言，汾渭平原流域性的水资源管理立法工作、流域规划工作相当滞后，包括"三条红线"的具体落实考核办法缺乏操作性，导致对各区域规划的审批、管理和监督难以到位。同时，节水型社会建设体制需要进一步理论，要弄清楚为谁节水？谁来节

水？节水的人得到什么报酬，享受的人付出什么代价？节水工作才能落到实处。此外，在旱涝事件应对决策和信息化服务体系方面，近年来防汛抗旱信息化投入建设了大量基础设施条件，但是仍然存在着旱情、水雨情监测站点稀少，监测体系不完善，信息时效性较差，信息处理手段落后，灾情评价不准确，预警预报手段还比较落后，预见期不足，系统信息化集成程度不高等问题，这些不足均制约了旱涝事件的快速应对。

6.4 集合应对的战略措施

汾渭平原地处我国北方缺水地区，其主要问题还是干旱。在气候变化和人类活动的双重影响下，区域水文极值事件发生的概率增加，天气系统的不均匀程度也大幅上升，在干旱的大背景下，季节性的局部内涝依然存在。本书重点提出了应对全局性干旱和局部季节性内涝的战略措施，包括工程措施、管理措施和决策服务三个方面。

6.4.1 工程措施

6.4.1.1 工程措施思路

针对汾渭平原干旱缺水问题，本书在晋陕两省"十二五"水资源发展战略的基础上，综合提出了应对汾河平原干旱和渭河平原旱涝的工程对策，其分布如图 6-9 所示，以及汾渭平原旱涝事件空间集合应对的战略建议，工程分布如图 6-10 所示。汾河平原通过山西大水网增加水资源供给。渭河平原通过引汉济渭工程保障关中城市群供水，同时在渭河下游"二华夹槽"地区利用洼地蓄积涝水，一方面以丰补枯，实现季节性调节，保障农业供水；另一方面利用洼地积水补给地下水，维护生态安全，保障地下水源地的可持续供水能力。

汾河平原的关键问题是资源性缺水，年缺水量约为 7.65 亿 m^3，解决汾河平原干旱问题的主要手段是增加水资源供给，辅助手段是节水。于是拟定汾河的干旱应对策略是利用大水网增加水资源供给。具体地，通过万家寨引黄南干线向太原增加供水 3.2 亿 m^3。通过中部引黄工程向临汾供水 0.55 亿 m^3，通过东山供水工程向晋中供水 0.63 亿 m^3，通过黄河禹门口东扩工程向襄汾增加供水 0.22 亿 m^3，通过小浪底引黄工程向运城供水 2.47 亿 m^3。

渭河平原水资源相对丰富，在丰水年份（如 2003 年，水资源量为 78.76 亿 m^3，可供水量超过区域需水量）并不缺水，但在平水年份和枯水年份水资源供给不足，且保证率水平低。为了提高水资源保证率，支撑关中城市群建设和相应的产业发展，拟定渭河平原的城市工业、生活用水保障战略为：建设引汉济渭工程，通过引汉济渭水、引红济石水、引乾济石水、关中地表水、地下水的联合配置，保障关中城市群发展的水资源供给；拟定渭河平原农业及生态用水的保障战略为：利用渭河中下游适宜低洼地建设蓄滞洪区或生态湿地，蓄积干支流洪水，通过季节性调节解决农业用水问题，同时利用蓄滞洪区洼地蓄水补

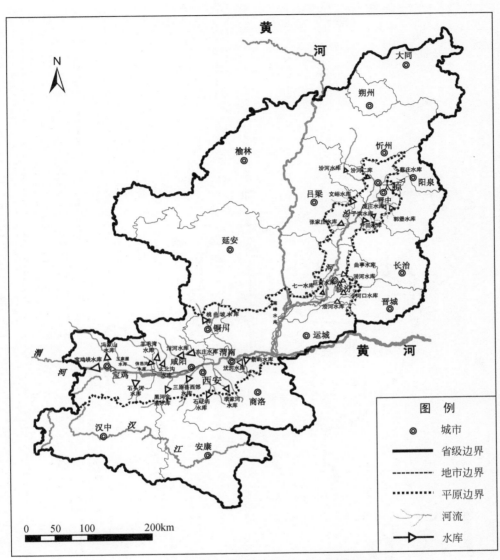

图 6-9 汾渭平原应对旱涝事件的主要水源工程分布图

给地下水，实现地下水的多年采补平衡，维护生态健康和地下水源地的可持续供水能力。

在汾渭平原旱涝事件的集合应对方面，考虑到汾河平原和渭河平原的旱涝互补的概率为 45.2%，具备"空间集合应对"的基本条件。进一步论证了汾河平原和渭河平原的结合部建设"古贤"水库的科学性，利用古贤水库调蓄能力强的特点，对晋陕两省实现互补供水。在汾、渭平原丰枯异步的年份，古贤水库的分水指标倾向于偏枯的一方，发挥空间调节作用。其次，古贤水库一旦建成，利用其库水位高的优势，可使晋陕两省引黄灌区由提水灌溉改为自流灌溉，大大降低了灌区农业生产成本，避免了灌区土地的撂荒，保障了几大灌区的粮食安全。另外，这一战略构想还需要一个前置条件——即南水北调西线工

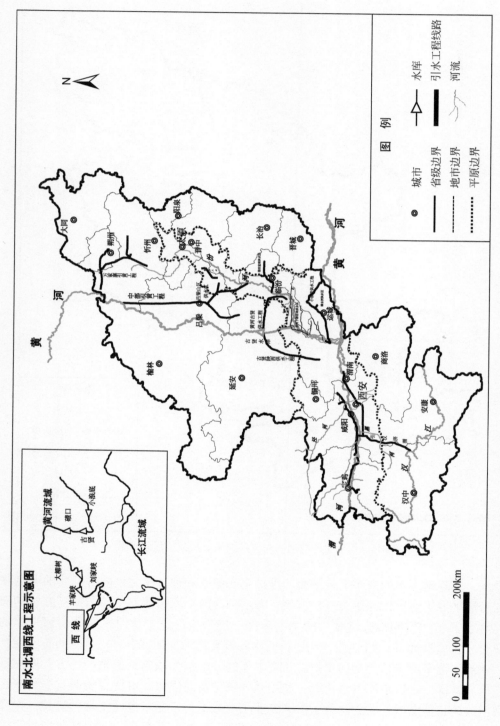

图 6-10　汾渭平原旱涝事件空间集合应对工程措施（引调水工程）

程。因为陕西省的引黄指标 38 亿 m³ 已经用尽，如果没有南水北调西线新的水源加进来，即便是枯水年，古贤水库也没法给渭河平原供水。所以要实现"古贤"水库"一点挑两边"，丰枯互补的战略构想，就必须同时推动南水北调西线工程，为黄河输入新的水源，从而重新调整"87"分水方案，增加陕西省的引黄指标。再次，古贤水库的建成，也可大大缓解黄河的泥沙问题，可极大的改善黄河下游的泥沙问题。

同时，在渭河平原洪涝事件应对方面，针对下游河道淤积严重、河床抬高，易发生洪涝事件等问题，通过建设东庄水库、渭河干支流堤防加固及淤背工程建设、调整三门峡水库运行方式等集合应对措施，基本建成渭河流域的防洪减淤体系。2020 年，以潼关高程不超过 328m 为控制目标，同时渭河中、下游干流堤防以及五大支流重点堤段达到国家规定的防洪标准。2030 年以潼关高程降低 1 ~ 2m 为控制目标，使渭河下游河道泥沙淤积的态势得到减缓，以此控制渭河下游对防洪安全威胁较大的游荡性河势，减少河道摆动，减少泥沙淤积降低洪水风险。

6.4.1.2 工程措施内容

（1）规划重点水源工程

1）重点水源工程。根据山西省大水网建设规划和陕西省"十二五"水利规划与中远期规划设想，汾河平原供水工程包括：①中部引黄工程（向临汾供水 0.55 亿 m³）；②东山供水工程（向晋中供水 0.63 亿 m³）；③黄河禹门口东扩工程（向襄汾增加供水 0.22 亿 m³）；④小浪底引黄工程（向运城供水 2.47 亿 m³）。渭河平原在建和规划大中型水源工程有西安辋川李家河水库、梨园坪水库、龙潭水库、小水河水库、高泉水库、箭峪水库、亭口水库、四郎河水库、红岩河水库、柏岭寺水库、东庄水库，新增供水能力 9.69 亿 m³ 左右（表6-17）。

表6-17 渭河平原在建及规划水库工程基本情况

水库名称	行政区	建设年限	总库容（亿 m³）	兴利库容（亿 m³）	设计供水能力（亿 m³）	水库任务	供水范围
四郎河水库		2020 年 ~	0.660	0.310	0.100	供水，兼顾防洪和水产养殖	彬县、长武
红岩河水库		2017 ~ 2020 年	0.806	0.450	0.222	供水，兼顾拦沙、防洪	彬县、长武
柏岭寺水库	咸阳市	2015 年	0.687	0.400	0.296	供水	旬邑
亭口水库		2010 年 ~	2.287	1.630	0.680	供水，兼顾防洪	彬县、长武
东庄水库		2013 ~ 2020 年	30.080	16.500	4.300	防洪、供水，兼顾发电	西安、咸阳、铜川
小水河水库	宝鸡市	2020 年 ~	2.190	1.890	2.420	灌溉、供水，兼顾发电	宝鸡、咸阳
高泉水库		2011 ~ 2013 年	0.110	0.096	0.231	供水	宝鸡、咸阳
龙潭水库	铜川市	2008 年 ~	0.160	0.100	0.070	供水，兼顾防洪	铜川
箭峪水库	渭南市	2003 年 ~	0.128	0.115	0.226	供水、灌溉、防洪，兼顾发电	渭南
李家河水库	西安市	2005 年 ~	0.569	0.452	0.708	供水、防洪，兼顾发电	西安、蓝田
梨园坪水库		2011 ~ 2020 年	0.292	0.250	0.436	供水	黑河系统补水

2）跨流域调水水源工程。中期（2020年前）主要调水工程有：一是引汉济渭调水工程，直接和间接供水对象为关中地区五市一区城乡供水；二是引红济石工程，调水进入石头河供水管网，引乾济石工程主要为西安东郊供水。远期（2020年以后）南水北调西线调水一期入陕工程，规划引水规模12亿 m^3 以上，同时新建古贤水利枢纽工程，实现汾渭平原的旱涝集合应对。

3）小型水源、地下水源和其他水源工程。在一些严重缺水以及供水工程难以到达的地区，可以修建小型水源工程、地下水源工程，以及一些集雨工程，包括集雨水窖、池塘等。通过增加雨水蓄积，适当开采地下水，提高供水保证率。

4）地下水源工程。依据对现状年地下水开发利用情况的调查结果，汾河平原地下水处于全面超采状态，年均超采量2.1亿 m^3，2020年前可以通过中部引黄等四项区域内调水工程，增加地表水供给量3.87亿 m^3，在满足国民经济发展新增用水的前提下，全面实现地下水关井压采，实施地下水源储备战略。渭河平原地区地下水开采程度为60%~80%，部分地区还有一定的开采潜力。根据地下水可开采量、开采程度及各区域经济社会实际情况，2020水平年增加地下水供水量1.27亿 m^3，现有超采区达到采补平衡。2030年增加地下水供水量2.52亿 m^3，主要为地下水有富余区域减少地表水用量，开展地下水储备措施，恢复河道生态，增加部分地下水供水量。

5）其他水源。主要包括中、小型水利工程，雨水、矿坑水与微咸水以及污水处理再利用，深层承压水开采工程。

在矿坑水利用方面，汾河平原的太原、晋中、临汾等市2020年的矿坑水利用率将达到85%以上，年均矿井水利用量达到0.65亿 m^3，其中太原0.18亿 m^3，晋中0.25亿 m^3，临汾0.22亿 m^3。通过矿坑水的利用有效减少煤矿排水污染，同时提高水资源的利用效率。

（2）防洪减淤工程

1）北洛河改道入黄工程。北洛河是黄河中游典型的多泥沙河流之一，下游河段河槽基本稳定，河口段变动较大，河口改道时有发生。历史时期北洛河河口位置相对稳定黄河西倒夺洛是北洛河改道直接入黄的主要原因，黄河主流东移是北洛河弃黄入渭的主要原因。北洛河改道入黄能够减缓渭河河口拦门沙及渭河下游泥沙淤积的发展，明显降低渭河河口河槽淤塞的几率，适当改善渭河尾闾段河槽的行洪条件。改道工程实施后，有利于渭河下游，有利于降低潼关高程，可能会加重北洛河下游尤其是河口段的淤积，但与渭河下游及潼关高程改善相比，利大于弊，应进一步研究论证的基础上稳步实施。

2）渭河河防工程。渭河河防工程大多始建于20世纪60年代，为临时抢险工程逐步加培形成，并且防洪标准不一。陕西省渭河全线整治规划（2011）渭河防洪工程各段防洪标准，西安城市段灞河口以上已整治堤防，维持现状300年一遇标准，灞河口至临潼西泉堤防末端（含高陵耿镇、临潼西泉堤防），采用100年一遇；咸阳城市段100年一遇，南岸为涝河口至西咸界（含西安沣渭新区范围），北岸为咸兴界至西铜高速公路桥（含高陵一段）；渭南城市段采用100年一遇，南岸为白杨至尤孟堤末端，北岸为临潼南赵至苍渡（含临潼一段）；三门峡库区335高程以下（方山河以东）5年一遇；渭河下游其他河段50年一遇；宝鸡城市段100年一遇，南岸为宝鸡峡渠首大坝至岐山县石头河口（含岐山县五丈塬工业区），北岸为宝鸡峡渠首大坝至眉县魏家堡水电站退水渠（含岐山县蔡家坡工业园、眉县马家镇工业园）；渭河中游其他段为 30 年一遇。通过实施渭河整治规划，提高大堤的防洪标准、减小河道摆动范围、防止河势发生较大变化。

3）东庄水库工程。泾河东庄水利枢纽工程是陕西省重大水利项目，是国务院批复的《黄河流域防洪规划》和《渭河流域重点治理规划》的重要防洪骨干工程。工程位于泾河下游峡谷末端礼泉县东庄乡、淳化县车坞乡河段处，总库容 30 多亿 m^3，其中防洪库容 4.2 亿 m^3，调洪库容 8.38 亿 m^3。其开发目标为"以防洪、减淤为主，兼顾供水、发电及生态环境"。工程建成后，将极大地提高泾、渭河下游防洪能力，同时为黄河防洪发挥重要作用；将减少渭河下游及三门峡库区的泥沙淤积，降低潼关高程，增大河道平槽流量；为关中经济区的泾惠灌区和铜川、泾渭新区、富平等渭北工业和城镇地区供水 6 亿 m^3；可使泾、渭河下游水环境和水质得到较大改善；年发电量 3 亿 $kW \cdot h$。东庄水库的建设、河道的改变以及河防工程的建设完成后，渭河流域将基本建成防洪减淤体系，有利于维持河道过流能力，减少河床淤积，降低河道洪水风险。

(3) 下游南山支流治理

按照渭河实施综合治理，干、支流分开治理的治水思路，要进一步加大对南山支流的治理力度。实施尤河、赤水河、罗纹河、石堤河、罗夫河、柳叶河等支流的治理工程，对整个河堤进行除险加固，扩宽堤距增大过流断面，同时加强沿线蓄滞洪区建设，在二华南山支流建设河口闸，防止渭河水倒灌，对支流库坝实施除险加固工程，逐步形成南山支流自身防洪体系，改建完善水文通讯和管理设施使经过治理的支流河段达到国家批准的防洪标准，最终实现"常遇洪水不成灾，设防洪水不决堤，超标准洪水有对策"的防汛目标。

(4) 流域水土保持工程

流域水土流失面积达 4.8 万 km^2，是造成渭河淤积和不良水质的根源。应将渭河流域水土保持列为重点治理区，控制流域植被侵蚀，减少入渭泥沙。渭河整治与引汉济渭、东庄水库建设、水保治理是相辅相成的一个整体，加快建设引汉济渭工程和东庄水库工程。在渭河流域开展水土保持和淤地坝建设，恢复林草植被，重点整治水土流失严重的渭北旱塬黄土高原沟壑区，进行闸沟打坝、植树种草、保水保土；通过封禁措施，利用生态系统的自动调节能力，恢复南山支流自然植被；采取"上游修库拦蓄、夹槽段固堤防渗、下游清淤疏浚"的措施，采取工程、生物、耕作措施与河道工程相结合的方法进行综合治理，减少入渭泥沙和下游河道淤积量，是解决渭河的长治久安之策。

(5) "二华"地区排水除涝工程

"二华"是指渭水流经的华县和华阴市，由于渭水流经此处已经是中下游，在潼关处入黄河，但由于潼关地势陡然增高，致使处于其上游的两华地区地势处于下游最低势且有洪水过境，必将淤积于此久不得泄。在渭河、洛河、黄河三河交汇处潼关，河水之间相互影响，黄河水流大时，渭河、洛河就会泄水不畅，大量的水就会往地势更低的地处"二华夹槽"地区的南山支流倒灌。"二华"地区排水除涝工程建设包括排水管道与沟渠、排水井、雨水泵站、排水构筑物、雨水排放口等设施。重点在罗敷河大堤及以东的柳叶河堤、长涧河堤和桃林寨站上布设抽水泵站，主要通过罗敷河和二华干沟进行排水，沿渭河大堤布设泵群，主要抽排堤河积水。

（6）下游洪水应急分蓄洪工程

针对渭河流域灾害性暴雨洪水频繁，下游地区"悬河"及"二华夹槽"地区形势严峻，黄、渭、洛河及二华南山支流洪水风险叠加，加之干、支流堤防设防标准不一，工程实际抗洪能力不达标等问题，根据《渭河流域综合规划》，按照设立分、蓄洪区原则，在渭河干堤支流口设立挡洪闸，当渭河发生洪水，支流未发生洪水时，关闭闸门阻止洪水倒灌支流，确保支流堤防安全。在渭河支流遇仙河—石堤河区间、罗纹河—方山河区间设立分、蓄洪区，当预测华县站可能出现 5000m³/s（水位 342.7m）以上洪水时，调度关闭渭河干堤支流河口挡洪闸闸门，一旦支流出现洪水且其分洪口处水位超过本河 5 年一遇的洪水位时，启用支流分、蓄洪区，分流洪水，确保堤防安全。在高陵夹滩—临潼南屯、渭南苍渡—大荔陈村设立分、蓄洪区，当渭河发生不同量级洪水时，按照分蓄洪区运用原则，启用两个分蓄洪区，进行分洪，确保渭河大堤安全，减少洪水灾害。

（7）地下水源储备工程

为保障经济社会发展和增强干旱应急保障能力，应做好应对极端干旱的思想和行动准备，进一步加强地下水源勘测、保护和地下水源储备工程等的建设。针对地下水资源具有水质好等特点，积极探索拦蓄洪水–地下水库建设的有效途径，划分地下水源储备区，充分利用地下巨大的储存空间，丰水年储存外来水和地表水，遇连续干旱、突发事件等发生时可取出利用，弥补供水不足，以提高供水保证程度。

6.4.2 管理措施

近年来，随着气候变化和人类活动影响的深入，汾渭平原旱涝事件进一步呈现出了广发和频发态势，对人民的生产、生活甚至生命造成了严重的威胁和影响。如何从管理的各项措施上集合应对汾渭平原的常态化干旱和由极端气候引起的洪涝灾害，对于保障区域的粮食安全、经济发展和生态系统健康都具有十分重要的意义。

应对汾渭平原旱涝事件的一系列管理措施是通过充分分析水文情势演变和社会经济发展规划以及深刻解析生态文明建设和新时期治水方略等重大战略部署而做出的科学总结；其中，节水型社会建设、最严格水资源管理制度以及实施地下水储备战略的管理是三大基本管理措施。首先，节水型社会建设是管理应对区域旱涝事件的基础和前提，在汾河平原干旱常态化、渭河平原枯水年供水不能保障的现实背景下，实施节水型社会建设、走节水高效的内涵式发展道路是区域发展得以永续的唯一出路。其次，最严格水资源管理制度是应对区域旱涝事件的有效制度和手段；只有在严格用水总量的红线控制下，以严格用水效率红线为控制手段，才能使得枯水期农业用水和生态用水尽少被挤占，确保干旱时期的粮食安全和生态安全，才能遏制丰水期浪费水的不良现象，使得洪涝时期更好的实施"以丰补歉"的地下水战略储备。再次，实施地下水储备战略是管理应对区域旱涝事件的最终保障；在区域时空分布不均的水资源情势下，实施"以丰补歉"的地下水储备战略是短期内保障旱涝时间集合应对的首要选择，也是保障干旱时期供水安全、生产安全和生态安全有效的战略措施。

综上，针对目前汾渭平原旱涝事件的演变情势，确保区域社会经济的可持续发展，响应生态文明建设和新时期治水方略的战略需求，实施开展多方位、多体系集合的节水型社会建设，多层次、多维度集合的最严格水资源管理制度，多举措、多部门集合的地下水储备战略，是推进汾渭平原旱涝集合应对的基本管理措施。

6.4.2.1 多方位、多体系集合的节水型社会建设

节水型社会描述的是一种以新型集约高效用水为基本特征的文明社会形态，是通过建立健全相关机制体系，协调社会经济结构，实现社会系统、生态系统和水资源的良性发展，实现水资源的高效利用、合理配置和有效保护，保障水资源的持续利用对社会经济发展的永续支撑。节水型社会建设更像是一场"革命"，通过这次建设性"革命"，使得人们重新认识水资源、转变生产用水方式、彻底改变人们生活用水习惯（刘颖秋，2005）。当节水观念深入人心、高效利用已经成为大家日常用水的习惯，即使遭遇干旱事件，基本的生产、生活也能保障；遭遇丰水季节，也要执行厉行节约，此时人水达到真正和谐。而正确处理人水关系正是建设节水型社会的核心所在，这与生态文明建设的部署和新时期治水方针相辅相成。

（1）多方位集合的节水型社会建设

节水型社会是一场全民性的"革命"，是政府、市场、公众多方位参与的系统工程。在整个过程中政府宏观调控、市场引导调节、公众积极参与，三者是一个有机整体，缺一不可，观念创新、信息沟通和分工合作是充分发挥三者作用的重要保障，如图6-11所示。其中，政府通过转换观念，让市场准入，组织制定用水权交易市场规则，建立用水权交易市场，实行用水权有偿转让，为旱涝事件的空间集合应对提供机制保障；而通过市场的调节，建立起有效的节水激励机制，并把相关信息反馈给民众，使广大用水户能从节水投入上获得相应的回报，进一步促进提高水资源的利用效率和效益，并引导水资源向节水、高效领域进行二次配置。而政府与协会、中介等社会及广大公众加强合作，便于政府调控，也加强了社会公众的监督作用。

1）政府的宏观调控作用。水与其他资源不同，是维持生命、维持生产的必要条件。特别就汾渭平原而言，水更是一种稀缺性战略资源。又因为水的流动性，它又是一种易误用的资源，因此节水等水资源管理工作具有很强的外部性，水资源配置形成的用水方式和结构对于可持续发展具有不可忽视的影响。节约用水、实现水资源合理配置和高效利用，需要政府的宏观调控，不能单纯依靠市场力量。制定节水规划、健全管理体制、完善政策法规、促进技术推广是政府责无旁贷的责任。通过行政、经济、法律手段，规范用水行为，对水市场进行适当的纠偏和干预，也是政府宏观调控的题中之意（山西省水利厅，2002）。

同时，只有通过政府主导搭建水市场交易平台，构建合作框架，山西、陕西两省水权交易才有可能。只有通过水权交易，才能充分利用汾渭平原旱涝空间异步这一有利特性，使得汾渭平原旱涝事件的空间集合应对在短期内能落到实处。因此，政府作为节水工作的倡导者、推行者和执法者，在多方位、多体系节水型社会建设中发挥着主导作用。

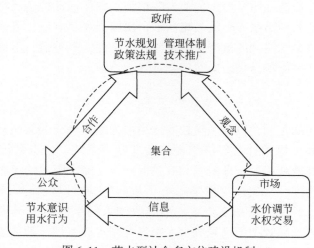

图 6-11　节水型社会多方位建设机制

　　结合我国国情，要想充分发挥政府的调控主导作用，做到区域节水的集约高效，需根据不同取水路径和用途，在省、市、县、乡不同级别行政区域设立相应的节约用水办公室，构成多层级节水管理机制，如图 6-12 所示。

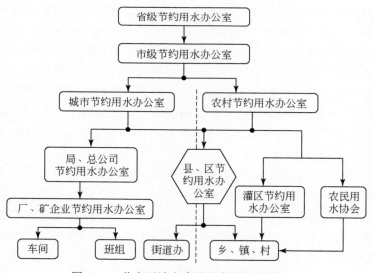

图 6-12　节水型社会建设的多层级机构设置

　　多层级节水机构机制方便各级以水资源可持续利用为目标，及时制定包括总体规划、用水规划、防污规划等各种节水规划，构建合理的管理体制，制定相应法规，进而明确节水方向以及各个阶段、各个行政区的主要任务。多层级节水机构机制方便统筹安排节水工程，进行科技推广并因地制宜的制订节水技术措施，实施有关政策措施，促进水资源的节约利用。

2）市场的调节作用。市场对节水型经济社会建设所起的调节作用主要体现在两个方面，即水价机制和水权交易，两者都建立在政府水权制度建立的基础上。水价是反映水资源供需状况的重要标尺。节水机构要充分利用这个"标尺"和市场规律，建立科学合理的水价制度，完善水价形成机制。以此为基础，根据不同用水户的承受能力，实行阶梯水价和多层级次供水价格体系。利用水价的经济杠杆作用，激励人们节水的积极性，改变传统的水资源消费习惯，提高水资源的使用效率，进而引导全社会节约用水。

水权交易市场通过市场机制对水资源进行了有效的再配置。这种再分配是空间集合应对区域间旱涝事件的充分必要，从而满足各区域各经济实体对水资源的需求。政府在区域间的水资源配置只能是一次性的，这也是计划机制的局限性所在。在明确初始水权之后，建立用水权转让和管理制度，制定用水权市场交易规则。通过这些市场机制的强有力约束，允许拥有用水权的用水户，将采取节水措施节约下来的用水指标，有偿转让给其他用水户，发挥经济杠杆的作用，促进用水户积极节水。同时，通过水权转让与交易的实现，使水权交易的水资源得到优化，双方共同受益。

3）公众的自觉参与。节水型经济社会建设涉及社会中的每一个人，公众既是实现者和执行者又是受益者和反馈者。如何让公众自觉地参与其中，非常重要，也十分迫切。因此，动员公众参与是开展节水型社会建设的重要环节和关键环节。提高节水意识和改变用水方式是公众参与节水型社会建设的重点内容。通过多种方式进行广泛的宣传教育，使每个公民都能正确认识节水意义、勇于承担节水义务，使得节水人人有责的观念深入人心、厉行节约的习惯形成风尚。

节水监督是公众参与节水型社会建设的可行使的权利和义务。政府转变观念，通过社会公示、社会听政等方式，创造条件让公众积极参与用水管理。特别在用水量分配、用水定额制定、水价调整等涉及公众用水权益的重要问题，实施民主决策和监督，调动大家节约用水、保护水资源的积极性（刘颖秋，2005）。

总之，节水型社会的建设是政府、市场和公众等多方集合的革命性建设。政府在考虑社会经济可持续发展和公众的长远利益的基础上，制定一系列政策法规，协调不同群体之间的利益，提高整个社会水资源的使用效率。公众在用水过程中践行政府的节水目标，从中受益，同时也向政府反馈问题与不足，推动整个节水型社会建设的优化改进。就我国而言，水资源的稀缺性，使它成为一种特殊的商品。水资源市场也成为政府宏观政策指导下的市场，而市场的作用又对政府宏观调控进行矫正，使水资源的配置更加合理、高效。在市场经济条件下，公众与市场的关系密不可分，水资源市场的建立，使每一个人都参与到水资源的生产、消费、交易过程之中，同时作为消费的水消费观念和行为又会影响市场的存在与发展（山西省水利厅，2002）。最终，通过政府、市场和公众的相互促进、相互作用使节约用水、保护水资源成为全社会共同的价值取向和自觉行动，使节水型社会建设取得真正实效。

（2）多体系支撑的节水型社会建设

建设节水型社会，并不是盲目、简单、机械地限制各类用水，而是需要建立与之相应的节水型经济社会支撑体系，以便充分发挥政府、市场、公众等三方的集合作用，合理地安排和利用水资源，最终实现资源的可持续使用。这一支撑体系的建立，需要全社会各个方面的协调分工、相互协作，是一项涉及思想观念、管理体制、政策法规、科学技术、水权交易、水价调控、产业发展、用水行为环节的开放系统，如图6-13所示。

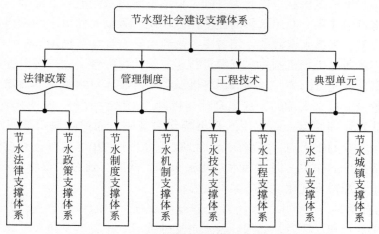

图6-13　节水型社会建设支撑体系示意图

在法律政策方面，构建节水法律支撑体系和节水政策支撑体系。具体地，进一步制定与修订地方性水政策和水法规，完善各项规范化制度，建立健全各级执法队伍，理顺执法体制，不断提高执法人员整体素质，进一步推进依法行政，实现依法治水。

在管理制度方面，构建节水制度支撑体系和节水机制支撑体系。其中，制度支撑主要有管理责任和目标考核制度，统计和计量制度、节水规划、标准和规范等。通过建设节水制度支撑体系，为节水型社会建设整体及各环节构建了计量标准、考核标准，为节水型社会建设在统一战略框架下的制度运行提供了绩效动力保障。机制支撑体系是指市场调节机制和公众参与机制，通过节水机制支撑体系充分发挥市场调节作用，为旱涝事件集合应对提供支撑；充分调动公众参与的积极性，发挥公众的主观能动性，增加整个节水型社会体系的可操作性。

在工程技术方面，构建节水工程支撑体系和节水技术支撑体系。具体地，实行先进技术与常规技术相结合的策略，积极推进科技进步，引进推广先进节水高效技术，提高节水科技水平。在工程建设上要重视开展农田抗旱节水基础工程和农田覆盖节水工程为增加区域抗旱的工程应对能力。

在典型单元方面，构建节水产业支撑体系和节水城镇支撑体系。其中，节水产业支撑体系一个是节水农业示范的开展，主要是在研发节水技术的基础上，将节水抗旱品种的筛选、节水高效的种植模式与多水源的联合优化调度和实时调度、自动控制与监测技术、先进的灌溉运行管理模式有机结合，进行综合试验示范，取得成效后，加以推广；另一个是节水工业示范的开展，主要是应选择一些条件好的企业，加强供水管网泄漏点控制，改造生产工艺，加强废水处理回用，做到供水无泄漏和生产废水"零排放"，创建一批清洁生产示范项目。节水城镇支撑体系主要是选择能把节水与调产结合起来，形成低耗水工业和少耗水农作物种植，形成节水型现代生活方式的城镇作为典型进行示范，进而推广。

综上，节水型社会建设是区域经济社会可持续发展的战略支撑点，是区域旱涝事件空间应对基础的基础。构建节水型社会需要政府、市场及公众三方作用的集合，需要法律政策、管理制度、工程技术等各种支撑体系的集合。

6.4.2.2 多层次、多维度集合的最严格水资源管理制度

所谓最严格水资源制度是指用水总量控制、用水效率控制、水功能区限制纳污控制以及水资源管理和责任考核四项制度。2012 年 1 月，国务院正式发布了《关于实行最严格水资源管理制度的意见》，对实行最严格水资源管理制度做出了全面部署和具体安排，这是指导当前和今后一个时期我国水资源工作的纲领性文件；对于解决我国复杂的水资源水环境问题，实现经济社会的可持续发展具有深远意义和重要影响。

最严格水资源管理制度是根据区域水资源潜力，按照水资源利用的底限，制订水资源开发、利用、排放标准，并用最严格的行政行为进行管理的制度。其核心是由开发、利用、保护、监管四项制度来构成，具体又包含了水资源评价、取水许可论证、取水工程管理、计划用水办法、保护治理、水资源规划配置、水量水质监测、管理绩效考核等若干制度（左其亭和李可任，2013）。区域的旱涝管理其本质就是指极端水文情势下，区域内水资源调度、配置、取用水和保护等一系列水资源管理问题，因此最严格水资源管理制度必然也是指导区域旱涝事件集合应对的一项重要的水资源管理制度。

更为重要的是，最严格水资源管理制度的制定进一步明确了水资源管理"三条红线"的主要目标，提出了具体管理措施，全面部署了水资源工作任务，落实了有关责任。"三条红线"的划定及其责任考核使得区域发展经济时不得不转换观念，从"不断地去满足需水要求"的供水管理转变为"实现全面节水，不断地提高用水效率，来达到平衡水的供需矛盾"的需水管理，进而倒逼产业结构调整，使得城市建设和工农业生产布局要依据水资源和水环境承载能力，合理确定区域发展规模、布局和结构，建设节水高效的和谐社会，提高水资源的利用效率和效益。

只有当区域在构建产业布局和制定经济发展规划时，严格"三条红线"并遵循了"以水定需、量水而行、因水制宜"这一原则，一旦发生旱涝，区域经济发展才能做到既不冒进也不倒退；只有严格"水资源开发利用控制红线"和"用水效率控制红线"才能使得丰水期不多用水、不浪费水，从数量上保障了丰枯调剂、以丰补歉等一系列时间集合应对区域旱涝事件的战略实施；只有严格"水功能限制纳污控制红线"，保护水资源，才能避免有水无用的局面，从质量上和可持续性上保障了区域旱涝事件各种集合应对的战略实施。因此，执行最严格水资源管理制度是区域旱涝事件集合应对战略实施的重要管理措施，而构建多层次组织集合的管理体系和多维度集合的可持续发展响应，将进一步促进制度的优化和利于旱涝事件应对的实施。

（1）多层次组织集合的管理体系

由于自然和历史的双重原因，我国长期以来形成了"多龙治水"的管理体制，导致了不

同部门之间相互职责不清、关系不明以及监管不力的管理现状，严重制约了水资源利用的高效性，也影响了区域应对旱涝灾害的能力。国务院《关于实行最严格水资源管理制度的意见》的发布，将这一制度提高到了国家战略层面，在实施最严格水资源管理制度时，理应抓住这次历史机遇，调动各方积极性。将集中的、指令性、控制性的行政管理与自我管理、自主管理、自我约束和自我监督相结合，构建多层次组织集合的管理体系，如图6-14所示。

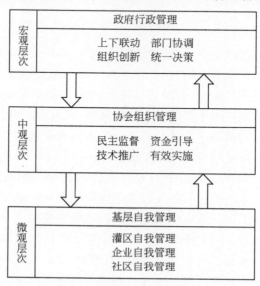

图6-14　层次化组织管理体系

具体地，该管理体系分为三个层次，即宏观层次的政府行政管理（集中与统一管理）、中观层次的协会组织管理（自主组织）以及微观层次的基层自我管理（自我约束）。通过多层次管理集合，进一步优化管理者和用水者之间的利益平衡，减少矛盾冲突，提高水资源利用的高效性，提高区域旱涝应对能力，促进人水和谐（中国水利水电科学研究院，2011；王建华和陈明，2013）。

1）宏观层次的政府行政管理。政府行政管理是实施最严格水资源管理制度的核心，以水利部为集总中心，包含发展改革委、工业和信息化部、国土资源部、环境保护部、住房城乡建设部、农业部等相关部门在内的集成化管理是实施最严格水资源管理制度取得实效的关键所在。在健全各级水资源管理组织机构的基础上，进一步深化改革城乡涉水事务一体化管理体制。就整个区域而言，应构建黄河流域管理与山西、陕西两省行政管理相结合的水资源管理体制，建立上下联动、多部门协作的工作机制；一旦发生旱涝等灾害事件，能做到管理主体统一、范围明确、责权明晰，从而能够及时有效地应对区域各种水灾害，大大提高区域应灾、抗灾能力。

2）中观层次的协会组织管理。协会组织是实施最严格水资源管理制度的重要举措和手段。协会组织管理在水资源管理决策的民主监督方面具有优势，在技术推广上发挥了积极作用，应在资金方面进行积极引导，促进水管理制度的有效实施。通过制定有关办法和措施，鼓励组建和发展灌区、社区、工业园区等不同性质、不同规模的用水者协会，让用水者能够参与到水权、水量的监测、分析和评价过程中，充分发扬民主决策、管理和监督的作用；进一步保障农民、居民和企业商户等不同用水户的经济利益。

协会组织又是促进政府和公众沟通的桥梁和纽带。通过协会对各用水户经济利益的保障，逐渐构建用水户和协会组织的信任关联，逐渐提高其信任度。在旱涝等灾害性事件发生时，这种信任关联的构建和信任度提高可以大大减少政府与用水户的矛盾风险，促进旱涝事件有关应对具体措施的有效实施。

3）微观层次的基层自我管理。基层自我管理是实施最严格水资源管理制度的有效保障。通过对灌区、社区、工业区等不同单元的单位和个人进行的精细化管理活动，提高单位和个人的自我约束能力。在科学制定用水计划和用水定额的基础上，通过健全微观管理制度、加强计量监测等一系列措施进一步规范用水者行为，鼓励节约用水。另外，基层自我约束的提高和用水行为的规范化，也将有利于配合政府及组织协会执行有关旱涝事件应对措施和手段。

（2）多维度集合的可持续发展响应

严格水资源管理制度需实行"五个坚持"的基本原则，即坚持以人为本、坚持人水和谐、坚持统筹兼顾、坚持改革创新和坚持因地制宜。这"五个坚持"体现了系统论的哲学方法和可持续发展的思想，也映射了该项制度的"最严格"不仅体现水量、水质上、还体现在执行的结果上；即通过一系列指标、制度和监管措施，实行最严格水资源管理制度的最终映射就是自然、社会、经济的可持续。在上述剖析"五个坚持"的基础上，参考可持续发展维数的数学解析（牛文元，2012）和其他涉水管理维数的内涵释义（王建华和陈明，2013），最严格水资源管理制度的实施其本质上就是数量、质量以及时间等多维度集合的可持续发展响应，如图6-15所示。

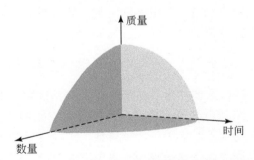

图 6-15　最严格水资源管理制度的三维示意图

1）数量维。数量维的可持续响应主要建立在水资源高效率开发和高效益利用的基础上。在用水总量控制下，通过降低和减少水资源开发各环节的损耗量、增加非常规水源来提高水资源开发的高效率，通过各种科技手段，提高工业用水工艺、推广节水器具、实施节水灌溉来提高水资源利用的高效益。因此，数量维的可持续响应其本质就是以水资源再生能力为边界的区域水资源利用与消耗总量控制，是严格"水资源开发利用控制红线"和"用水效率控制红线"这两条红线的最终映射。具体地，这种响应的最终体现就是从水资源数量上保障区域自然、社会、经济的可持续发展，即使在枯水年或连续枯水年时。在汾渭平原日益干旱化的背景下，这一可持续响应也是能够实施区域空间集合应对和时间集合应对的根本保障。

2）质量维。质量维的可持续响应主要建立在水质安全的基础上。通过严格限制重污染企业的建设、加强工矿企业的水污染治理、减少废污水及污染物排放量、保证工业、生活污水处理设施正常运转等一系列措施手段来实现水功能区的水质目标，进而保障区域水质安全。因此质量维的可持续响应其本质就是以水体自净能力为阈值的区域入水体污染物排放量控制；是严格"水功能限制纳污控制红线"的最终映射。具体地，其最终体现就是从水资源质量上保障区域自然、社会、经济的可持续发展。同时，这一可持续响应也是能够实施区域空间集合应对和时间集合应对的质量保障。

3）时间维。时间维的可持续响应主要建立在严格计量、严格考核、严格执行的基础上。最严格水资源管理制度是关乎国家可持续发展、关乎子孙后代生存的百年大计；要想达到人水和谐的目标，并不是一蹴而就的事情，需几届甚至十几届政府及相关部门的科学实施和严格执行才能实现。通过安装和健全计量设施、规范计量管理，逐渐做到严格计量用水，为制度的严格考核提供信息保障；通过一系列管理改革、有效的机制建设以及社会意识的重塑，为制度的严格执行提供了运行机制保障。基于区域水资源的严格监测计量和良好机制的运行，构建科学考核指标和制度，使得最严格水资源管理制度的严格执行落到实处。因此，时间维的可持续响应其本质就是严格"水资源管理责任和考核制度"的最终映射；其最终体现就是区域自然、社会、经济的永续发展和续延。同时，这一可持续响应也是能够实施区域旱涝事件集合应对的长效保障。

综上，实施最严格水资源管理制度是区域经济社会可持续发展的百年方略，是区域旱涝事件集合应对的制度保障。实施最严格水资源管理制度需要宏观、中观和微观不同层次，集中统一管理、自我组织和自我约束不同管理形式的集合，并最终体现在数量、质量及时间等多维度集合的可持续响应上。

6.4.2.3 多举措、多部门集合的地下水源储备战略

地下水是人民生活和经济发展的重要战略资源，更是抗御特大干旱灾害最有保障的应急水源。由于地下水取水便利、水质保障，汾渭平原供水水源中，地下水比例一直偏高，随着国民经济发展对需水要求不断地增长，使得地下水被过量开采，加上煤矿开采对水文地质构造的破坏，地下水资源面临储量减少、水位下降及超采区面积不断扩大等一系列严重危及区域可持续发展的严峻挑战。现状年，整个汾渭平原累计超采量高达 50 亿 m^3，相当于区域 10 年的补给总量。其中，汾河平原超采区多达 12 处、持续超采时间达 20 年，太原盆地超采区取水占地下水比例一度高达 66.4%（山西省水利厅，2008）、属严重超采区，太原市的水资源量的协调度与社会经济发展的高开发程度已经极不匹配；而渭河平原西安市的开采系数也达到 0.92，铜川市和咸阳市的地下水开采系数则分别高达 1.26 和 1.11，属地下水严重超采区。

在汾渭平原地下水持续过量开采和日趋干旱的严峻情势下，一旦发生特大干旱时，不但不能有效增加地下水供应量，反而会因供水量的大幅度下降而加剧灾情的扩展和受灾的

程度。因此，实施地下水储备不仅是汾渭平原有效应对旱涝事件的当务之举和重大战略，也是区域水资源的可持续利用和生态环境的修复的有效措施和重要保证，更是特大干旱年份保障区域社会稳定的最后手段。

（1）地下水储备区的战略部署

储备区的设定和部署是实施地下水储备战略的首要步骤，只有科学规划好区域的地下水储备区，才能使得战略实施做到有的放矢，事半功倍。此外，储备区的建设、运行和管理还是验证战略实施效果的关键指标。

汾渭平原地下水储备区应依据区域地质构造、地下水补排关系、地下水富水性及矿化度等具体情况来设定。汾渭平原在地质构造上，是通过断层运动形成，由汾渭地堑上太原盆地、临汾盆地、运城盆地和渭河盆地组成。其中渭河盆地在大的水文地质板块上隶属鄂尔多斯盆地的南缘和东南缘，且东南缘与临汾盆地和运城盆地相接。汾河平原上各盆地基本都是新生界断陷盆地松散类含水层系统，其含水岩组主要由第四系的全新统（Q_h）、上更新统（Q_{p3}）、中更新统（Q_{p2}）、下更新统（Q_{p1}）及新近系上新统（N_2）等含水岩层组成；盆地内一般以边缘冲洪积扇、洪积倾斜平原及中心部位的各大河谷地带与古河道带富水性较好；地下水位埋深自边缘至中心逐渐变浅，水质也由好变差（山西省水利厅，2007a）。汾河平原各盆地地下水补给来源主要由大气降水的垂直补给、地表水的侧向补给（河道渗漏、灌溉渗漏）以及岩裂隙水的侧向渗透；排泄途径主要是河道排泄和人工开采（山西省水文水资源勘测局，2003）。渭河盆地含水层系统有两种类型，一个是在鄂尔多斯盆地南缘属于新生界断陷盆地松散类含水层系统，主要由第四系全新统（Q_h）含水岩层组成；另一个位于新生界断陷盆地松散类含水层系统的北部并和鄂尔多斯盆地东南缘相连成带状，属于中生界碳酸盐岩溶类含水层系统，主要由寒武系—奥陶系（$\in_2$—O_2）含水岩层组成；这两个含水层系统均有富水性较好，矿化度低的优点。渭河盆地补给来源主要由大气降水垂直补给、地表水的侧向补给（河道渗漏、灌溉渗漏）；排泄途径主要是泉水出露、河流排泄和人工开采（中国地质调查局，2006）。

根据汾渭平原上述各盆地水文地质构造和补给条件，并考虑到区域内主要城市规模及布局，对区域地下水储备区进行部署，如图 6-16 所示。汾渭平原地下水储备区主要由三大部分组成。其中，第 I 部分以太原盆地中部和北部地区为主，主要由北部的柏板洪积扇、文峪河洪积扇和中部汾河两岸的冲积平原等水文地质单元组成，作为太原和晋中两大城市地下水储备区。另外其南部有一小部分区域，主要是小临汾盆地中部，位于尧都区的洪积倾斜平原，作为临汾市的地下水储备区。第 II 部分主要是鄂尔多斯盆地寒武系-奥陶系碳酸盐岩岩溶含水层系统中的河津-韩城岩溶水流系统和富平-万荣岩溶水流系统为主，由汾河及黄河的冲积平原组成，作为铜川、运城地区的地下水储备区以及特殊情景下，区域其他战略所需。第 III 部分主要是鄂尔多斯盆地南缘的新生界断陷盆地松散类含水层系统，主要是河道冲洪积平原，成带状分布在渭河南岸，作为宝鸡、西安、咸阳和渭南地区的地下水储备区。上述地下水储备区都具有富水性强、矿化度低、补给来源易于保障的特点，不同水文地质单元的含水岩性、地下水位埋深、单位涌水量和补给来源等详细情况见表 6-18。

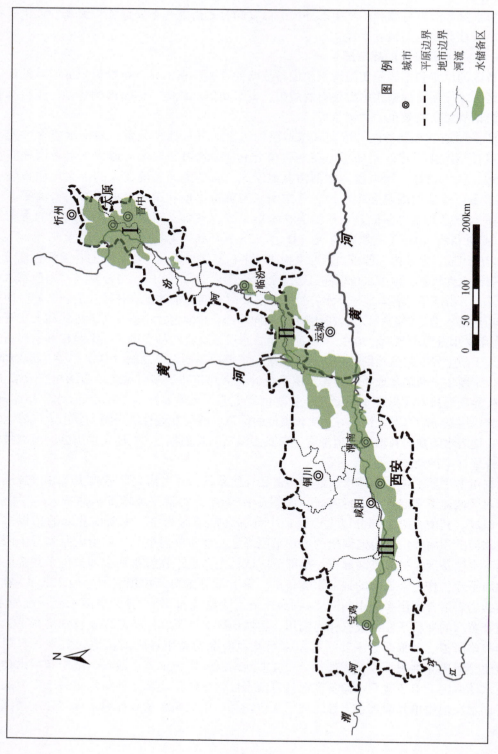

图 6-16　汾渭平原地下水战略储备分布

表6-18 汾渭平原地下水战略储备区水文地质条件和补给来源

序号	所属平原	盆地	具体单元	含水层系统	含水岩组	水位埋深(m)	单位涌水量[m³/(h·m)]	主要补给来源
I	汾河平原	太原盆地	柏板洪积扇	新生界断陷盆地松散类含水层	第四系的更新统(Q_p)砂砾石及中粗砂	8~40	18~68	山区奥陶系岩溶水的泄水地段;河道入渗补给
			文峪河洪积扇					变质岩裂隙水补给;河道入渗补给;降雨入渗补给
			汾河两岸的冲积平原		第四系的更新统(Q_p)砂和砾石	20~176	7~36	河道入渗补给;降雨入渗补给
		临汾盆地	洪积倾斜平原		潜水以第四系的上更新统(Q_{p3})的砂砾石为主;次之为下更新统(Q_{p1})的湖积砂层,承压含水层岩性为粉细砂层	潜水埋深:10~25;承压水含水层埋深:46~200	潜水:最高33;承压水:10~30	河道入渗补给;降雨入渗补给
II	部分汾河平原部分渭河平原	鄂尔多斯盆地	汾河冲洪积平原	河津-韩城岩溶水流系统 / 中生界寒武系-奥陶系碳酸盐岩岩溶含水层	潜水以第四系的上更新统(Q_{p3})的砂砾卵石组成;承压含水层以第四系的下更新统(Q_{p1})的砂、砾、卵石组成	潜水埋深:0~50;承压水含水层埋深:40~160	潜水:20~250;承压水:30~90	山区奥陶系岩溶水的泄水地段;河道入渗补给
			黄河冲洪积平原	富平-万荣岩溶水流系统	潜水以第四系的上更新统(Q_{p3})的砂砾卵石组成;承压含水层以第四系的下更新统(Q_{p1})的砂、砾、卵石组成	潜水埋深:0~50;承压水含水层埋深:40~160	50~150	降水入渗补给;河道入渗补给
	渭河平原		渭河北岸的冲积平原		潜水以第四系的中更新统(Q_{p2})的冲积砂、黄土;承压含水层以第四系的下更新统(Q_{p1})的砂、砾、卵石组成	潜水埋深:20~60;承压水含水层埋深:100~370	大部分50~150;部分地区:150~250	降水入渗补给;河道入渗补给
III	渭河平原		渭河南岸的冲积平原	新生界断陷盆地松散类含水层	第四系的中更新统(Q_{p2})~全更新统(Q_{p4})砂、砾卵石层	10~80	1000~3000	河道入渗补给;降雨入渗补给

（2）多举措集合的地下水储备战略

实施地下水储备不是一蹴而就的事情，需要政府及相关部门做好旷日持久和综合应对的战略准备。由于地下水的持续超采造成区域潜水埋深大幅度增加，巨厚的包气带截取了入渗的降水量，地下水接受降水入渗补给的条件被破坏，降雨入渗补给量大幅锐减；作物、树木自然条件下可以吸收、利用的地下水也不断减少，大大增加了地下水源涵养的不利影响。在这样的水文地质条件下，某一举措的单独实施对缓解地下水超采的影响微乎其微，短期内很难做到地下水的采补平衡，需要各项工程管理措施及非工程管理措施的协同集合（图6-17）。通过各种措施的综合应对、逐步实施，使得区域能够千方百计多用外调水、想尽办法用好地表水，从而合理控制保护地下水。

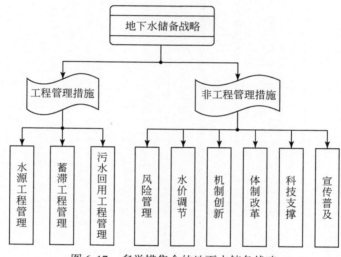

图6-17　多举措集合的地下水储备战略

1）工程管理措施。汾渭平原实施地下水储备战略的主要工程类型有水源工程、滞蓄工程和污水回用工程等。其中，水源工程主要是现有地表水水库，引黄入晋工程、引汉济渭工程等外调水工程以及古贤水库、东庄水库等规划地表水水库；蓄滞工程主要是渭河下游干支流分蓄洪区和汾河平原"新-稷-河"蓄滞洪区建设、地下水库建设和河湖水系连通工程；污水回用工程主要是生活污水处理回用和工业污水处理回用工程。工程管理措施就是针对上述各工程的规划、管理工作，具体是指新水源和外调水工程及其配套的规划管理、新旧水源的系统布局，蓄滞洪区的规划管理，工业循环用水监督、生活中水用水推广以及不同类型水源的统一调度等。

通过新水源规划并加快审批，做到新水源工程及其配套建设要不等不靠，抢抓机遇，促使地表水源调蓄工程的系统化；通过新旧水源的系统布局，将外调水和当地水源结合，形成大中小型水库合理布局、相互配套、功能完善的地表水源格局。通过蓄滞洪区管理和地下水库管理，充分利用好洪涝资源，以丰补歉，提高区域应对旱涝急转的应急能力；通过河湖水系连通增加地下水入渗补给通道、修复河流生态、增加区域涵养水源能力；通过工业循环用水监督、生活中水用水推广来有效提高地表水的利用率。

遵循"千方百计多用外调水、想尽办法用好地表水、合理控制保护地下水"的战略原则，把雨水、地表水、地下水、劣质水作为统一的水资源系统进行优化配置，把工业、农业、城市生活、农村生活、生态各类用水作为统一的用水系统进行综合规划，对区域内不同类型的水源进行统一调度；通过用足黄河水，来改善汾河平原水源丰枯同频的缺陷；通过南水北调西线增加渭河平原外调水量，充分发挥古贤水库空间应对旱涝事件的能力。总之，通过一系列工程管理措施，将外调水和当地地表水给储备区补缺口、还欠账、存家底，改善区域供水水源结构，让地下水休养生息，为汾渭平原留下抗御特大干旱的最后手段。

2）非工程管理措施。非工程管理措施主要包括风险管理、水价调节、机制创新、体制改革、科技支撑以及宣传普及等各项措施。非工程管理措施是实施地下水储备战略的必要手段，是充分发挥各种水源工程作用的根本保障。

风险管理：风险管理直接影响地下水储备战略实施的基本措施，是地下水储备可持续性的管理保障。根据汾渭平原区域国民经济规划和《国家防汛抗旱应急预案》，积极促进蓄滞洪区建设，进行区域旱涝风险评价和区划，建立旱涝预警响应机制和水源水质预警响应机制，积极推进旱涝风险管理。通过这些预警和响应机制的执行，在发生特大旱涝事件时，不仅可以持续保证储备区的地下水量，还保证了水源的质量和安全。在发生特大干旱发生时，按照不同的风险评估结果和响应机制，实行节约用水优先、生活用水优先和地表用水优先的原则，用好、用巧每一滴储备水，进而最大限度地满足城乡生活、生产、生态用水需求，保证大面积地区和重点保护对象的用水安全。

水价调节：水价调节是充分发挥经济杠杆管理水资源的重要环节，是保障地表、地下水源置换能够落到实处的关键手段。通过大幅度提高地下水水资源费征收标准，特别在储备区使用地下水需加倍收费的办法，促使各用水部门积极使用地表水和外调水，调控区域地下水开采布局，最大程度上限制和控制地下水的开采量；通过实施阶梯水价，充分发挥经济杠杆作用，增强各用水单元的节水意识，促进节水型社会建设，提高水资源利用效率；在政策、税收等方面应多鼓励用水户使用外调水、当地地表水和中水，进一步优化水资源配置方案，达到保护地下水的目的。

机制创新：机制创新是促进地下水储备战略良性发展的活力源泉。只有坚持用改革创新来解决发展中存在的问题，创新发展机制，消除阻碍发展的体制性、政策性障碍，才能进一步激发水利发展动力，促进地下水储备等一系列重大战略的健康实施。一要认清现在旱涝极易成灾的原因不仅在"天"还在于"人"，要认清高密度人口和城市化、高关联度的社会化大生产对供水的需求是强化极端天气事件的灾难性后果的重要因素。因此在防洪标准和抗旱标准的制定上，由单纯提高工程标准转变为适度提高工程标准，进一步优化工程组合，恢复、保持和提高现有工程效益，强化社会化减灾措施，进而降低旱涝事件的损失，减少储备区地下水非必需使用的几率。二要加快投融资体制改革，逐步建立健全多元化、多层次、多渠道的投入机制，在确立公共财政主体地位，加大各级财政对地下水储备战略进行投入的同时，广泛吸纳社会资金参与，运用市场机制，实行优惠政策，发挥好群众和民间投资在中小型水源工程的主体作用，多渠道扩大建设资金来源，加快水利各项战略的实施。

体制改革：完善的体制体系是长久实施地下水储备战略的重要保证。旱涝事件造成的水危机，展现的是水资源环境危机，实质上体现的是水资源的治理危机，究其原因，水资源和水环境管理的条块分割是最大制约。地下水储备是一个跨地区、多部门、影响多个利益主体的复杂涉水战略，现有的体制下，该战略很难有效实施。只有抓住举国上下执行最严格水资源管理制度的契机，进一步深化水资源统一管理体制改革，落实行政区地下水、常规水、非常规水资源的统一管理，加强流域和区域水资源统一管理，完善水务管理机构，建立统一协调的管理机制，才能实现水资源的优化配置、科学开发、合理利用和循环节约；而只有实现了区域水资源的优化配置、科学开发、合理利用和循环节约，才能保障整个汾渭平原地下水储备战略的实施。

科技支撑：开展科学研究和地下水动态监测是实施地下水储备战略的技术支撑和信息保障。地下水资源是一个非常复杂的系统，在不同区域、不同时期、不同水文地质条件，其补、径、排关系差异很大，只有长期深入研究，不断探索、系统观测，掌握地下水资源的变化规律，才能合理开发、利用和保护地下水资源。根据目前汾渭平原的水文地质情势和地下水开采现状，针对地下水储备实施的战略目的，重点在扩大储备区地下水补给量方面积极开展科学研究，特别对引洪灌溉、修建地下蓄水库、雨水回灌等补给地下水的措施研究上增加科技投入。完善地下水动态监测网络，建立取水远程监控系统，提高地下水监测信息传输的时效性和科学性，构建地表、地下和水量、水质监测系统及水信息交互、拓扑网络。通过对地下水位、开采量、水质以及周边环境如降雨量、河川径流、土壤墒情等项目长期监测，准确掌握地下水水位、水质和开采量的变化以及其他基本水信息，评估治理成效，及时预警，为适时调整地下水的防治措施、优化地下水开发方案和区域水资源配置提供数据支撑和可靠依据。

宣传普及：宣传普及是保障全民积极了解、参与和监督地下水储备战略实施的有效手段。实施地下水储备不仅是保障区域现有公民能够应对旱涝事件和可持续发展的重要战略，更是关乎子孙后代能否延续生存的重大举措。在开展宣传上应将涉水科研人员的专业素养与权威性、涉水部门的实践经验与行政权以及媒体的广度覆盖与思想渗透三个层位紧密结合成一体，对公众进行区域水情知识的普及。通过宣传，使得公众明白"今天多用'一盆'地表水，用好'一盆'地表水，就会为后人多留'一盆'地下水"的道理；配合节水型社会建设及环境保护等其他宣传，让公众从内心建立起节约用水、保护地下水的强烈意识，自发改变用水习惯和方式，主动参与水资源的民主监督管理。

（3）多部门集合的地下水储备战略

地下水储备是涉及各个领域的系统工程，其中各级政府是战略实施的责任主体，水利、农业、林业、环保是直接相关部门；除此之外，战略实施还与发改委、城乡建设、国土资源、财政等部门密切关联（图6-18）。只有加强政府领导，上述各部门集合应对、协同行动，建立高效负责、密切配合的组织体系，才能保障战略的顺利开展和长效实施。

具体地，应该由水利部门牵头制定、实施相应政策、法规，规划实施各项工程，运用各种手段进行各项管理；农业部应推广节水耐旱作物，降低区域灌溉用水总量，提高灌溉

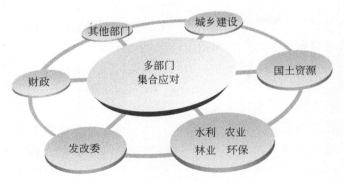

图 6-18　多部门集合的地下水储备战略

用水效率；林业部主要做好区域特别是储备区上游的水土保持工作，通过植树造林促进水源涵养；环保部门对水质及污水排放给予把关，确保地下水水质不受破坏；发改委在新上马的项目审批中给予把关，对高耗水企业审批要严格谨慎，特别对取用储备区地下水的高耗水、高污染项目要坚决取缔；财政部门理顺地方财政和部门投资的渠道，确保所需资金到位，为战略实施提供财力保障；国土资源部门负责关闭非法煤矿和小煤矿，制止影响储备区的任何采矿活动，配合水利部门进行矿井疏干水的回用；城建部门负责协调自来水供水管网建设及自来水接入，逐步封闭储备区人畜地下饮用水井。除此之外，其他单位也要对地下水储备的实施给予配合。例如，工商部门从企业年检给予把关，将已经列入关闭地下水井、压缩开采量计划却不按时封井或不按时足额缴纳水资源费的企业单位不予年检；公安部门给予执法支持，确保关闭地下水井、压缩开采量等各项涉及用水部门利益的措施能够安全顺利实施；电力部门从电力供应方面给予配合，对于列入关闭地下水井、压缩开采量计划的取水井要及时切断电源。在上述各部门协同集合的基础上，将地下水储备纳入目标责任考核体系，明确不同阶段地下水储备实施目标，按照完成情况奖优罚劣，落实责任，保障地下水储备战略在汾渭平原能够真正落地。

（4）地下水储备战略的分期目标和具体实施

地下水储备既是及时遏制地下水超采的紧要举措，又是关乎区域国计民生的持久战略。实施地下水储备战略应遵循"统筹规划、重点突破、因地制宜、注重实效"的原则，分期治理、逐步实施。首先，应多措并举、全面有效地治理地下水超采，迅速遏制超采局面；其次，各部门协同行动，逐步实现地下水的采补平衡，促进地下水位止降回升，进行水源的涵养恢复；最终实现地下水的战略储备。具体的汾渭平原地下水储备战略分四个阶段实施，如图 6-19 所示，其中第一阶段目标为压缩超采、减缓发展；第二阶段目标为采补平衡、维持现状；第三阶段目标为压缩开采、略有盈余；第四阶段目标为涵养水源、良性循环。

图 6-19　地下水储备战略的分期目标

在多部门集合、多手段措施集合下，汾渭平原的地下水储备战略不同目标的具体实施如下：首先，要建立替代水源和多水源调度方案，包括替代水源位置、类型、水量及工程的确定以及多水源联合配置和调控方案的设计等，通过替代水源来置换地下水，压缩超采区的开采量、减缓超采区地下水超采的发展速度，实现第一阶段目标；其次，根据水资源开发利用红线和效率红线，节水型社会建设的要求，倒逼区域产业结构，各部门协同合作，关停改一批高耗水行业，使得区域规划开采量和可开采量达到平衡，保证超采区漏斗不再扩大、环境问题不再恶化，实现第二阶段目标；再次，在替代水源工程和产业调整的基础上，进一步通过集合科技研究、水价调整、机制创新和宣传普及等一系列非工程措施，加大各业节水力度，使得区域规划的开采量小于可开采量，超采区的状况得到逐步改善，实现第三阶段目标；最后，在上述阶段目标完成的基础上，通过集合河湖连通、蓄滞洪区建设以及人工回灌等各种手段进一步增加地下水的河道渗漏补给量，使得区域地下水资源环境逐渐恢复，区域地下水能够良性循环，实现第四阶段目标，并最终实现地下水储备的战略目标。

上述各阶段目标可根据汾渭平原各地区地下水利用的具体情况来灵活实施不必萧规曹随，其中，各超采区是战略实施的重点区域和难点区域，需严格按照地下水功能区划分结果实施相应的阶段目标；而非超采区则根据实际情况，实施目标可以直接进入第二阶段，甚至第三阶段。根据汾渭平原超采区分布和超采情况（图3-30、表3-8和表5-26）进行目标调控，汾河平原具体调控方案如表6-19所示（山西省水利厅，2007）；渭河平原具体调控方案见表6-20（陕西省水利厅，2006）。

总之，实施地下水储备是关乎汾渭平原子孙后代的千年大计，是发生特大干旱等紧要关头用以遏制旱魔肆虐、挽救局势、维持社会稳定的最后手段。地下水储备的实施以"十六字"治水方针为指导，以建设人水和谐为目标，以地下水超采区调控为工作重点，通过多举措集合、多部门协作，有效压缩地下水超采量，不断优化区域供水结构，尽快实现区域地下水的采补平衡，促进地下水位止降回升，从而提高区域旱涝综合应对能力。

综上，节水型社会建设、最严格水资源管理制度以及实施地下水储备战略是应对汾渭平原旱涝事件三大基本管理措施，且这三个管理措施并不相互独立，而是相辅相成、互为补充和促进。首先，节水型社会建设是执行最严格的水资源管理制度以及实施地下水储备战略的前提，只有节约高效的生产方式才能使得用水总量控制成为可能，而节污减排则是严格河流限制纳污红线的最有效手段。其次，"三条控制红线"是节水型社会建设和实施地下水储备战略最有效的控制指标，只有通过"用水总量"控制红线，才能倒逼区域结构产业调整，使得节水高效的生产方式落到实处，使得"以丰补歉"成为可能；"用水效率"红线则是节水型社会建设的直接考核指标；而"限制纳污控制红线"是验证节水型社会建设成效以及保障地下水储备战略安全的关键指标。再次，地下水储备战略是检验节水型社会建设和执行最严格水资源管理制度应对旱涝事件最终的成效体现，只有节水型社会建设和最严格水资源管理制度两大管理保障才能有效实施水系连通和地下水的超采治理、才能保障"以丰补歉"和"丰枯调剂"的战略措施得以实施。

表 6-19 汾河平原超采区地下水储备的战略调控方案及相应目标(2015 年)

区域	超采区名称	超采量 (万 m³/a)	控制目标	调控措施	压缩超采量 (万 m³/a)	关闭井数 (眼)	压缩率 (%)
太原	兰村泉域	2 126	涵养水源	①替代水源工程为汾河二库、汾河一库、引黄工程;②节水措施;③污水回用及矿井水再生水源工程。	6 500	433	36.5
	晋祠泉域	1 694	涵养水源				
	太原城郊	13 993	涵养水源				
晋中	榆次城区	74	采补平衡	①替代水源工程为松塔水库、龙凤水库;②节水措施;③污水回用及矿井水再生水源工程	300	60	6.5
	榆次源涡	208	采补平衡				
	榆次南四乡	500	采补平衡				
	太谷	1 843	采补平衡				
	祁县	1 370	采补平衡				
	介休	1 226	涵养水源				
临汾	尧都城区	0	涵养水源	①替代水源工程为马房沟引水工程、浍河二库、龙子祠泉;②节水措施;③污水回用及矿井水再生水源工程	149	30	9.6
	襄汾、侯马城郊	1 545	涵养水源				
运城	汾河谷地一带	4 955	采补平衡	①替代水源工程为沿黄提水工程、黄河滩地下水开发工程;②节水措施;③污水回用水源工程	11 606	1290	48
	涑水盆地	18 908	涵养水源				
	古堆泉域	309	涵养水源				
合计		68 819	—	—	33 063	3 050	48

表 6-20　渭河平原超采区地下水储备的战略调控方案及相应目标(2015 年)

地区	超采区名称	超采区类型	超采量 (万 m³/a)	调控措施	压缩开采量 (万 m³/a)	允许最大开采量 (万 m³/a)
西安市	西安市城区严重超采区	禁采区	3 639.8	①西安市替代水源工程为引汉济渭工程,东庄水库、李家河水库,宝鸡市替代水源工程为引汉济渭工程,小水河水库、高泉水库,咸阳市替代水源工程为引汉济渭工程,东庄水库、小水河水库,渭南市替代水源工程为引汉济渭工程,涧峪水库;②节水措施;③污水回用水措施;④对于禁采区结合城市给水工程建设,强制、有序,有计划地封停各类水源井,新建、扩建的建设项目,禁止取用地下水;⑤对限采区,要结合水资源及给水工程设施建设,使限采区地下水开采量保持在可开采量的允许范围之内;⑥对一般超采区,按《水法》规定,要采取有效措施,严格控制地下水开采。对取用地下水的新建、改建、扩建的建设项目,要按照《建设项目水资源论证管理办法》,进行严格的水资源论证,禁止高耗水、重污染的建设项目取用地下水;对已有的地下水取水工程,要根据工程替代水资源条件,节水潜力,逐步削减取水量	13 262	2
	浐灞河间纺织城禁采区	禁采区	955.74			
	浐灞河间限采区	限采区	582.35		290	745
	灞东水源地严重超采区	限采区	874.40		640	1 189
	沣河水源地严重超采区	限采区	3 556.50		962	2 631
	西安市郊区超采区	一般超采区	182.86		3 556	16 172
宝鸡市	石坝河水源地超采区	一般超采区	979.68		183	367
咸阳市	咸阳市城区中心严重超采区	限采区	24.53		1 028	3 163
	西北橡胶厂水源地严重超采区	限采区	137.85		26	245
	咸阳市郊区超采区	一般超采区	337.89		138	1 544
	秦都区沣东超采区	一般超采区	222.23		338	2 841
渭南市	杜桥严重超采区	限采区	167.82		233	704
	渭南市城区超采区	一般超采区			168	1 864

在气候变化和人类活动影响增加，进而引发旱涝急转的多变性、突发性以及高危性的现实情景下，鉴于节水型社会建设、最严格的水资源管理制度以及实施地下水储备战略之间关联的紧密性，应对汾渭平原旱涝事件，不仅需要这些措施内部的各种集成，更需这三种管理措施之间的协同和集成。因此，节水型社会建设、最严格水资源管理制度以及实施地下水储备战略的管理集合是应对汾渭平原旱涝事件的根本管理措施，也必将是应对汾渭平原旱涝事件有效管理措施。

6.4.3 决策服务

为了有效应对旱涝事件，开展防灾减灾，积极利用现代信息技术，开发利用旱涝信息资源，实现决策管理科学化、现代化。通过完善建立集合应对服务模式，开展旱涝事件应对预案研究，对旱涝事件进行风险评估和灾情评估，提高集合应对决策水平和能力，为有效制定旱涝事件应对措施提供支持和服务。

6.4.3.1 完善建立旱涝事件集合应对服务模式及平台

旱涝灾害事件整体上是复杂的，但可以分为三个部分：事件发生时间、灾害影响区域、影响范围。在钱学森等综合集成思想指导下、在应用手段要落实的强烈需求下、在信息技术发展成果的支持下、在现代信息技术的不断进步的支撑背景下，依据复杂系统的研究成果及重要思想，建设旱涝事件集合应对体系，可以构建集成平台来全面支撑应对旱涝事件的业务应用。

旱涝事件的集合应对是复杂决策问题，应遵循综合集成的思路，综合数据、信息、模型、方法，并将人和计算机有机结合开展快速集合应对。要按照从数据到信息、从信息到知识、从知识到智慧的方向，在旱涝事件应对决策过程中，综合集成分布式的各类信息、长期积累下的防汛抗旱的知识经验、应对旱涝灾害时间的管理制度和工作流程、定量分析处理相关业务的模型及方法等；按照事件主题化、处置流程图形化、方法模型组件化、应急预案数字化，使信息、计算、决策综合集成服务、快速服务、一体化服务、灵活组合服务，建立流域旱涝事件集合应对新模式。把数据、信息及知识可视化，充分考虑集合应对决策过程中人的作用，实现人与计算机的和谐结合，在集成综合环境下快速提供信息服务、知识服务、决策服务，制定快速应对措施，进行有效预测、预防及事件处理。

6.4.3.2 旱涝事件应对预案的快速生成与方案修改执行

应对预案的建立、快速获得以及快速变为应对的实施方案是旱涝事件集合应对的核心和关键。决策方案是旱涝事件集合应对服务的核心，解决得好坏影响很大。在预警、预案、预防上追求实效，预案体系一定要基于支持综合集成和服务组合的应用支撑平台来建立。旱涝事件整体虽然不像突发事件那样不可预见，但是面对突发的旱涝事件，可预见性却不是很强，影响范围和影响程度也难以预测，在制定应对方案时要统筹协调区域、农业和工业、生产和生活，根据旱涝事件发生特点，制定相应预案。极端旱涝事件，尤其是需防汛会商应对的预案，应密切结合旱涝灾害信息，与模型和方法紧密相连。不断丰富预案集合，在集成应对管理应用时，先找相近的预案，再根据具体事件情况，适应和快速变化（修改），把预案转化为方案。

预案体系作为模式中重要组成部分一定要结合集成应对平台，不断丰富预案集合。在预案库建立时，先结合历史上发生的灾害事件应对方案，组建预案库。在旱涝事件应对时，先找相近的预案，再根据具体事件情况，适应修改，快速获得新的预案，把预案转化为方案，以供决策者快速决策并执行。在旱涝事件应对过程中，边用边改边存，下次再用，不断积累、不断适应、不断发展。开放的可以增长的预案和方案是知识继承、积累和拓展的过程，在此过程中通过多主题的组合和知识体系的生长，由简单描述、研讨过程、逐步逼近问题的复杂性。

6.4.3.3　极端旱涝事件风险分析和事件发展灾情评估

极端性旱涝事件往往造成重大的经济损失和严重的社会影响，面对极端旱涝事件，在进行灾情评估、灾后救助和恢复重建的基础上，应在灾害发生前积极采取有力的预防措施，最大限度地降低灾害造成的危害。要做好充分的预防，认真必须事先对灾害事件的风险进行分析，依据风险的大小，制定相应措施，这就需要开展风险分析与灾情评估工作。

旱涝灾害风险分析的几个步骤分别为：风险识别、风险估计、风险评价、风险处理和风险决策等。风险识别是指在旱涝事件发生之前，运用各种方法系统的、连续的认识所面临的经济损失、人员伤亡、社会影响等风险以及分析旱涝事件发生的潜在原因。风险识别可通过感知风险和分析风险两个环节来实现。风险估计是指在对旱涝事件所导致损失的历史资料分析的基础上，运用概率统计等方法对特定旱涝事件发生的概率以及旱涝事件发生所造成的损失作出定量估计的过程。风险评价是在风险识别和风险估测的基础上，对风险发生的概率，损失程度，结合其他因素进行全面考虑，评估发生风险的可能性及危害程度，并与公认的安全指标相比较，以衡量风险的程度，并决定是否需要采取相应的措施的过程。风险处理是指针对不同旱涝灾害事件、不同概率的风险，采取相应的对策、措施或方法，使旱涝灾害损失影响降到最小限度。风险处理的方法主要有风险预防、风险规避、风险分散、风险转嫁、风险抑制和风险补偿等。风险决策是在以上分析的基础上，对已经做好的预案或者快速生成的新预案进行选择。

旱涝灾情评估是及时准确实施灾害救援和灾后恢复重建的基础，是在灾害风险分析、预测和灾情调查的基础上，采用一定的方法对将要发生或已经发生的灾害情况进行综合性或专门性评价。灾情评估有多种类型。根据旱涝灾害发生过程可分为以下三种：①灾前评估，对将要发生或可能发生的灾害的强度及影响范围、危害程度进行评估，为防灾提供依据；②灾中评估或灾期评估，灾害发展过程中，对灾害强度、破坏损失情况以及发展变化态势进行评估，为抗灾、救灾提供依据；③灾后评估，灾害事件结束后，对灾情进行综合评估或专项评估，更加全面系统地掌握灾情，为部署和实施减灾工作提供依据。

旱涝事件灾情评估则涉及突发旱涝事件灾情仿真、损失计算和灾度评价三个方面。其中，旱涝事件灾情仿真模块通过动态显示突发事件发生过程，来获取突发事件的影响范围、灾情分布等灾情指标；损失计算模块和灾度评价模块则分别从定量和定性分析的角度，对洪涝灾害造成的破坏程度进行评估。由于三个方面对突发事件的灾情评估是层层递进的，因而能够对旱涝事件有一个全面而科学的评估。在灾情仿真模块对洪涝事件的全过程进行三维动态可视化仿真研究，得到实时的事件特征，为计算突发事件灾情损失、划分灾害等级提供准确、可靠的灾情指标。在此基础上，从系统论出发，分析旱涝事件灾情损失的影响因素，建立快速损失评估模型，评估出事件的直接经济损失和企业停减产损失、产业关联损失和减灾救灾投入等三类间接经济损失。然后，将突发事件评级指标与灾情等级之间建立关联，建立更高效的快速评估模型。

第7章 | 结论与建议

7.1 主 要 结 论

本书对汾渭平原的历史旱涝事件及旱涝特征进行了分析，并研究了旱涝事件对汾渭平原的国民经济和生态环境的影响，同时也分析了现状汾渭平原应对旱涝灾害的能力，主要结论如下。

（1）汾渭平原近 50 年降水呈减少趋势

采用时序分析法对汾渭平原降水特性和趋势进行了分析，结果显示汾渭平原大部分地区近 50 年的降水整体上呈减小趋势，西安、宝鸡、铜川、武功、长武、太原、介休和临汾地区均呈现这一特征。由相关性分析结果可看出，太原地区和长武地区的降水在未来的趋势可能发生变化或与现状保持一致。西安、宝鸡、铜川、武功、介休和临汾地区的降水在未来的变化趋势与现有趋势呈正相关，即未来降水仍然为波动下降趋势。

（2）1951～2012 年汾渭平原以干旱为主，局部季节性洪涝时有发生

应用降水距平百分率、相对湿润度指数和标准化降水指标进行了汾渭平原旱涝时序特征分析。结果表明汾河平原 62 年中，干旱事件出现 18 次，洪涝事件出现 14 次，干旱事件出现范围广，损失大，持续时间长；洪涝事件大部分出现在汾河下游的"新（绛）稷（山）河（津）"地区，影响范围小，持续时间短，灾害损失也较小。渭河平原降水较为丰富，水资源条件相对较好，62 年中干旱事件出现 10 次，洪涝事件出现 17 次；洪涝事件主要出现在渭河下游"二华夹槽"地区，且集中在三门峡水库建成后（14 次），主要原因是潼关高程升高导致渭河下游洪水宣泄不畅，顶托南山支流洪水，从而在"二华夹槽"地区形成内涝。总体看来汾渭平原仍然以干旱事件为主，洪涝事件属于局部季节性问题。

（3）汾渭平原的旱涝事件对国民经济和生态系统造成了严重影响

汾渭平原的旱涝事件对农业、工业、生态造成了严重影响。农业方面，干旱事件导致粮食减产，严重年份，粮食减产相对严重，减产比例达到粮食总产量的 10% 以上，特别是1994 年和 1995 年，分别占到了 22.3% 和 24.8%，2009 年比 2006 年减产 101 万 t，占 9.7%。工业方面，干旱缺水导致产业发展受限，部分工厂因缺水停产或半停产，研究结果表明，旱涝事件与经济增长存在着明显的负相关关系，洪旱灾害造成 GDP 损失严重。据统计，汾河平原的太原市因缺水而影响新增工矿企业项目的兴建，每年损失产值 68 亿元，间接损失 170 亿元。根据哈罗德-多马经济增长模型计算结果，渭河平原 2001～2010 年 10 年间洪涝灾害导致 GDP 年均损失 6.78 亿元。汾渭平原的干旱缺水还导致河道断流、地下水超采、地面沉降等一系列问题。由于干旱缺水，汾河平原农村人饮水井的深度越来越深，最深的水井深达 1118m。"吊井"现象十分普遍（即地下水埋深超过井的深度，导致井水干涸），近 20 年来原有机井平均以每年 2000 眼的速度报废。渭河平原局部地下水超采导致地面不均匀沉降十分严重，地下水位曾下降导致大雁塔地基下沉 1.2m，水平倾斜 1.0m，这在大雁塔 1362 年的历史上是从未有过的。地面沉降还导致西安古城墙部分墙体开裂，对文物古迹造成严重破坏。

（4）现有工程体系尚不足以应对日益频繁的旱涝事件

本书系统调研收集了汾渭平原现状水利工程资料，整理计算得出 2010 年汾河流域已建水库库容 14.4 亿 m³，现状水利工程的供水量为 28.6 亿 m³（含万家寨引黄供水、引沁入汾供水等），在现状水利工程条件下，2015 年汾河流域缺水量达到 7.7 亿 m³。渭河流域 2010 年已建水库库容 43.5 亿 m³，现状水利工程的供水量为 49.1 亿 m³，现状水利工程条件下，2015 年渭河流域缺水为 12.4 亿 m³。根据《引汉济渭受水区配置规划》（2009），渭河平原 2030 年的缺水量将增加到 16.8 亿 m³。在气候变化和人类活动双重影响下，汾渭平原水文情势发生了深刻演变——区域性旱化趋势明显，极端旱涝事件发生的概率增加，旱涝交替、旱涝急转、旱涝并发现象凸显。这些都给未来汾渭平原的旱涝事件应对提出了更高要求，仅凭现有工程体系尚不足以应对日益频繁的旱涝事件。

7.2 战略建议

针对汾渭平原旱涝的问题，本书提出了旱涝集合应对战略，其主要战略建议如下。

（1）加快推进古贤水库工程等区域水源战略系统工程

区域水源战略工程主要由古贤水库、引汉济渭工程、山西大水网工程以及当地的地表水库等工程组成。其中，古贤水库是实现汾渭平原旱涝事件空间集合应对战略的基础，也是根本缓解汾渭平原干旱的治本之举。汾渭平原承载着 4000 万人口，国家三分之一的能源产业，为国家经济增长提供了关键能源保障。同时承担着西部大开发桥头堡的作用，承东启西，战略位置十分重要。区内"关中-天水"经济区、太原城市群以及晋陕能源重化工基地的建设对未来水资源安全保障提出了更高要求。没有古贤水库，旱涝集合集合应对就缺乏工程基础，晋陕两省沿黄灌区因灌水成本造成的土地撂荒就无法遏制。因此建议加快推进古贤水库工程建设，尽快破解汾渭平原经济社会发展的水资源瓶颈，保障两省的粮食生产和安全。

陕西引汉济渭工程和山西大水网工程已被晋陕两省列为"十二五"水利建设的重点工程。这两项区域性的水资源配置工程对优化调配地表水资源，促进水网连通，实现丰枯调蓄、多源互补意义十分重大。特别是对增加地表水资源供给，压采、保护地下水资源，促进水生态环境改善具有十分重要的意义。没有山西大水网，汾河平原供水量的 2/3 来自地下水，太原盆地每年超采地下水 2.1 亿 m³，造成一系列的生态和环境地质问题。因此，建议国家从政策、资金、审批等方面对引汉济渭和山西大水网工程加大支持，争取这两项区域性的水资源配置工程早日建成，尽早发挥效益，减轻汾渭平原地下水的供水负担。

（2）构建适水发展战略框架，落实最严格水资源管理"三条红线"，建设节水型社会

2014 年 4 月，习近平总书记从保障国家水安全问题的高度提出了水利发展的十六字方针："节水优先、空间均衡、系统治理、两手发力"，明确节水仍是优先考虑的手段。汾渭平原地处北方缺水地区，水资源禀赋条件差，在适水发展的思路指导下，区域经济社会必然要走节水高效的内涵式发展道路。因此，在积极开源的同时，要认真贯彻落实最严格水资源管理"三条红线"，严控总量，寻求水资源高效利用的技术手段，提高效率，以水定发展；结合当地水资源承载能力，用水资源红线约束倒逼产业结构调整，实现用水效率和效益提升。同时深入开展节水型社会建设，大力推广节水技术、节水器具、节水工艺，让节水意识深入人心，让节水习惯成为优良美德，最终实现汾渭平原在社会、经济、环境的协调发展

（3）实施地下水源储备战略，建设水生态文明示范区

汾渭平原由汾渭地堑沉积发育而来，平原上有较为深厚的第四纪覆盖层，地层储水性能较好，地下水丰富。这些地下水源是大自然的馈赠也是近万年来的历史遗产。近代由于灌溉、城市供水等人类活动大量开采地下水，导致汾渭平原地下水累计超采量高达 50 亿 m^3，相当于 10 年的补给总量。地下水的大量开采导致地表生态退化、地面沉降等一系列连锁反应，严重影响生态环境和地质安全。因此建议全社会动员起来，保护地下水资源，在地下水富集区和超采区划定地下水源保护区，实施地下水源储备战略。同时修复受损的水生态系统，改善地表水质，恢复地表、地下水的交换通道，实现良性互动。

（4）加强旱涝事件预警预报能力建设，完善防旱排涝决策服务系统

旱涝事件有一个发生、发展的过程，预见期越早，旱涝应对的储备越充分，干旱或洪涝造成的损失就越小。因此，在旱涝事件应对工程建设和物质储备的基础上，需要加强旱涝事件预警预报能力建设，完善防旱排涝决策服务系统。建议结合国家防汛抗旱指挥系统和水资源监控能力建设，逐步完善旱涝事件集合应对的决策服务体系：①通过综合集成，实现人机结合，建立旱涝事件集合应对服务模式，开发旱涝事件集合应对支撑平台；②开展旱涝事件集合应对业务服务及应用，建立完善组件库、主题库、知识图库，快速制定、修改、落实应对预案；③针对旱涝事件具有影响范围广、程度大等特点，进行灾前、灾中、灾后风险分析及灾情评估，提高防灾减灾能力，降低灾害损失。

参 考 文 献

安祥生. 2001，山西省城市缺水与节水型城市建设. 地理学与国土研究，17（2）：17-19.

陈雷. 2014. 水利部党组学习贯彻习近平总书记关于保障水安全重要讲话精神. http：//www. mwr. gov. cn/ slzx/slyw/201404/t20140425_558077. html.

陈明忠. 2013. 关于水生态文明建设的若干思考. 中国水利，15：1-5.

陈杨娜，贺金花，卫娜. 2012. 运城市汾河流域河道管理现状及对策. 山西省第十一届青年优秀水利科技论文选集：114-118.

褚俊英，秦大庸，王浩. 2007. 我国节水型社会建设的制度体系研究. 中国水利，11：1-3.

陈亚萍. 2005. 渭河陕西段水体污染评价及控制对策研究. 西安：西北农林科技大学硕士学位论文.

董悦. 2012. 大西安都市圈城市综合承载力研究. 厦门：厦门大学硕士学位论文.

樊安顺. 2006. 汾河流域水资源管理体制探讨. 水利发展研究，5：46-48.

范庆安，庞春花，张峰. 2008. 汾河流域湿地退化特征及恢复对策. 水土保持通报，8（25）：192-194.

冯利华，赵浩兴，瞿有甜. 2002. 灾害等级的综合评价. 灾害学，04：17-21.

冯普林，石长伟，薛亚莉，等. 2010. 渭河洪水泥沙与水资源研究. 郑州：黄河水利出版社.

高庆华，马宗晋，张业成. 2007. 自然灾害评估. 北京：气象出版社.

高学杰，赵宗慈，丁一汇，等. 2003. 温室效应引起的中国区域气候变化的数值模拟Ⅱ：中国区域气候的可能变化. 气象学报，29-38.

关存先. 1998. 汾河流域清洁能源区构思. 山西能源与节能，1：2-3.

国发3号. 2012. 国务院关于实行最严格水资源管理制度的意见. http：//www. mwr. gov. cn/slzx/slyw/ 201202/t20120216_313991. html.

国家林业局. 2013. 推进生态文明建设规划纲要（2013-2020）.

黄河水利科学研究院. 2004. 黄河中游干旱规律、影响及预测研究.

黄修山. 2005. 渭河下游河道淤积萎缩对洪水演进规律的影响研究. 西安：西安理工大学硕士学位论文.

蒋建军，刘建林. 2008. 渭河箴言. 西安：西北大学出版社.

蒋建军，张润民，冯普林，等. 2007. 渭河减灾与治理研究. 郑州：黄河水利出版社.

蒋建军，刘建林，赵振武，等. 2008. 陕西省渭河流域重点治理项目建设管理体制研究. 西安：西北大学出版社.

雷蕾，雷文青. 2008. 渭河洪水防御体系研究. 地下水，30（6）：79-83.

李伟，刘光岭. 2009. 以西安为中心的关中城市群发展研究. 经济经纬，（1）：66-70.

李永林. 2012. 建设生态文明，让美丽山西绽放异彩. http：//www. forestry. gov. cn.

李玉敏，王金霞. 2009. 农村水资源短缺：现状、趋势及其对作物种植结构的影响. 自然资源学报，24（2）：200-208.

林海明. 2007. 对主成分分析法运用中十个问题的解析. 统计与决策，16-18.

刘家宏，王浩，秦大庸，等. 2013. 山西省水生态系统保护与修复研究. 北京：科学出版社.

刘平喜. 2007. 汾河中游河道管理现状及思考. 山西水利，2：77-78.

刘枢机，彭谦，洪小康，等. 1999. 陕西省志·水文志. 西安：陕西人民出版社.

刘伟明. 2006. 汾河上游综合治理及其管理模式. 科技情报与经济，16（4）：94-96.

刘颖秋. 2005. 节水型社会建设是实现可持续发展的战略性措施. 中国水利，13：63-65.

刘兆飞，徐宗学. 2009. 基于统计降尺度的渭河流域未来日极端气温变化趋势分析. 资源科学，（09）：1573-1580.

马通宙.2013. 汾河灌区用水管理模式探析. 山西水利，11：45-46.

牛文元.2012. 中国可持续发展的理论与实践. 中国科学院院报，27（3）：281-287.

彭珂珊.1997. 黄土高原水土流失区制约粮食生产的干旱原因分析. 干旱区资源与环境，11（1）：17-25.

任世芳.2012. 汾河上游水资源危机及水环境恢复策略研究. 中国地理学会 2012 年学术年会.

任世芳.2013. 极端干旱条件下汾河流域水资源安全研究. 人民黄河，35（7）：46-48.

山西省水利厅.2002. 节水山西战略规划.

山西省水利厅.2006. 山西省控制地下水开采规划.

山西省水利厅.2007a. 山西省地下水水功能区划.

山西省水利厅.2007b. 山西省特大干旱年及采煤影响区应急水源规划.

山西省水利厅.2008. 山西省地下水超采区治理行动计划.

山西省水利厅，山西省统计局.2013. 山西省第一次全国水利普查公报. 山西水利，5：3-5.

山西省水利厅水旱灾害委会.1995. 山西水旱灾害. 郑州：黄河水利出版社.

山西省水文水资源勘测局.2003. 山西省地下水资源量调查评价报告.

陕西省水利厅.2006. 陕西省沿渭（河）主要城市地下水超采区划定及保护方案.

陕西省水利厅.2012. 陕西省渭河流域综合规划报告. 陕西：陕西省水利厅.

陕西水环境工程勘测设计研究院.2012. 陕西省渭河防洪治理工程可行性研究水文分析报告.

《陕西水利年鉴》编纂委员会.2010. 陕西水利年鉴. 武汉：长江出版社.

《陕西水利年鉴》编纂委员会.2011. 陕西水利年鉴. 武汉：长江出版社.

《陕西救灾年鉴》编委会.2011. 陕西救灾年鉴 2010. 西安：陕西科学技术出版社.

陕西省地方志编纂委员会.1993. 陕西省志·农牧志. 西安：陕西人民出版社.

陕西省发展计划委员会，陕西省水利厅.2003. 陕西省水资源开发利用规划.

陕西省三门峡库区管理局.2007. 陕西省三门峡库区志. 北京：中国水利水电出版社.

陕西省江河水库管理局.2008. 渭河流域管理研究与创新.

陕西省水文水资源勘测局.2007. 陕西省水文志. 北京：中国水利水电出版社.

陕西省抗旱办公室.1999. 陕西省干旱灾害年鉴（1949~1995 年）. 西安：西安地图出版社.

陕西省气象局气象台.1967. 陕西省自然灾害史料. 西安：陕西出版社.

陕西省水工程勘擦规划研究院.2005. 陕西省地下水资源调查评价.

陕西省江河水库管理局防汛指挥部办公室.2012. 陕西省江河水库管理局 2012 防洪技术预案.

陕西省水利厅.2012. 陕西省水利统计年鉴. 西安：三秦出版社.

沈满洪.2010-5-17. 生态文明的内涵及其地位. 浙江日报，第 7 版.

宋淑红.2013. 渭河中下游"11·09"暴雨洪水分析. 陕西水利，181：25-28.

宋雨河，李军.2011. 旱灾对粮食产量的影响——基于 1978~2009 年山西省数据的实证分析. 古今农业，4：71-79.

苏慧慧.2010. 山西汾河流域公元前 730 年至 2000 年旱涝灾害研究. 西安：陕西师范大学硕士学位论文.

孙胜祥.2006. 陕西关中地区地下水资源评价与优化配置研究. 西安：西安理工大学硕士学位论文.

天津市水利局，中国水利水电科学研究院.2005. 天津市节水型社会建设试点规划.

田华.2003. 关中盆地环境同位素分布特征及水文地质意义. 西安：长安大学硕士学位论文.

涂冬梅.2012. 基于遗址保护的大明宫周边地区土地开发策略研究. 西安：西安建筑科技大学硕士学位论文.

王尔德.2012. 生态文明是超越工业文明的社会文明形态. 21 世纪经济报道.

王建华，陈明.2013. 中国节水型社会建设理论技术体系及其实践应用. 北京：科学出版社.

王俊梅. 2006. "十五"时期山西粮食生产的成效与经验. 中共太原市委党校学报, 5：17-20.

王启亮, 程东. 2009. 山西省煤炭开采对水资源的影响. 人民黄河, 31 (12)：56-59.

王文春. 2013. RCPs 排放情景下山西省未来气候变化. 创新驱动发展提高气象灾害防御能力——S5 应对气候变化、低碳发展与生态文明建设：1-10.

王文科, 王钊, 孔金铃, 等. 2001. 关中地区水资源分布特点与合理开发利用模式. 自然资源学报, 16 (6)：499-504.

王文科, 王雁林, 段磊, 等. 2006. 关中盆地地下水环境演化与可再生维持途径. 郑州：黄河水利出版社.

王秀云, 邱丽华, 李燕, 等. 2008. 干旱对农业生产的影响. 农业经济, (2)：44.

王裕良. 2004. 山西干旱灾害分析及减灾对策探讨. 中国防汛抗旱, 1：38-43.

王煜倩. 2010. 汾河中上游水资源管理现状及保障体系建立探讨. 太原科技, 1：55-56.

温克刚, 翟佑安. 2005. 中国气象灾害大典陕西卷. 北京：气象出版社.

西文. 2009. 构筑西部战略新高地《关中—天水经济区规划》正式批准. 西部大开发, (7-8)：4-7.

向红梅. 2010. 汾河河道工程管理信息系统的创建与研究. 太原：太原理工大学硕士学位论文.

徐海量, 陈亚宁. 2000. 洪水灾害等级划分的模糊聚类分析. 干旱区地理, 04：350-352.

徐宗学. 2012. 黄河典型流域水循环对未来气候变化的响应. 南京, 中国水文科技新发展——2012 中国水文学术讨论会论文集：37-49.

薛金平. 2012. 建设山西大水网, 为转型跨越提供水资源保障. 山西水利科技, 3：1-5.

杨金龙. 2012. 汾河流域经济空间分异与可持续发展研究. 太原：山西大学硕士学位论文.

杨柳, 解建仓, 张建龙, 等. 2012. 基于多目标的河流生态需水阈值研究. 西安理工大学学报, 28 (4)：316-321.

杨武学. 2008. 陕西省三门峡库区河道演变及库区治理研究. 西安：西安地图出版社.

叶彩华, 郭文利. 2000. 北京旱涝灾害对农业生产的影响及对策. 北京农业科学, 18 (1)：24-27.

叶正伟. 2006. 自然灾害对农业经济影响的态势分析及对策研究——以苏浙皖旱涝灾害为例. 安徽农业科学, 34 (4)：772-774.

袁伟帅. 2011. 煤矿开采对周围环境的影响. 抚顺：辽宁石油化工大学学士学位论文.

张爱民, 马晓群, 杨太明, 等. 2007. 安徽省旱涝灾害及其对农作物产量影响. 应用气象学报, 18 (5)：619-626.

张翠萍, 姜乃迁, 侯素珍, 伊晓燕. 2006. 近期渭河下游河道淤积成因分析. 人民黄河, 28 (6)：75-79.

张峰, 上官铁梁, 张龙胜. 1999. 山西省湿地生物多样性及其保护. 地理科学, 19 (3)：216-219.

张家团, 屈艳萍. 2008. 近 30 年来中国干旱灾害演变规律及抗旱减灾对策探讨. 中国防汛抗旱, 5：47-52.

张琼华, 赵景波. 2005. 渭河流域洪水灾害关键因素分析及防治对策. 干旱区研究, 4：485-490.

张琼华, 赵景波. 2006. 近 50 年渭河流域洪水成因分析及防治对策. 中国沙漠, 1：117-221.

张翔, 夏军, 贾绍凤. 2004. 干旱期水安全及其风险评价研究. 中国防汛抗旱, 3：9-12.

张引栓. 2008. 汾河运城段河道管理问题及对策. 山西水利, 05：44-45.

赵春明. 2005. 山西省干旱缺水趋势及旱地农业技术发展. 中国农业资源与区划, 26 (3)：45-48.

赵桂香. 2008. 干旱化趋势对山西省水资源的影响. 干旱区研究, 25 (4)：492-496.

赵荐芳. 2013. 云南省电力能源应对旱灾风险的能力评价与对策探讨. 中国农村水利水电, 3：90-93.

赵楠, 侯秀秀. 2012. 1928～1930 年陕西大旱灾及其影响探析. 邢台学院学报, 27 (3)：67-69.

中国地质调查局. 2006. 第 34 届国际水文地质大会成果展览. http://www.iheg.org.cn/production/default.asp.

中国气象灾害大典编委会 . 2005. 中国气象灾大典山西卷 . 北京：气象出版社 .

周建军，林秉南 . 2003. 对黄河潼关高程问题的认识 . 中国水利，（12）：47-49.

周晋红 . 2010. 山西省干旱时空分布特征及形成机理研究 . 南京：南京信息工程大学硕士学位论文 .

周生贤 . 2013. 走向生态文明新时代——学习习近平同志关于生态文明建设的重要论述 . 求是，17：17-19.

周生贤 . 2014-2-7. 改革生态环境保护管理体制 . 人民日报，第 4 版 .

朱兴龙 . 2011. 俄罗斯经济 "V" 型增长的经验解析——基于治理机制的研究视角 . 天津：南开大学 .

诸大建 . 2013-1-16. 生态文明的世界背景、中国意义、上海思考 . 东方早报，第 5 版 .

卓悦 . 2010. 关中地区经济发展与渭河水环境质量演变关系研究 . 西安：西北大学硕士学位论文 .

左其亭 . 2013. 水生态文明建设几个关键问题探讨 . 中国水利，04：1-3, 6.

左其亭，李可任 . 2013. 最严格水资源管理制度理论体系探讨 . 南水北调与水利科技，11（1）：34-37, 65.

附 图

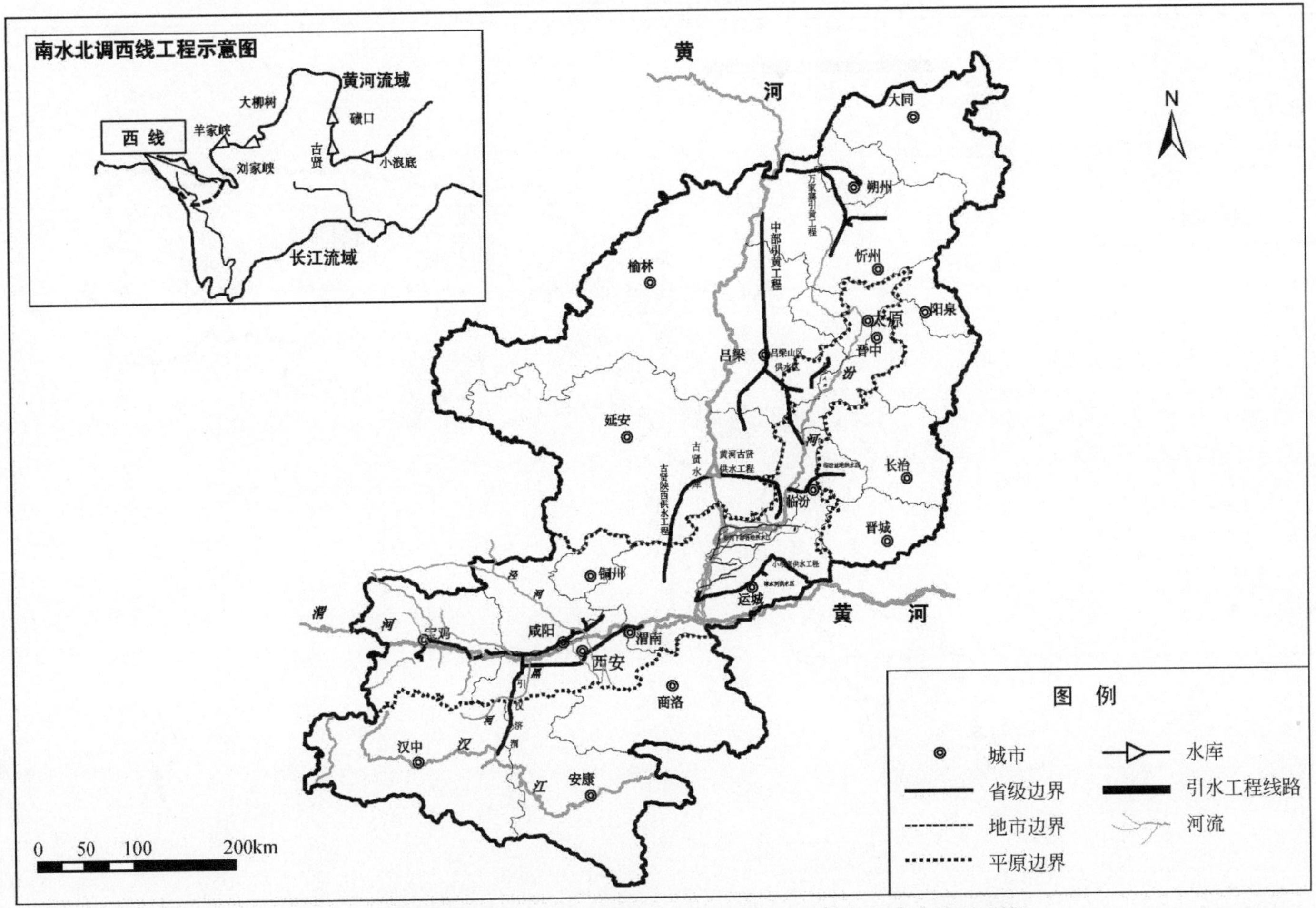

附图 1　重大战略水源——引汉济渭、山西大水网、古贤水库(南水北调西线)

图　例

◎ 城市	◁ 水库
── 省级边界	━━ 引水工程线路
---- 地市边界	河流
⋯⋯ 平原边界	

南水北调西线工程示意图

黄河流域

长江流域

西　线

黄河

渭河

0　50　100　200km

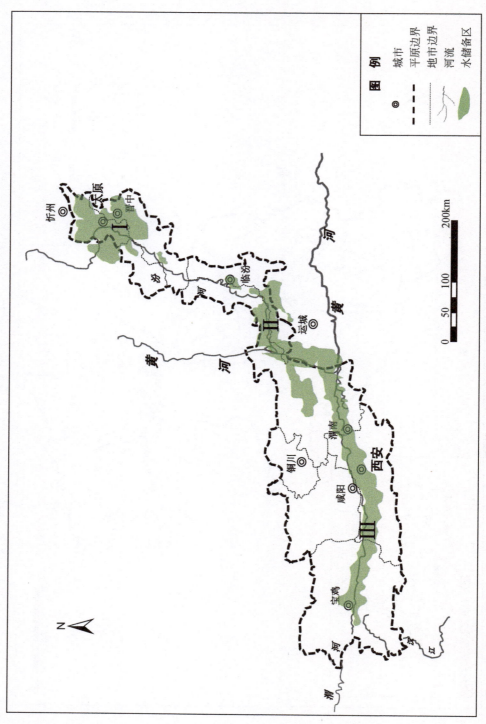

附图 2　汾渭平原地下水储备区分布

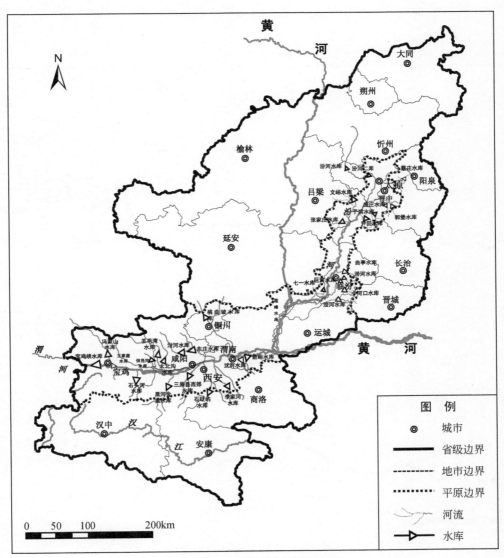

附图3　骨干水源工程分布图

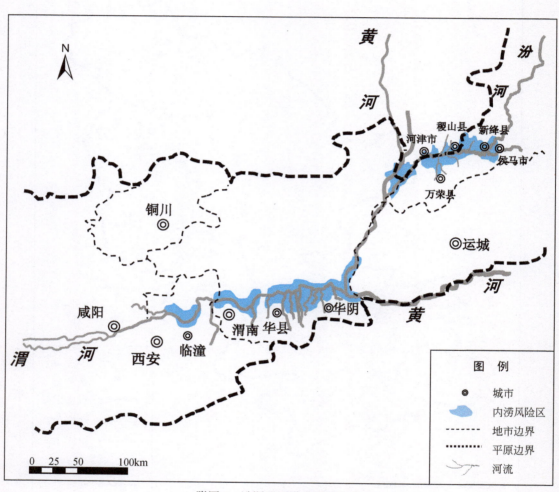

附图 4　汾渭平原洪涝区域分布